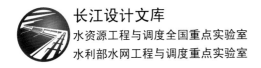

长江设计文库

水资源工程与调度全国重点实验室

水利部水网工程与调度重点实验室

南水北调中线一期工程技术丛书

膨胀土渠道勘察设计与研究

钮新强 蔡耀军 张国强 等 著

科学出版社

北　京

内 容 简 介

本书为"南水北调中线一期工程技术丛书"之一。膨胀土变形及边坡稳定相关技术、盾构隧洞穿越黄河相关技术、大型渡槽结构设计相关技术为南水北调中线工程三大技术难题。工程沿线涉及膨胀岩土的渠段累计长386.8 km，范围广、影响大，是中线工程勘察的重点和难点。本书将全面介绍工程沿线膨胀土分布、地层时代、物质组成、研究历史、基本物理力学参数、破坏机理、工程设计参数取值方法，揭示不同成因结构面对膨胀土强度及边坡稳定的控制作用，提出发育于不同深度的长大缓倾角结构面和发育于近地表的胀缩裂隙分别是产生深层水平滑动与浅层坍塌变形失稳的关键。介绍膨胀土地下水分布形式、赋存空间特征及其对边坡稳定和渠道衬砌结构稳定的影响。针对膨胀土渠坡变形破坏机理，提出地表截渗-地下排水、开挖面防护、深层结构面抗滑的综合治理方案，以及膨胀土水泥改性换填、深层抗滑的完整设计方法。

本书可供从事膨胀土科研、勘察设计、施工及运行管理等的技术工作者参考，也可作为大专院校水利水电、交通、市政工程等专业的教学参考用书。

图书在版编目（CIP）数据

膨胀土渠道勘察设计与研究/钮新强等著.—北京：科学出版社，2024.8
（南水北调中线一期工程技术丛书）
ISBN 978-7-03-077908-3

Ⅰ.① 膨…　Ⅱ.① 钮…　Ⅲ.①南水北调-水利工程-膨胀土-渠道-勘测-研究　Ⅳ.①TV698.2

中国国家版本馆 CIP 数据核字（2023）第 250627 号

责任编辑：何　念　张　湾/责任校对：张小霞
责任印制：彭　超/封面设计：无极书装

科 学 出 版 社 出版
北京东黄城根北街 16 号
邮政编码：100717
http://www.sciencep.com

武汉精一佳印刷有限公司印刷
科学出版社发行　各地新华书店经销
*

开本：787×1092　1/16
2024 年 8 月第 一 版　　印张：20 3/4
2024 年 8 月第一次印刷　　字数：491 000
定价：239.00 元
（如有印装质量问题，我社负责调换）

钮新强

钮新强，中国工程院院士，全国工程勘察设计大师。现任长江设计集团有限公司首席科学家，水利部水网工程与调度重点实验室主任，博士生导师，曾获全国杰出专业技术人才、全国优秀科技工作者、全国五一劳动奖章、全国先进工作者、全国创新争先奖、国际杰出大坝工程师奖、国际咨询工程师联合会（International Federation of Consulting Engineers，FIDIC）百年优秀咨询工程师等荣誉。

长期从事大型水利水电工程设计和科研工作，主持和参与主持长江三峡、南水北调中线、金沙江乌东德水电站、引江补汉等国家重大水利水电工程设计项目20余项，主持或作为主要研究人员参与国家重点研发计划项目、重大工程技术研究项目100余项。2002年起负责南水北调中线工程总体可研和各阶段设计研究工作，主持完成了丹江口大坝加高、穿黄工程等重点项目的设计研究，提出了"新老混凝土有限结合"等重力坝加高设计新理论，研发了"盾构隧洞预应力复合衬砌"新型输水隧洞，攻克了南水北调中线工程多项世界级技术难题。目前正在负责南水北调中线后续工程——引江补汉工程的勘察设计工作，为新时期国家水资源优化配置和水利行业发展做出了重要贡献。先后荣获国家科学技术进步奖二等奖5项，省部级科学技术奖特等奖10项，主编/参编国家和行业标准5项，出版《水库大坝安全评价》《全衬砌船闸设计》等专著11部。

蔡耀军

蔡耀军，博士，长江设计集团有限公司副总工程师，水利部长江勘测技术研究所所长，博士生导师，曾获湖北省有突出贡献中青年专家、湖北省优秀留学回国人员、全国水利系统先进青年科技工作者、全国水利水电勘测系统先进生产者、长江水利委员会重大成就奖等荣誉。

长期从事大型水利水电工程勘测和科研工作，主持和参与主持南水北调中线、丹江口大坝加高、金沙江旭龙水电站等国家重大水利水电工程勘察项目 20 余项，主持国家重点研发计划项目、"863 计划"项目等 10 余项。2001 年起负责南水北调中线工程规划、总体可研和各阶段勘测工作，主持膨胀土勘察研究，开展了大型原位试验，提出了"浅层受胀缩裂隙带控制的蠕变破坏和深层受缓倾结构面控制的水平滑动破坏"的膨胀土边坡失稳机理，研发了"表面改性土防护+深层缓倾结构面抗滑+截渗排水"的膨胀土涉水边坡综合处理技术，解决了长期困扰土木界的膨胀土难题。先后荣获全国优秀工程勘察一等奖 1 项、省部级科学技术进步奖特等奖及一等奖 3 项，主（参）编国家和行业标准 3 项，出版《膨胀土边坡工程地质研究》等专著 9 部，获发明专利 11 项。

张国强

张国强，工学博士，高级工程师，中国岩石力学与工程学会会员，注册咨询工程师（投资）、监理工程师。

长期从事水利水电工程、岩土工程设计和科研工作，作为主要设计者先后参与南水北调中线一期工程、尼泊尔上阿润（Upper Arun）水电站及伊库瓦（Ikhuwa）水电站、引江补汉工程、阳江核电环保配套工程、甘肃酒泉 300 MW 压缩空气储能电站等工程的设计咨询项目 10 余项，参与国家重点研发计划项目和省部级技术研究项目 3 项。先后荣获省部级科学技术奖（自然科学奖）和勘测设计奖 3 项，参编国家、行业和团体标准 3 项，发表学术论文 10 余篇，获国内专利 10 余项，国外专利 2 项，出版专著 2 部。

《膨胀土渠道勘察设计与研究》

钮新强　蔡耀军　张国强 等　著

写 作 分 工

章序	章名	撰稿	审稿
第1章	南水北调中线工程的膨胀土问题	阳云华、蔡耀军、赵　旻、强鲁斌、何爱文、张良平、张延仓、宋　斌、李士明、甘信怀、谢建波、刘海峰、王启龙、张召松、高　键、丁淑平、包雄斌、徐复兴、王　鹏、刘海涛、吕　锋	陈德基、蔡耀军、赵　旻
第2章	南水北调中线工程膨胀土研究历程	蔡耀军、赵　旻、阳云华、冷星火、倪锦初、王小波、包雄斌、陈尚法、李　锋、朱瑛洁、潘　坤、练　操、石　纲、苏培芳、刘小飞、王　磊、张亚年、胡　君	陈德基、钮新强、蔡耀军、阳云华
第3章	南水北调中线工程膨胀土基本特性	赵　旻、蔡耀军、阳云华、强鲁斌、何爱文、张良平、李士民、甘信怀、包雄斌、王小波、吕　锋、石　纲、宋　斌、练　操、王启龙、丁淑平、张召松、刘海峰、张延仓、徐复兴、栾约生、易杜靓子	陈德基、蔡耀军、赵　旻、张国强
第4章	膨胀土渠道重大工程地质技术	蔡耀军、阳云华、赵　旻、王小波、胡瑞华、张良平、练　操、刘海涛、冯建伟、黄　超、李　锋、丁凡桠、李　亮、郑　敏、马能武、张国强、赵　鑫、仰明尉、史　超、张亚年、彭　傲、崔亚辉	陈德基、蔡耀军、阳云华、王小波

章序	章名	撰稿	审稿
第5章	输水渠道工程膨胀土问题处理	蔡耀军、钮新强、陈尚法、赵　旻、阳云华、吴德绪、谢向荣、冷星火、王　磊、张国强、倪锦初、颜天佑、强鲁斌、冯建伟、张胜军、彭　静、游万敏、王小波、曾　锋、曹道宁、饶延平、朱　萌、蔡　俊、王周萼	陈德基、钮新强、蔡耀军、张国强
第6章	膨胀土渠道设计	钮新强、吴德绪、谢向荣、冷星火、蔡耀军、毛文耀、吕国梁、颜天佑、谢　波、张国强、黄　炜、王　磊、王丛兵、陈烈奔、潘　江、阳云华、柳雅敏、杜泽快、韩前龙、郑　敏、职承杰、郑光俊、张　波、胡　钢、上官江	陈德基、钮新强、蔡耀军、文　丹
第7章	膨胀土渠道施工	倪锦初、赵　峰、吴　俊、张春燕、张治军、刘立新、张良平、石　纲、张胜军、冯建伟、朱云法、仰明尉、彭　静	蔡耀军、赵　峰

序

南水北调中线一期工程，是解决我国北方水资源匮乏问题，关系到北方地区城镇居民生产生活、国民经济可持续发展的战略性工程，是世界上最大的跨流域调水工程。早在 20 世纪 50 年代，毛泽东主席就提出："南方水多，北方水少，如有可能，借点水来也是可以的。"为实现这一宏伟目标，经过广大水利战线的勘察、科研、设计人员和大专院校的专家、学者几代人的不懈努力，南水北调中线一期工程于 2014 年 12 月建成通水，截至 2024 年 3 月，累计向受水区调水超 620 亿 m³。工程已成为沿线大中城市的供水生命线，发挥了显著的经济、社会、生态和安全效益，从根本上改变了受水区供水格局，改善了供水水质，提高了供水保证率；并通过生态补水，工程沿线河湖生态环境得到改善，华北地区地下水超采综合治理取得明显成效，工程综合效益进一步显现。

南水北调中线一期工程主要包括水源工程丹江口大坝加高工程、输水总干渠工程、汉江中下游治理工程等部分。其中，输水总干渠全长 1 432 km，跨越长江、黄河、淮河、海河 4 个流域，全程与河流、公路、铁路、当地渠道等设施立体交叉，全线自流输水。丹江口大坝加高工程是我国现阶段规模最大、运行条件下实施加高的混凝土重力坝加高工程；输水总干渠渠道穿越膨胀土、湿陷性黄土、煤矿采空区等不良地质单元，渠道与当地大型河流、高等级公路交叉条件复杂，渡槽工程、倒虹吸工程、跨渠桥梁等交叉建筑物的工程规模、技术难度前所未有。

作者钮新强院士是南水北调中线一期工程设计主要负责人，由他率领的设计研究技术团队，与国内科研院所、建设单位等协同攻关，大胆创新突破，在丹江口大坝加高工程方面，由于特殊的运行环境，常规条件下新老坝体结构难以确保完全结合，首创性地提出了重力坝加高有限结合结构新理论，以及成套结合面技术措施，确保了大坝加高工程安全可靠；在大量科学试验研究的基础上揭示了膨胀土渠道边坡破坏机理，解决了深挖方、高填方膨胀土渠道工程施工开挖、坡面保护、边坡稳定分析、长大裂隙控制等边坡稳定问题；黄河为游荡性河流，为减少施工对黄河河势的影响，创新性提出了总干渠采用盾构法下穿黄河，研发了盾构法施工的双层衬砌预应力盾构隧道结构，较好地解决了穿黄隧洞适应高内水压力、黄河游荡带来的多变隧洞土压力等一系列问题；在超大型渡槽结构方面，针对不同槽型开展结构优化研究，发明的造槽机及施工新工艺等技术将超大规模 U 形渡槽设计、施工提升到一个新的水平，首次提出了梯形多跨连续渡槽新型槽体结构。技术研究团队取得了丰硕的创新成果，多项成果达国际领先水平。

该丛书作者均为长期从事南水北调中线一期调水工程设计、科研的科技人员，他们将设计研究经验总结凝练，著成该丛书，可供引调水工程设计、科研人员借鉴使用，也可供大专院校水利水电工程输调水专业师生参考学习。

按照国家"十四五"规划，在未来几年国家将加快构建国家水网，完善国家水网大动脉和主骨架，推动我国水资源综合利用与开发，修复祖国大好河山生态环境，改善广大人民群众生产生活条件，为国民经济建设可持续发展提供动力，造福人民。为此，我国调水工程的建设必将迎来发展春天，并提出诸多新的需求，该丛书的出版，可谓恰逢其时。期待这部凝结了几代设计、科研人员智慧、青春的重要文献，对我国未来输调水工程建设事业的发展起到促进作用。

是为序。

中国工程院院士

2024 年 5 月 16 日

前　言

　　南水北调中线工程是我国水资源优化配置的重大战略性基础设施，可有效缓解北京、天津等华北地区的水资源危机。南水北调中线总干渠全长 1 432 km，其中涉及膨胀岩土（一般膨胀岩土包括膨胀岩和膨胀土，本书中除需区分膨胀岩和膨胀土的部分使用膨胀岩土外，用膨胀土泛指膨胀岩土）的渠段累计达 386.8 km。膨胀土一直被称为"问题土""土木工程界的癌症"，分布在世界各大洲，给水利、交通、市政等行业制造了大量的安全问题和严重的经济损失。南水北调中线工程的膨胀土分布在河南南阳、平顶山、新乡、鹤壁、安阳及河北邯郸、邢台、石家庄等地，膨胀土渠道之长、开挖边坡之高、运行环境之复杂在世界上没有先例，膨胀土相关的胀缩变形问题和边坡稳定问题是南水北调中线工程面临的最复杂的工程问题。美国加利福尼亚州的北水南调工程、印度黑棉土地区的渠道工程、以色列的北水南调工程，尽管涉及的膨胀土边坡高度不足 10 m，但在工程建设和运行初期，都遭遇了严重的渠坡变形破坏问题，有的至今仍未解决。20 世纪 70 年代引丹总干渠施工期间，在开挖坡比为 1∶4～1∶3.5 的情况下相继发生了 14 处滑坡，滑面接近水平，经过勘察研究，首次认识到了膨胀土对滑坡的控制作用及膨胀土边坡问题的复杂性，南水北调中线工程膨胀土研究就此拉开序幕。20 世纪 80 年代，对国内膨胀土地区 20 多个渠道工程的膨胀土灾害进行了调研分析，在河南邓州开展了我国最早的膨胀土渠道原型观测试验，通过遥感、地质测绘、钻探和试验，基本掌握了南水北调中线工程黄河以南沿线膨胀土的地层时代、物质组成和基本物理力学参数；90 年代初，完成了黄河以北的膨胀土地质调查，开展了膨胀土化学改性试验。进入 21 世纪后，研究重点转向膨胀土结构面和土体结构及强度分带性，相继开展了"十一五"和"十二五"国家科技支撑计划项目南水北调中线工程关键技术研究，并最终确定了膨胀土渠道设计方案。

　　膨胀土具有胀缩性、裂隙性和超固结性，对环境变化敏感，物理力学性质不稳定，不同成因、不同规模的结构面对边坡稳定演化和边坡失稳具有控制作用，为了规范长距离膨胀土渠道的勘察工作，先后制定了勘察技术标准、施工地质技术标准、岩土膨胀等级快速鉴定标准；提出了浅层蠕变和深层水平滑动两种最重要的破坏模式与机理，揭示了深挖方膨胀土渠道抬升变形机制，建立了开挖边坡稳定性预报技术、数字实时地质编录技术及膨胀土力学参数取值方法。为了减少大气环境对膨胀土的劣化改造，提出了膨胀土渠道开挖和临时保护方法；针对两种边坡破坏模式，提出了坡面保护、深部抗滑、地表截渗和地下排水的综合处理技术，建立了膨胀土水泥改性换填保护成套技术，以及桩梁结合、预制微型桩超前支护等多种抗滑技术，研发了兼顾膨胀土保护和防渗排水要求的过水断面新型衬砌结构。工程运行近十年来，渠坡稳定性良好，各项处理方案得到检验，打破了世界各国膨胀土地区工程建成即出病害的魔咒。

本书结合南水北调中线一期工程实践，系统总结膨胀土渠道勘察设计、科研等成果，凝结了勘测设计研究团队及众多前辈专家的心血和经验。已故郑守仁院士、陈德基勘察大师在工程论证、设计等方面做出了重要贡献；在本书撰写过程中，得到了刘特洪、李汉青、杨先坤等专家的热忱指导，他们提出了很多宝贵意见。在本书编辑出版过程中，得到了科学出版社的大力支持。在此，谨向所有参加勘测设计研究的专家、科研人员表示衷心的感谢和崇高的敬意。

限于作者水平和膨胀土工程的复杂性，本书难免存在疏漏之处，衷心期待读者提出指正和修改意见。

作　者

2024 年 5 月 20 日

南水北调中线一期工程简介

南水北调工程

1. 南水北调——国家水网骨干工程

　　南水北调构想最早可追溯至 20 世纪 50 年代初。1953 年 2 月，毛泽东主席视察长江，时任长江流域规划办公室（简称"长办"）主任的林一山随行陪同，在"长江"舰上毛泽东问林一山："南方水多，北方水少，能不能从南方借点水给北方？"毛泽东主席边说边用铅笔指向地图上的西北高原，指向腊子口、白龙江，然后又指向略阳一带地区，指到西汉水，每一处都问引水的可能性，林一山都如实予以回答，当毛泽东指到汉江时，林一山回答说："有可能。"1958 年 8 月，《中共中央关于水利工作的指示》明确提出："全国范围的较长远的水利规划，首先是以南水（主要是长江水系）北调为主要目的的，即将江、淮、河、汉、海河各流域联系为统一的水利系统的规划，……应即加速制订。"第一次正式提出了南水北调。

　　长江是我国最大的河流，水资源丰富且较稳定，特枯年水量也有 7 600 亿 m^3，长江的入海水量占天然径流量的 94% 以上。长江自西向东流经大半个中国，上游靠近西北干旱地区，中下游与最缺水的华北平原及胶东地区相邻，兴建跨流域调水工程在经济、技术条件方面具有显著优势。为缓解北方地区东、中、西部可持续发展对水资源的需求，从社会、经济、环境、技术等方面，在反复比较了 50 多种规划方案的基础上，逐步形成了分别从长江下游、中游和上游调水的东线、中线、西线三条调水线路，与长江、黄河、淮河、海河四大江河联系，构成以"四横三纵"为主体的国家水网骨干。

2. 东中西调水干线

1）东线工程

　　东线工程从长江下游扬州附近抽引长江水，利用京杭大运河及与其平行的河道逐级提水北送，并连通起调蓄作用的洪泽湖、骆马湖、南四湖、东平湖。出东平湖后分两路输水：一路向北，在位山附近经隧洞穿过黄河，通过扩挖现有河道进入南运河，自流到天津；另一路向东，通过胶东地区输水干线经济南输水到烟台、威海。解决津浦铁路沿线和胶东地区的城市缺水及苏北地区的农业缺水问题，补充山东西南、山东北和河北东南部分农业用水及天津的部分城市用水。

2）中线工程

中线工程从长江支流汉江丹江口水库陶岔引水，经唐白河流域西部过长江流域与淮河流域的分水岭方城垭口，沿华北平原西部边缘，在郑州以西李村处经隧洞穿过黄河，沿京广铁路西侧北上，可基本自流到北京、天津。解决沿线华北地区大中城市工业生产和城镇居民生活用水匮乏的问题。

3）西线工程

西线工程从长江上游通天河和大渡河、雅砻江及其支流引水，开凿穿过长江与黄河分水岭巴颜喀拉山的输水隧洞，调长江水入黄河上游。解决涉及青海、甘肃、宁夏、内蒙古、陕西、山西6省（自治区）的黄河中上游地区和关中平原的缺水问题。

中 线 工 程

南水北调中线工程是"四横三纵"国家水网骨干的重要组成部分，也是华北平原可持续发展的支撑工程。

中线工程地理位置优越，可基本自流输水；水源水质好，输水总干渠与现有河道全部立交，水质易于保护；输水总干渠所处位置地势较高，可解决北京、天津、河北、河南4省（直辖市）京广铁路沿线的城市供水问题，还有利于改善生态环境。近期从丹江口水库取水，可满足北方城市缺水需要，远景可根据黄淮海平原的需水要求，从长江三峡水库库区调水到汉江，使之有充足的后续水源。也就是说，中线工程分期建设，中线一期工程于2003年12月30日开工建设，2014年12月12日正式通水。

中线一期工程概况

中线一期工程从丹江口水库自流引水，多年平均调水量为95亿 m^3，输水总干渠陶岔渠首设计至加大引水流量为350～420 m^3/s，过黄河为265～320 m^3/s，进河北为235～280 m^3/s，进北京为50～60 m^3/s，天津干渠渠首为50～60 m^3/s。中线一期工程主要建设项目包括丹江口大坝加高工程、输水总干渠工程、汉江中下游治理工程，为确保中线工程一渠清水向北流，还实施了丹江口水库库区及上游水污染防治和水土保持规划，且输水总干渠全线实行封闭管理。

一、丹江口大坝加高工程

南水北调中线一期工程研究了从长江三峡水库库区大宁河、香溪河、龙潭溪、丹江口水库引水等各种水源方案，并就丹江口大坝加高与不加高条件下，丹江口水库可调水量及调水后对汉江中下游的影响进行了综合分析。经技术经济比较，推荐丹江口大坝加高水源方案。丹江口水库实施大坝加高后，可调水量可满足 2010 年水平年中线受水区城市需求，调水对汉江中下游的影响可通过实施汉江中下游治理工程得以解决。

1. 大坝加高工程规模

丹江口大坝加高工程在初期大坝坝顶高程 162 m 的基础上加高 14.6 m 至 176.6 m，两岸土石坝坝顶高程加高至 176.6 m。正常蓄水位由 157 m 提高到 170 m，相应库容由 174.5 亿 m³ 增加至 290.5 亿 m³，校核洪水位变为 174.35 m，总库容变为 319.50 亿 m³，水库主要任务由防洪、发电、供水和航运调整为防洪、供水、发电和航运。实施丹江口大坝加高工程后，汉江中下游地区的防洪标准由不足 20 年一遇提高到近 100 年一遇，丹江口水库可向北方提供多年平均 95 亿 m³ 的优质水，航运过坝能力由 150 t 级提高到 300 t 级，发电效益基本不变。

2. 大坝加高方案

1）关键技术问题研究

由于汉江中下游的防洪要求，丹江口大坝加高工程需要在正常运行条件下实施，多年现场试验和数值模拟结果表明：一方面，在外界气温年季变换的影响和作用下，大坝加高工程的新老混凝土难以结合为整体；另一方面，丹江口大坝自初期工程完建到实施加高工程已运行近 40 年，初期坝体不可避免地存在一些混凝土缺陷需要处理，同时还需要协调好初期大坝金属结构和机电设备的补强和更新与防洪调度的关系。因此，丹江口大坝加高工程的关键技术问题是需要妥善解决新老混凝土有限结合条件下新老坝体联合受力的问题；在运行条件下对初期大坝进行全面检测并妥善处理初期大坝存在的混凝土缺陷，并分析预测混凝土缺陷对加高工程的影响；加强大坝加高施工组织，协调好大坝加高施工场地、交通条件、金属结构和机电设备的加固更新与水库防洪调度之间的关系。

为系统解决丹江口大坝加高工程的关键技术问题，在工程前期设计中先后开展了 3 次现场试验，"十一五"国家科技支撑计划项目也针对丹江口大坝的新老混凝土结合问题、初期大坝混凝土缺陷处理、初期大坝基础渗控系统的耐久性评价与高水头条件下的帷幕补强灌浆等技术问题开展了研究，确立了系统的后帮有限结合大坝加高技术、初期大坝混凝土缺陷检查与处理技术、大坝基础防渗体系检测与加固技术。

2）重力坝加高方案

丹江口大坝混凝土坝段均采用下游直接贴坡加厚、坝顶加高方式进行加高。坝顶加高前对初期混凝土大坝进行全面检查，对存在的纵向、横向、竖向裂缝和水平层间缝等重要混凝土缺陷采用结构加固与防渗处理相结合的方式进行了处理。对大坝下游贴坡混凝土与初期大坝之间的新老混凝土结合面，采取凿除碳化层、修整结合面体型、设置榫槽、布置锚筋、加强新浇混凝土温控措施和早期混凝土表面保温等一系列措施进行处理。对大坝初期工程的基础渗控措施进行了改造，并进行了防渗灌浆加固处理。对表孔溢流坝段溢流面采用柱状浇筑方式进行坝顶和闸墩加高，加高后的堰面曲线基本相同，设计洪水条件下堰上泄洪能力维持不变，下游消能方式仍为挑流消能，对溢流坝闸墩采用植筋方式进行加固处理，并利用新浇的坝面梁形成框架体系，改善闸墩结构的受力条件；在新老混凝土结合面布置排水廊道，防止结合面内产生渗压，影响加高坝体的结构稳定和应力。

3）土石坝加高方案

丹江口水库的左岸土石坝采用下游贴坡和坝顶加高的方式进行加高，右岸土石坝改线重建，新建左坝头副坝和董营副坝。

▎3. 丹江口水库运行调度

丹江口大坝加高后，水库任务调整为防洪、供水、发电、航运；丹江口水库首先满足汉江中下游防洪任务，在供水调度过程中，优先满足水源区用水，其次按确定的输水工程规模尽可能满足北方的需调水量，并按库水位高低，分区进行调度，尽量提高枯水年的调水量。

1）水库运行水位控制

考虑到汉江中下游防洪要求，丹江口水库10月10日～次年5月1日可按正常蓄水位170 m运行；5月1日～6月20日水库水位逐渐下降到夏季防洪限制水位160 m；6月21日～8月21日水库维持在夏季防洪限制水位运行；8月21日～9月1日水库水位由160 m向秋季防洪限制水位163.5 m过渡；9月1日～10月10日水库可逐步充蓄至170 m。

2）运行调度方式

当水库水位超过夏季或秋季防洪限制水位或者超过正常蓄水位时，丹江口水库泄水设备的开启顺序依次为深孔、14～17坝段表孔、19～24坝段表孔；陶岔渠首按总干渠最大输水能力供水，清泉沟按需引水，水电站按预想出力发电；水库水位尽快降至相应时段的防洪限制水位或正常蓄水位。

当水库水位在防洪调度线与降低供水线之间运行时，陶岔渠首按设计流量供水，清泉沟、汉江中下游按需水要求供水。当水库水位在供水线与限制供水线之间运行时，陶岔渠首引水流量分别为 300 m³/s、260 m³/s。当水库水位位于限制供水线与极限消落水位之间时，陶岔渠首引水流量为 135 m³/s。

4. 加高后的丹江口水库运行

丹江口大坝加高工程 2005 年开工建设，2013 年通过了水库蓄水验收，2021 年通过了 170 m 正常蓄水位的考验，各项监测数据表明，加高后的大坝工作性态正常。

二、输水总干渠工程

南水北调中线一期工程输水总干渠自丹江口水库陶岔取水，经河南、河北自北拒马河进入北京团城湖，沿途向河南、河北、北京受水对象供水；自河北的西黑山分水至天津外环河，沿途向河北、天津用户供水。

由于总干渠输水流量大，为降低输水运行费用，结合总干渠沿线地形地质条件，经多方案技术经济比较，中线工程的输水总干渠以明渠为主，局部穿城区域采用压力管道，天津干线则采用地埋箱涵。由于中线工程的服务对象为沿线大中城市的工业生产和城镇居民生活，供水量大、水质要求高；总干渠沿线与其交叉的河流、渠道、公路、铁路均按立交方案设计。陶岔渠首与总干渠沿线控制点之间的水位差，可基本实现全线自流供水，北拒马河到团城湖的流量大于 20 m³/s 时需用泵站加压输水。

1. 总干渠线路

中线工程的主要供水范围是华北平原，主要任务是向北京、天津及京广铁路沿线的城市供水。根据地形条件，黄河以南线路受陶岔枢纽、方城垭口、穿黄工程合适布置范围三个节点控制，依据渠道水位、地形地质条件，沿伏牛山、嵩山东麓，在唐白河及华北平原的西部顺势布置。黄河以北线路比较了新开渠和利用现有河渠方案，经技术经济比较，利用现有河渠方案不宜作为永久输水方案；新开渠方案具有全线能自流、水质保护条件好的特点，为中线工程优选线路方案，即黄河以北线路基本位于京广铁路以西，由南向北与京广铁路平行布置。天津干线研究过民有渠方案、新开渠淀南线、新开渠淀北线、涞水—西河闸线等多条线路方案；由于新开渠淀北线线路较短，占地较少，水质、水量有保证，推荐为天津干线输水路线。

2. 总干渠输水形式

总干渠输水形式比较了明渠、管涵、管涵渠结合多种方案。全线管涵输水虽便于管理、征地较少，但投资高、需要多级加压、运行费用高、检修困难；结合工程建设条件，推荐陶岔至北拒马河采用明渠重力输水，北京段和天津干线采用管涵输水。

3. 总干渠运行调度

中线工程的运行调度涉及丹江口水库、汉江中下游、受水区当地地表水、地下水及中线总干渠的输水调度，关系到全线工程调度的协调性和整体效益的发挥。总干渠工程的输水调度，需综合考虑受水区当地地表水、地下水与北调水联合运用及丰枯互补的作用。

1）北调水与当地水的联合调配

中线水资源配置技术是一项开创性的关键技术，其配置与调度模型包括丹江口水库可调水量、受水区多水源调度及中线水资源联合调配。

受水区已建的可利用的调蓄水库，根据其与输水总干渠的相对地理位置、水位关系等，分为补偿调节水库、充蓄调节水库、在线调节水库，分别在中线供水不足时补充当地供水的缺口，通过水库的供水系统向附近的城市供水，直接或间接调蓄中线北调水。

北调水与受水区当地水联合运用、丰枯互补、相互调剂，各水源的利用效率得以充分发挥，受水区供水满足程度一般在95%以上。

2）总干渠水流控制方式

为了有效控制总干渠水位和分段流量，总干渠建有60余座节制闸。输水期间采用闸前常水位控制方式。总干渠供水流量较小时，可利用渠道的水力坡降变化提供少许调节容量用于调节分水口门的取水量；大流量供水时渠道可提供的调蓄容量逐渐消失，分水口门供水量保持基本稳定或按总干渠安全运行要求进行缓慢调节。

总干渠全线采用现代集控技术，系统实现对总干渠各节制闸和沿线分水口门的联动控制。输水期间，依据水力学运动规律和总干渠安全运行要求，根据渠段分水量变化情况分段调整总干渠的供水流量，通过综合协调总干渠不同渠段内各分水口门之间的分水流量变化，减小影响范围和流量变化幅度，提高用户分水口门流量变化的响应速度；或者通过调整陶岔入渠水量，缩短用户供水需求变化的响应时间，避免水资源浪费。

总干渠供水期间，要求总干渠各用户提前一周到两周制订用水计划，由管理部门结合沿线分水口门用水量变化情况和安全供水要求进行审核，必要时在基本满足时段供水量的基础上对部分分水口门的供水过程进行适当调整，审批确认后执行。

4. 输水建筑物

输水总干渠以明渠为主，北京段、天津干线采用管（涵）输水；中线一期工程总干渠总长 1 432 km，布置各类交叉建筑物、控制建筑物、隧洞、泵站等，总计 1 796 座，其中，大型河渠交叉建筑物 164 座，左岸排水建筑物 469 座，渠渠交叉建筑物 133 座，铁路交叉建筑物 41 座，公路交叉建筑物 737 座，控制建筑物 242 座，隧洞 9 座，泵站 1 座。

1）输水明渠

输水明渠按挖填情况分为全挖方、半挖半填、全填方渠道，为降低渠道过水表面粗糙系数，固化过水断面，过水断面采用混凝土衬砌。地基渗透系数大于 10^{-5} cm/s 的渠段和不良地质渠段，混凝土衬砌板下方设置土工膜防渗。对于设有防渗土工膜、地下水位高于渠道运行低水位的渠段，衬砌板下方设置排水系统，以降低衬砌板下的扬压力，保持衬砌板和防渗系统的稳定。对于存在冰冻问题的安阳以北渠道，在衬砌板下方增设保温板。当渠道地基存在湿陷性黄土时，一般采用强夯或挤密桩处理；存在煤矿采空区而无法回避时，采用回填灌浆处理；对于膨胀土挖方渠道和填方渠道，采用了坡面保护和深层稳定加固等措施。

中线一期工程总干渠沿线分布有膨胀岩土的渠段累计长 386.8 km。其中，淅川段的深挖方渠道开挖深度达 40 余米，膨胀土边坡问题尤为突出。"十一五"、"十二五"和"十三五"国家科技支撑计划项目针对膨胀土物理力学特性、胀缩变形对土体结构的影响、边坡破坏机理、坡面保护、多裂隙条件下的深层稳定计算、深挖方膨胀土渠道边坡加固、岩土膨胀等级现场识别、膨胀土开挖边坡临时保护、水泥改性土施工及检测等，开展了专项研究和现场试验，确定了膨胀土坡面采用水泥改性土或非膨胀土保护、地表水截流、地下水排泄、边坡加固的"防、截、排、固"膨胀土渠坡综合处理措施。总干渠通水运行以来，膨胀土渠道过水断面总体稳定。

2）穿黄工程

黄河是中国的第二大河流，泥沙含量大。穿黄工程所处河段河床宽阔，河势复杂，主河道游荡性强，南岸位于郑州以西约 30 km 的邙山李村电灌站附近，与中线工程总干渠荥阳段连接；北岸出口位于河南温县黄河滩地，与焦作段相连，全长 23.937 km；穿越黄河隧洞段长 3.5 km，经水力学计算隧洞过水断面直径为 7.0 m，最大内水压力为 0.51 MPa，是南水北调中线的控制性工程。

工程设计开展了河工模型试验，进行了多方案比较，由此确定了穿黄工程路线，选择隧洞作为穿越黄河的建筑物形式。穿黄隧洞采用双层衬砌结构，外衬为预制管片拼装形成的圆形管道，采用盾构法施工，内衬为现浇混凝土预应力结构，内外衬之间设置弹性排水垫层，是我国首例采用盾构法施工的软土地层大型高压输水隧洞。穿黄工程技术难度大，超出我国现有工程经验和规范适用范围。针对穿黄隧洞复杂的运行环境条件、特殊的结构形式设计和施工涉及的关键技术问题，"十一五"国家科技支撑计划项目开展了"复杂地质条件下穿黄隧洞工程关键技术研究"工作，进行了 1:1 现场模型试验，结合数值模拟分析，系统解决了施工及运行期游荡性河床冲淤变形荷载作用下穿黄隧洞双层衬砌结构受力与变形特性，隧洞外衬拼装式管片结构设计、接头设计与防渗设计，复杂地质条件盾构法施工技术，超深大型盾构机施工竖井结构及渗流控制等一系列前沿性的工程技术问题，取得了一系列重大创新成果。

3）超大规模输水渡槽

渡槽作为南水北调中线总干渠跨越大型河流、道路的架空输水建筑物，是渠系建筑物中应用最广泛的交叉建筑物之一。南水北调中线一期工程总干渠输水渡槽共 27 座，其中，梁式渡槽 18 座。渡槽断面形式有 U 形、矩形、梯形，设计流量以刁河渡槽、湍河渡槽的设计流量 350 m³/s 为最大。渡槽长度则主要根据河道行洪要求和渡槽上游壅水影响经综合比选确定。

三、汉江中下游治理工程

中线一期工程运行后，丹江口水库下泄量减少，对汉江中下游干流水情与河势、河道外用水等造成了一定的影响；需要通过兴建兴隆水利枢纽、引江济汉工程、部分闸站改（扩）建、局部航道整治等四项工程，减少或消除北调水产生的不利影响；汉江中下游治理工程是中线工程的重要组成部分。

1. 兴隆水利枢纽

兴隆水利枢纽是汉江干流渠化梯级规划中的最下一级，位于湖北潜江、天门境内，开发任务是以灌溉和航运为主，兼顾发电。枢纽正常蓄水位为 36.2 m，相应库容为 2.73 亿 m³，规划灌溉面积为 327.6 万亩[①]，规划航道等级为 III 级，水电站装机容量为 40 MW。枢纽由拦河水闸、船闸、电站厂房、鱼道、两岸滩地过流段及上部交通桥等建筑物组成。

兴隆水利枢纽坝址处河道总宽约 2 800 m，河床呈复式断面，建筑物地基及过流面均为粉细砂层。其关键技术难题如下：①超宽蜿蜒型河道建设拦河枢纽需顺应河势，避免航道淤积，保障枢纽综合效益长期稳定发挥；②需要针对粉细砂地基承载能力低、沉降量大、允许渗透比降小，极易发生渗透变形、饱和砂土存在振动液化等特性的大面积地基处理技术；③粉细砂抗冲流速小，抗冲能力低，工程过流面积大，需要安全可靠的消能防冲设计。

为此，根据实际地形地质条件提出了"主槽建闸，滩地分洪；航电同岸，稳定航槽"

---

① 1 亩≈666.67 m²。

的枢纽布置新形式，解决了在超宽蜿蜒型河道建设大型水利枢纽如何稳定河势及保障安全通航的技术难题；并研发了"格栅点阵搅拌桩"多功能复合地基新形式、"H形预制嵌套"柔性海漫辅以垂直防淘墙的多重冗余防冲结构，首次在深厚粉细砂河床上成功建设了大型综合水利枢纽。

2. 引江济汉工程

引江济汉工程从长江干流向汉江和东荆河引水，补充兴隆—汉口段和东荆河灌区的流量，以改善其灌溉、航运和生态用水要求。渠道设计引水流量为 350 m³/s，最大引水流量为 500 m³/s；东荆河补水设计流量为 100 m³/s，加大流量为 110 m³/s。工程自身还兼有航运、撇洪功能。引江济汉工程通过从长江引水可有效减小汉江中下游仙桃段"水华"发生的概率，改善生态环境。

干渠渠首位于荆州李埠龙洲垸长江左岸江边，干渠渠线沿北东向穿荆江大堤，在荆州城西伍家台穿 318 国道、于红光五组穿宜黄高速公路后，近东西向穿过庙湖、荆沙铁路、襄荆高速公路、海子湖后，折向东北向穿拾桥河，经过蛟尾北，穿长湖，走毛李北，穿殷家河、西荆河后，在潜江高石碑北穿过汉江干堤入汉江。

3. 部分闸站改（扩）建

汉江中下游干流两岸有部分闸站原设计引水位偏高，汉江处于中低水位时引水困难，需进行改（扩）建，据调查分析，有 14 座水闸（总计引水流量 146 m³/s）和 20 座泵站（总装机容量 10.5 MW）需进行改（扩）建。

4. 局部航道整治

汉江中下游不同河段的地理条件、河势控制及浅滩演变有着不同特点。近期航道治理仍按照整治与疏浚相结合、固滩护岸、堵支强干、稳定主槽的原则进行。

四、工程效益

南水北调中线一期工程建成通水以来，运行平稳，达效快速，综合效益显著，基本实现了规划目标。中线工程向沿线郑州、石家庄、北京、天津等 20 多座大中城市和 100 多个县（市）自流供水，并利用工程富余输水能力相机向受水区河流生态补水，有效解决了受水区城市的缺水问题，遏制了地下水超采和生态环境恶化的趋势。汉江水源区水生态环境保护成效显著，中线调水水质常年保持 I～II 类。丹江口大坝加高工程和汉江中下游四项治理工程在供水、航运、发电、防洪、改善水环境等方面发挥了积极作用，实现了"南北两利"。

截至 2024 年 3 月 30 日，南水北调中线一期工程自 2014 年 12 月全面通水以来，已累计向受水区调水超 620 亿 m³，受益人口超 1.08 亿人。

1. 丹江口水利枢纽工程防洪效益、供水效益、生态效益显著

丹江口大坝加高以后，充分发挥了拦洪削峰作用，有效缓解了汉江中下游的防洪压力。从 2017 年 8 月 28 日开始，汉江流域发生了 6 次较大规模的降雨过程，最大入库洪峰流量为 18 600 m³/s，水库实施控泄，出库流量最大为 7 550 m³/s，削峰率为 59%，拦蓄洪量约 12.29 亿 m³，汉江中游干流皇庄站水位最大降低 2 m 左右，避免了蓄滞洪区的运用，有效缓解了汉江中下游的防洪压力。

2021 年汉江再次遭遇明显秋汛，从 8 月 21 日开始，汉江上中游连续发生 8 次较大规模的降雨过程，丹江口水库累计拦洪约 98.6 亿 m³。通过水库拦蓄，平均降低汉江中下游洪峰水位 1.5～3.5 m，超警戒水位天数缩短 8～14 天，避免了丹江口水库以下河段超保证水位和杜家台蓄滞洪区的运用。10 月 10 日 14 时，丹江口水库首次蓄至 170 m 正常蓄水位，汉江秋汛防御与汛后蓄水取得双胜利。

通过实施丹江口水库库区及上游水污染防治和水土保持规划，极大地促进了水源区生态建设，使丹江口水库水质稳定维持在 I～II 类，主要支流天河、竹溪河、堵河、官山河、浪河和滔河等的水质基本稳定在 II 类，剑河和犟河的水质分别由 IV～劣 V 类改善至 II～III 类。

2. 北调水已成为受水区城市供水的主力水源，并有效遏制了受水区地下水超采，生态环境明显改善

南水北调中线一期工程 2003 年开工新建，2014 年建成通水。自通水以来，输水规模逐年递增，到 2019～2020 年供水量为 86.22 亿 m³，运行 6 年基本达效。根据检测数据综合评价，南水北调中线水质稳定在 II 类以上。根据 2019 年 6 月资料分析统计，受水区县、市、区行政区划范围内现状水厂总数为 430 座，北调水受水水厂 251 座，其供水能力占受水区总水厂供水能力的 81%。黄淮海流域总人口 4.4 亿人，生产总值约占全国的 35%，中线一期工程累计向黄淮海流域调水超 400 亿 m³，缓解了该区域水资源严重短缺的问题，为京津冀协同发展、雄安新区建设、黄河流域生态保护和高质量发展等重大战略的实施及城市化进程的推进提供了可靠的水资源保障，极大地改善了受水区居民的生活用水品质。

南水北调中线工程通水后，受水区日益恶化的地下水超采形势得到遏制，实现地下水位连续 5 年回升。河南受水区地下水位平均回升 0.95 m，其中，郑州局部地下水位回升 25 m，新乡局部回升了 2.2 m。河北浅层地下水位 2020 年比 2019 年平均回升 0.52 m，深层地下水位平均回升 1.62 m。北京应急水源地地下水位最大升幅达 18.2 m，平原区地下水位平均回升了 4.02 m。天津深层地下水位累计回升约 3.9 m。

截至 2024 年 3 月，中线一期工程累计向北方 50 多条河流进行生态补水，补水总量近 100 亿 m^3，为河湖增加了大量优质水源，提高了水体的自净能力，增加了水环境容量，在一定程度上改善了河流水质。

3. 汉江中下游四项治理工程实施后，灌溉、航运、生态环境保护成效显著

汉江中下游兴隆水利枢纽、引江济汉工程、部分闸站改（扩）建和局部航道整治四项治理工程均于 2014 年建成并投入运行，目前运行平稳，在供水、航运、发电、防洪、改善水环境等方面发挥了积极作用。

截至 2020 年兴隆水利枢纽累计发电 14.32 亿 kW·h；控制范围内灌溉面积由 196.8 万亩增加到 300 余万亩。引江济汉工程累计引水 205.29 亿 m^3，连通了长江和汉江航运，缩短了荆州与武汉间的航程约 200 km，缩短了荆州与襄阳间的航程近 700 km；配合局部航道整治实现了丹江口—兴隆段 500 t 级通航，结合交通运输部门规划满足了兴隆—汉川段 1 000 t 级通航条件。

引江济汉工程叠加丹江口大坝加高工程后汉江中下游枯水流量增加，提高了汉江中下游生态流量的保障程度。根据 2011 年 1 月～2018 年 12 月实测流量数据，中线一期工程运行前后 4 年，皇庄断面和仙桃断面的生态基流均可 100%满足；皇庄断面最小下泄流量旬均保证率由 91.7%提升至 100%，日均保证率由 90.4%提升至 98.9%，2017～2019 年付家寨断面、闸口断面、皇庄断面、仙桃断面等主要断面各月水质稳定在 II～III 类，并以 III 类为主。

2016 年和 2020 年汛期，利用引江济汉工程实现了长湖向汉江的撇洪，极大地缓解了长湖的防汛压力。

目 录

第1章

南水北调中线工程的膨胀土问题

1.1 膨胀土分布

南水北调中线工程线路长，跨越多个流域，地形起伏多变，通过的地貌单元多，地层岩性复杂，岩土成因类型差异大，其中膨胀土是渠道沿线重要的病害地层。总干渠沿线膨胀岩土的主要分布范围为渠首—北汝河段、辉县—新乡段、邯郸—邢台段。此外，颍河及小南河两岸、淇河—洪河南段、南士旺—洪河段、石家庄市区、高邑等地也有零星分布[1-5]。总干渠沿线地表至渠底板以下 5 m 范围内分布有膨胀岩土的渠段累计长 386.8 km。其中，膨胀岩渠段长 172.72 km，膨胀土渠段长 281.73 km（部分渠段既分布有膨胀土，又分布有膨胀岩）。在膨胀岩渠段中，强膨胀岩渠段长 36.2 km，中等膨胀岩渠段长 59.73 km，弱膨胀岩渠段长 76.79 km；在膨胀土渠段中，强膨胀土渠段长 5.69 km，中等膨胀土渠段长 103.52 km，弱膨胀土渠段长 172.52 km[5-7]。

1.1.1 陶岔—沙河南段

陶岔—沙河南段膨胀岩土主要分布在伏牛山南麓和东麓的丘陵、垄岗及 II 级阶地，以膨胀土为主。该渠段膨胀岩土累计分布长度为 180.15 km，约占渠段总长的 75%。其中，分布膨胀岩的渠段长 44.85 km，分布膨胀土的渠段长 177.44 km。

膨胀岩为新近系（N）河湖相沉积的灰白色、灰绿色、棕黄色黏土岩、砂质黏土岩，局部因钙质富集相变为泥灰岩。其中，强膨胀岩渠段长 12.96 km，中等膨胀岩渠段长 29.13 km，弱膨胀岩渠段长 2.76 km。

膨胀土为第四系下更新统（Q_1）残坡积砖红色、棕红色粉质黏土，中更新统（Q_2）冲洪积、湖积姜（橘）黄色、棕黄色、褐黄色粉质黏土和黏土，上更新统（Q_3）冲湖积浅黄色、灰褐色、褐黄色、灰黄色粉质黏土和黏土。其中，Q_1 粉质黏土一般具中等膨胀性；Q_2 粉质黏土一般具弱—中等膨胀性，Q_2 黏土一般呈中等—强膨胀性；Q_3 粉质黏土、黏土一般具弱膨胀性。强膨胀土渠段累计长 1.03 km，中等膨胀土渠段长 80.01 km，弱膨胀土渠段长 96.4 km。

1.1.2 沙河南—黄河南段

沙河南—黄河南段膨胀岩土主要分布于伏牛山北麓、嵩山东麓丘陵和山前冲洪积、坡洪积裙区的鲁山坡—北汝河段、颍河—小南河段等地，以膨胀岩为主。膨胀岩土累计长约 63.48 km，约占渠段总长的 27%。其中，分布膨胀岩的渠段长 48.67 km，分布膨胀土的渠段长 29.04 km。

膨胀岩为新近系（N）棕黄色、棕红色及紫红色黏土岩、砂质黏土岩，局部为灰绿色、灰白色泥灰岩。其中，强膨胀岩渠段长 18.55 km，中等膨胀岩渠段长 9.97 km，弱膨胀岩渠段长 20.15 km。

膨胀土为第四系中更新统（Q_2）坡洪积棕红色、棕褐色粉质壤土和粉质黏土，上更新统（Q_3）冲洪积棕黄色粉质黏土，具弱膨胀潜势。

1.1.3 黄河北—漳河南段

黄河北—漳河南段膨胀岩土主要分布于太行山南麓、东麓丘陵和山前冲洪积、坡洪积裙区的辉县—新乡段、淇河—洪河南段、安阳河北—东稻田段等地，以膨胀岩为主。膨胀岩土渠段累计长约 71.69 km，约占渠段总长的 31.2%。其中，分布膨胀岩的渠段长 58.86 km，分布膨胀土的渠段长 16.47 km。

膨胀岩为新近系（N）棕黄色、棕红色、紫红色黏土岩、砂质黏土岩和灰白色、灰黄色、灰白色杂灰黄色或灰绿色泥灰岩。其中，强膨胀岩渠段长 4.38 km，中等膨胀岩渠段长 15.65 km，弱膨胀岩渠段长 38.83 km。

膨胀土为第四系中更新统（Q_2）冲洪积棕红色、棕褐色粉质黏土、粉质壤土，具弱膨胀潜势。

1.1.4 漳河北—古运河南段

漳河北—古运河南段膨胀岩土主要分布于太行山东麓丘陵和山前冲洪积、坡洪积裙区的邯郸—邢台段及沙河、临城、高邑、石家庄市区等地，以膨胀土为主。膨胀岩土渠段累计长约 71.49 km。其中，分布膨胀岩的渠段长 20.34 km，分布膨胀土的渠段长 58.78 km。

膨胀岩为新近系（N）紫红色、棕红色黏土岩及其风化残积层，其中强膨胀岩渠段长 0.31 km，中等膨胀岩渠段长 4.98 km，弱膨胀岩渠段长 15.05 km。

膨胀土为第四系下更新统（Q_1）湖积、冰水堆积灰绿色黏土、泥卵石，中更新统（Q_2）

棕红色粉质黏土、泥砾。其中，强膨胀土渠段长 4.66 km，中等膨胀土渠段长 23.51 km，弱膨胀土渠段长 30.61 km。

1.1.5　膨胀土分布区地形地貌及地质环境

膨胀土分布区地形地貌及地质环境与岩土形成环境和岩土膨胀性有密切关系，不同地貌部位的土体，沉积物的来源不同、矿物成分不同、沉积环境不同，膨胀性也不同，微地貌形态也会在一定程度上反映土体地质结构差异及其对外部环境的适应能力。

南阳盆地及方城—沙河段第四系堆积物质主要来源于伏牛山的花岗岩、碳酸盐岩、片岩风化产物，由河流、山洪搬运作用形成。中线干渠通过的主要地貌形态为孤山、岗地、山前平原、河流一级和二级阶地、河床，属山麓斜坡堆积地貌与滨湖积地貌的过渡带。

孤山：孤山主要由坚硬岩石及坡积物组成，坚硬岩石不具膨胀性，坡积物一般不具膨胀性，与岗地过渡地带的局部土体具弱膨胀性。膨胀土主要分布在白河右岸及方城垭口附近。

岗地：垄岗与河谷相间是总干渠沿线最基本的地貌形态特征。微地貌可分为岗顶平原、岗坡、岗间洼地。主要由新近系（N）及第四系下更新统（Q_1）、中更新统（Q_2）和薄层坡积（Q^{dl}）黏性土层组成。岗顶或岗顶平原的土体多具中等膨胀性，局部具强膨胀潜势。岗坡多为中等膨胀土，部分缓坡为弱膨胀土，下部渐变为中等膨胀土。岗间洼地表部土体一般具弱膨胀潜势，下部土体一般具弱—中等膨胀潜势。受物理化学风化作用差异影响，一般岗坡东北侧膨胀性强于西南侧。河北境内磁县段新近系（N）黏土岩，以弱—中等膨胀潜势为主，少量具强膨胀潜势。

山前平原：南阳境内主要由第四系中更新统（Q_2）和上更新统（Q_3）组成。Q_2 黏土、粉质黏土总体具中等膨胀性，壤土具弱膨胀潜势。Q_3 多具弱膨胀潜势。一般在中等膨胀土表部或层中分布有成层的钙质结核。河北永年境内膨胀土由下更新统（Q_1）组成，其中湖积相黏土具弱—中等膨胀潜势，冰积土以弱膨胀潜势为主；在沙河、邢台市区、内丘境内为冰积成因，多具弱膨胀潜势，局部具中等膨胀潜势，少量无膨胀性。

中线总干渠沿线穿过伏牛山、太行山等多个山前岗地或山前平原区，在物质来源及形成环境相似时，土体的膨胀性也存在相似的规律性。南阳盆地及方城北—汝河南段，岗地土体一般具弱—中等膨胀潜势，部分岗地岗基由新近系（N）黏土岩组成时，岩土体具中等—强膨胀潜势。统计发现，岗地的岗顶膨胀性＞岗坡膨胀性＞岗底膨胀性，东北坡膨胀性＞西南坡膨胀性。同一地点，膨胀性一般随深度的增加而增强，这可能与沉积、风化、气候环境有关。

河流二级阶地：大型河流两岸的二级阶地由 Q_3 组成，多具有双层韵律结构，上部为黏性土，下部为砂性土，局部地段下部砂性土缺失。受沉积环境控制，上部黏性土在陶岔—汝河段一般具有弱膨胀性，距河流越远，颗粒越细，膨胀性越强。在河流二级阶地

3

与岗地的交汇部位，沉积环境过渡为河流相与残坡积相的混合堆积，局部具中等膨胀性。大型河流左右岸二级阶地物质来源有差别，膨胀性也有所不同。黄河以北河流阶地堆积物多具次生黄土特征，一般无膨胀性。

河流一级阶地：新近沉积的全新统下段（Q_4^1）土体，要么是 Q_2、Q_3 土体的次生堆积，要么是近代残坡积物经河流搬运后形成的堆积，总体上不具膨胀性。

南水北调中线膨胀土渠道分布区地貌形态多为丘陵、垄岗和山前冲洪积、坡洪积裙，渠道挖深以小于 10 m 为主，部分渠段挖深达 10～15 m，局部渠段挖深为 15～30 m，少数渠段挖深达 50 m 左右。

1.2 膨胀土时代及地层岩性

1.2.1 地层时代

黄河以南，尤其是南阳盆地，以膨胀土为主，且主要形成于中更新世；黄河以北以膨胀岩为主，形成于新近纪[5, 7]。

1. 新近系（N）

陶岔—沙河南段新近系（N）仅在刁河、潦河、十二里河、东赵河右岸、草墩河右岸、彭河左岸（龟山），以及临河岗坡、马岗（东赵河与潘河分水岭）岗顶零星出露。该渠段第四系覆盖层厚薄不均，沿线渠底板断续涉及该地层，渠底板以上涉及总长约为 26.72 km。新近系为河湖相沉积，具多韵律结构，由棕褐色、黄色、灰绿色、灰白色黏土岩、砂质黏土岩、泥灰岩、砂岩、砂砾岩等互层或其中几种岩性组成，多数为泥质结构，呈微胶结，局部钙质微胶结。岩性、岩相变化大，厚薄不一，钻孔揭露最大厚度为 60 m。其中，黏土岩、砂质黏土岩、泥灰岩一般具膨胀性。

沙河南—黄河南段新近系（N）以黏土岩为主（部分夹砂岩、砾岩透镜体），其次为砂岩、砾岩，多呈互层状，局部分布泥灰岩。主要分布于潮河以南，其他部位零星分布，多被第四系覆盖。主要出露于鲁山坡—交马岭段及走马岭一带。黏土岩在颍河以南多为灰绿色，在颍河以北为棕红色、棕黄色、紫红色，一般具弱膨胀性。泥灰岩呈灰白色，多夹在灰绿色黏土岩中，或呈互层状，有溶蚀现象，一般具弱偏中等膨胀潜势。

黄河北—漳河南段新近系（N）膨胀岩呈黏土岩与泥质砂岩互层状，分布于安阳河两岸及其以北地区，厚度大于 30 m。黏土岩一般具弱膨胀潜势。

鹤壁段新近系（N）岩性为灰白色、灰白色杂灰绿色泥灰岩，黄色、棕黄色黏土岩，浅黄色、棕黄色砂岩，灰黄色、深灰色砾岩及砂砾岩。分布于淇河南—安阳南段，厚度大于 70 m。灰绿色泥灰岩及黏土岩一般具弱—中等膨胀潜势。

潞王坟段上部以灰白色泥灰岩为主，局部夹灰黄色砾岩；下部为棕红色黏土岩与泥质砂岩。分布于辉县大官庄、新乡潞王坟、卫辉温寺门一带，总厚度大于 45 m。泥灰岩、黏土岩一般具弱或中等膨胀潜势。

漳河以北新近系（N）主要由黏土岩、砂岩、砂砾岩透镜体组成，湖相沉积，以紫红色、棕红色为主。表层多风化，呈黏土。黏土岩中分布灰绿色斑块，裂隙及隐蔽裂隙发育，裂隙面具蜡状光泽，常见擦痕，具弱—中等膨胀潜势。

2. 第四系（Q）

1）下更新统（Q₁）

中线工程沿线下更新统（Q_1）成因类型多，膨胀性差异明显。

残坡积层：分布于陶岔—沙河段九重垄岗区，以李营—半店一线为界（桩号TS18+000），以西普遍分布，地表出露少，以东缺失。以棕红色、砖红色为特点。岩性为粉质黏土、黏土，含钙质结核，偶夹灰白色粉质黏土透镜体，不均一。钙质结核坚硬，泥钙质组成，多富集成层，粒径在 0.5～2.0 cm。该层埋深及厚度变化较大，沿刁河河谷呈一带状凹槽分布，刁河右岸（孔沟—东庄）呈条带状出露，顶面向西倾伏，顶高自 182 m 降至 69 m，厚度由 27 m 增至 35 m 以上；刁河左岸姚营一带局部分布厚度约为 20 m。在陶岔—肖楼段，该层与下伏奥陶系、新近系呈角度不整合接触。一般具中等膨胀潜势。

坡洪积层：分布于鲁山坡、兰河右岸岗地、新乡北金灯寺丘坡下部及古地形低凹处，厚 1～3 m。岩性以灰绿色砾质黏土及壤土为主，局部夹砾石层或砾质砂壤土。

湖相沉积、冰水堆积、冰碛层：主要分布于沁河北—永年棉花厂段、白马河—兰羊段、临城张家台以北—临城高邑县界段、南沙河及兰羊以北渠段、高邑—赞皇段的槐河一带，厚度大于 30 m。黏土具弱或中等膨胀潜势，局部具强膨胀性。湖相沉积为黏土夹砂土透镜体，以灰绿色为基本色，杂灰白色、黄色、棕红色。裂隙及隐蔽裂隙发育，裂隙面具蜡状光泽，见擦痕。砂土灰绿色，砂粒中长石颗粒已风化，手可捻碎，含黏土。钻孔揭露最大厚度为 32 m。

2）中更新统（Q₂）

（1）黄河以南。

冲洪积层：为棕黄色粉质黏土，局部夹灰白色、灰绿色黏土条带。矿物成分以蒙脱石为主，伊利石次之，化学成分以氧化硅及铝铁氧化物为主。含钙质结核，一般粒径为 1～3 cm，较大达 5 cm，含少量铁锰质结核，局部富集成层。土体随机分布有网状裂隙，裂隙面为灰白—灰绿色次生黏土条带充填，裂隙面光滑，具蜡状光泽，见清晰擦痕，倾向多变，倾角为 40°～50°，局部为 10°～30°。灰白色、灰绿色黏土黏粒含量为 50%～60%，矿物成分以蒙脱石为主。一般具弱—中等膨胀潜势。

该层在垄岗一般均有分布，南阳盆地岗地广泛分布，钻孔揭露最大厚度为 45 m，一般厚 7～25 m。在陶岔—郏县段沿渠线较连续分布，是组成渠坡的主要土层之一，与下伏下更新统（Q_1）呈平行不整合接触，与下伏新近系（N）呈平行不整合或角度不整合接触。

坡洪积层：岩性为棕红色粉质黏土、重粉质壤土，含碎石。在方城以北零星分布。粉质黏土具弱或中等膨胀潜势。

（2）黄河以北。

冲洪积层：岩性为棕红色、红黄色粉质黏土、重粉质壤土及卵石、泥卵石，主要分布于南沙河以南冰碛岗地顶部和边缘。

坡洪积层：为壤土、黏土，主要分布于邢台会宁—白马河斜坡地段，该地层厚度大多小于 5 m。

冰碛泥砾层：呈红色黏土包裹砾石状，砾石含量为 50%～70%。结构密实，砾石成分以石英砂岩为主，常见粒径为 5～20 cm，最大粒径为 80 cm，中等磨圆度，可见冰川压痕。最大厚度在 25 m 以上。分布于磁县—邯郸市区段、沙河以西渠段，以及石家庄—邢台段的槐河一带。黏土一般具弱或中等膨胀潜势。

坡残积层：以壤土、黏土为主，夹有少量砂土、碎石土及含砾黏土透镜体。壤土红色，硬塑—可塑，含钙质结核。黏土局部具膨胀性。

3）上更新统（Q_3）

冲湖积层：上部为粉质黏土、重粉质壤土、轻砂壤土，局部夹淤泥质黏土或含泥砾、砂透镜体；下部由灰黄—褐黄色含泥中细砂、砾砂组成。

粉质黏土，灰褐色，富含有机质，失水易碎裂，含灰白色风化钙质结核并易富集成层，多呈薄层状出露地表，一般层厚在 2～5 m。一般具弱或中等膨胀潜势。

重粉质壤土，褐黄色，与粉质黏土互为相变关系，部分含铁锰质结核，黏土矿物成分主要为伊利石，含少量高岭石。一般层厚在 7～16 m，多位于河谷平原中部，分布广且层厚稳定。局部具弱膨胀潜势。

淤泥质黏土，灰黑色，含有机质，软塑状，厚 2.0～4.8 m，呈条带状分布于重粉质壤土层下。具弱或中等膨胀潜势。

冲积、冲洪积、洪积、坡洪积层：岩性以浅黄色、棕黄（红）色黄土状壤土、黄土状砂壤土为主，夹粉质黏土、粉细砂和卵石或泥卵石透镜体。邙山一带分布有风积灰黄色、浅黄色黄土状中、轻粉质壤土及砂壤土。黏性土局部具弱膨胀潜势。

1.2.2　物质组成

南阳盆地土体膨胀等级与黏粒含量的关系见图 1.2.1。方城—沙河段土体膨胀等级与黏粒含量的关系见图 1.2.2，邯郸—邢台段土体膨胀等级分布频率见图 1.2.3。黏粒含量是影响土体膨胀性的一个重要指标，黏粒含量越高，土的比表面积越大。然而，黏粒含量高只表明吸附水分子的能力强，能否引起土体膨胀，还取决于土的渗透性和黏土矿物的成分，膨胀速度的大小取决于水分子能否进入晶格间。因此，尽管总体上自由膨胀率与黏粒含量呈正相关关系，但从数据的分散性可以看出还有其他影响因素。对邯郸—邢台段不同地层蒙脱石含量的分析显示，蒙脱石含量对膨胀性影响明显（图 1.2.4）。因此，决定土体膨胀等级的是包括颗粒组成、矿物成分、透水性等在内的多个因素。Si/Al 通常被认为是反映土体矿物成分的一个重要指标，但从实测数据来看，Si/Al 尽管可以反映黏土矿物的组成，但由于石英含量的干扰，Si/Al 并不总能与土体的蒙脱石含量和膨胀性能很好地对应。根据 Si/Al 将黏土矿物组合分为四类：蒙脱石类（Si/Al≥4）、蒙脱石+伊利石组合类（3<Si/Al<4）、伊利石类（2<Si/Al≤3）、高岭石类（Si/Al≤2）。这一分类与邯郸膨胀土、南阳膨胀土的黏土矿物组成基本吻合（表 1.2.1）。

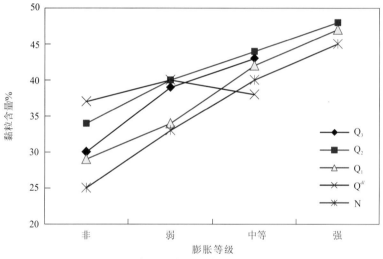

图 1.2.1　南阳盆地土体膨胀等级与黏粒含量的关系

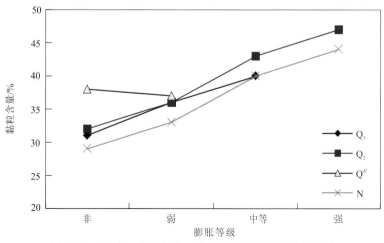

图 1.2.2　方城—沙河段土体膨胀等级与黏粒含量的关系

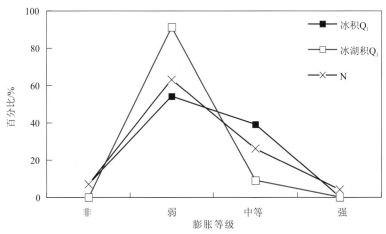

图 1.2.3　邯郸—邢台段土体膨胀等级分布频率

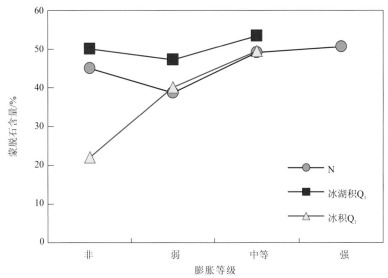

图 1.2.4　邯郸—邢台段不同膨胀等级土体的蒙脱石含量

表 1.2.1　邯郸—邢台段膨胀土 Si/Al 与蒙脱石含量及膨胀性的关系

地层	强		中等		弱		非	
	Si/Al	蒙脱石含量/%	Si/Al	蒙脱石含量/%	Si/Al	蒙脱石含量/%	Si/Al	蒙脱石含量/%
N	3.45	50.5	5.29	49.0	—	38.7	3.65	45.0
冰积 Q_1	—	—	4.1	49.4	5.84	40.0	3.95	22.0
冰湖积 Q_1	—	—	4.14	53.3	3.85	47.1	3.67	50.0

　　分段统计表明，南阳盆地及方城—沙河南段相同膨胀等级土体的黏粒及胶粒含量基本相同，不存在大的差异。因此，用颗粒组成也可以初步确定土体的膨胀等级。颗粒越细，土体比表面积越大，吸附能力越强，水敏性越强，膨胀性越强。南阳盆地壤土、粉

质壤土一般为非膨胀土，局部为弱膨胀土，粉质黏土一般为弱—中等膨胀土，黏土一般为中等—强膨胀土，重黏土为强膨胀土。

1.3　膨胀土引发的渠道工程地质问题

深埋膨胀土在天然状态下处于非饱和状态，浅部膨胀土的含水率随气候而变，对气候和水文因素有较强的敏感性，这种敏感性对工程建筑物会产生严重的危害。膨胀土内部一般分布有不同成因的裂隙，且裂隙规模越大，倾角越缓，这些裂隙成为控制膨胀土强度的天然弱面。膨胀土胀缩性和裂隙性弱面是造成膨胀土地区工程病害的关键。

南水北调中线工程膨胀土渠道最主要的问题是边坡稳定问题和渠底卸荷回弹及膨胀变形问题[7-8]。

1.3.1　边坡稳定问题

膨胀土渠道在工程建设和运行期间，边坡稳定问题表现在以下五个方面。

1. 雨淋沟

雨淋沟是膨胀土边坡受雨水冲刷作用形成的（图 1.3.1）。在渠坡开挖形成后，地表土体在胀缩作用下，产生裂隙，反复胀缩后土体解体，形成细小颗粒，土颗粒在雨水坡面流的冲刷下向下运动，形成雨淋沟破坏。一般在渠坡开挖形成后一个月便会出现雨淋沟，阳坡甚于阴坡。

图 1.3.1　引丹总干渠冲蚀雨淋沟（蔡耀军摄于 2005 年）

2. 坍塌

膨胀土裂隙发育,在开挖边坡较陡的部位,在卸荷作用下,或者在坡脚浸泡后,容易形成单个方量较小,但分布密集的坍塌、剥落及溜滑,特别是在坡脚齿槽开挖过程中,由于开挖形成陡坎,膨胀土在重力作用下,易沿裂隙面变形坍塌。一般在坡脚坍塌后,会逐步向上部发展。坍塌型破坏在施工期较多,主要原因是开挖坡比较大、坡脚泡水等,如淅川段左侧渠坡发生了受中—陡倾角裂隙控制的坍塌破坏,见图1.3.2。

(a)受坡脚齿槽开挖及积水影响产生的坍塌

(b)受2组陡倾角裂隙控制的坍塌

图1.3.2 淅川段左侧渠坡坍塌

Q^{del}表示第四系地滑堆积

3. 浅层蠕变

膨胀土边坡最为常见的破坏是发生在表层的胀缩裂隙带变形破坏，其变形深度受边坡表面密集的网状胀缩裂隙的影响，一般在 1 m 左右，变形破坏受降雨或地表水的控制，下雨时，雨水沿胀缩裂隙下渗，上部一定范围的土体因吸水膨胀软化，力学强度迅速降低[9]，而下部土体仍保持非饱和状态，并对膨胀软化土体起约束作用，斜坡上部土体在重力、膨胀力及入渗雨水静水压力的共同作用下，向坡下缓慢蠕动变形。

其显著特点包括：①由于变形范围限于浅表层胀缩裂隙，因此其深度小，一般在 1 m 左右，很少超过 2 m；②由于胀缩裂隙产状不规则，且以中—陡倾角为主，因此变形体底界面起伏不平，大部分边界模糊，少部分迁就裂隙面；③单个变形体体积以 100～200 m³ 最常见，但长期发展也会逐渐达到数万立方米，见图 1.3.3。

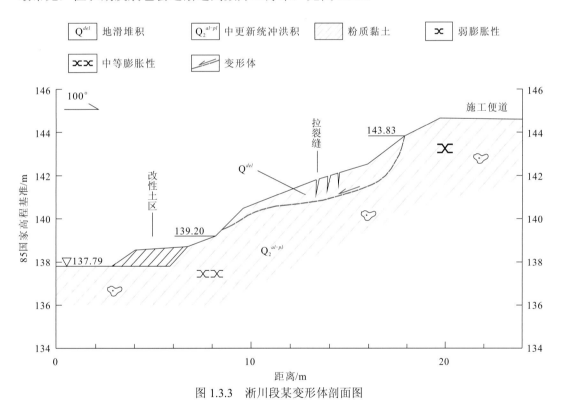

图 1.3.3　淅川段某变形体剖面图

图 1.3.3 所在渠坡开挖成型后未进行坡面保护，逐步形成裂隙风化带，受降雨影响，坡面水沿裂隙下渗软化土体，降低了土体强度，导致上部土体失稳破坏。渠坡变形使改性土换填中止，后续施工又未能及时跟上，且变形体处理缓慢，导致变形进一步向下游发展，破坏范围不断扩大，见图 1.3.4。

图 1.3.4　桩号 TS16+712～TS16+730 段右岸渠坡变形体向下游扩大

4. 结构面控制的深层滑坡

构成膨胀土深层滑坡的结构面主要有长大裂隙面、地层岩性界面、裂隙密集带三种类型，受结构面控制的滑坡具有规模大、滑面深、滑面近水平等特点。

例如，桩号 TS11+763～TS11+927 段渠道施工期右岸渠坡发生的滑坡，底滑面为缓倾角长大裂隙。2012 年 9 月 25 日，6 级边坡改性土清除，渠坡未见变形迹象。9 月 29 日 5 级马道以上边坡发生变形，6 级边坡整体下滑 30～50 cm，6 级边坡出现数十条裂缝，裂缝长一般为 20～50 m，宽一般为 1～3 cm，7 级边坡中部也见多条拉裂缝，最宽达 15 cm 左右，最长约为 100 m，变形体后缘拉裂缝延伸至渠顶施工便道。滑坡沿缓倾角长大裂隙剪出，剪出口高程在 172.5 m 左右，沿剪出口有少量地下水渗出，见图 1.3.5。

图 1.3.5　桩号 TS11+763～TS11+927 段右岸滑坡前缘剪出口

5. 地层岩性界面控制的深层滑坡

地层岩性界面控制的深层滑坡属于结构面控制型滑坡的一种。沿地层岩性界面发生的膨胀土深层滑坡较少，但发生时规模大，工程处理难。这类滑坡主要发生在边坡上下岩土力学强度存在较大差异、深部存在相对软弱层的部位。潜在滑动面（带）在降水入渗、卸荷作用长期影响下，矿物定向排列，含水率持续升高，强度不断衰减，同时应力集中现象不断增强，当强降雨引起的动水压力增大、应力集中达到或超过土体的抗剪强度时，土体失稳而产生滑坡，如 2005 年发生的陶岔滑坡，见图 1.3.6 和图 1.3.7。

图 1.3.6　陶岔渠首桩号 TS1+100 处深层滑坡

1.3.2　渠底卸荷回弹及膨胀变形问题

膨胀土渠道开挖引发的抬升变形或向临空面的变形包括超固结膨胀土卸荷引起的回弹变形和不饱和膨胀土在吸水后产生的膨胀变形。

1. 卸荷回弹

超固结膨胀土卸荷后产生回弹变形，加载后产生压缩。南阳膨胀土挖方渠道一般挖深大于 10 m，深挖方渠道挖深大于 30 m，最大挖深近 50 m，按照土体的湿重度为 20 kN/m^3 进行计算，可近似得到 50 m 挖深最大卸荷量为 1 000 kN/m^2，10 m 挖深的卸荷量为 200 kN/m^2，其卸荷作用不可忽略。卸荷回弹变形量受地层岩性、挖深、坡比、渠底宽度等的影响，也受到渠道两侧未开挖土体的约束，其限制了有效回弹深度和回弹变形量。根据理论分析和实测成果，南阳膨胀土挖方渠道渠底回弹变形量为 5～12 cm。

卸荷回弹变形对渠道边坡坍塌、结构面控制的滑坡都有重要影响。在渠道工程衬砌施工完成后，深挖方渠道残留的回弹变形将使渠道纵坡、过水断面发生变化，影响渠道过水能力。渠道开挖引起的卸荷回弹在开挖后的初期发展较快，但卸荷回弹变形往往与吸水膨胀变形交织在一起，不易区分，延续时间可达数年。

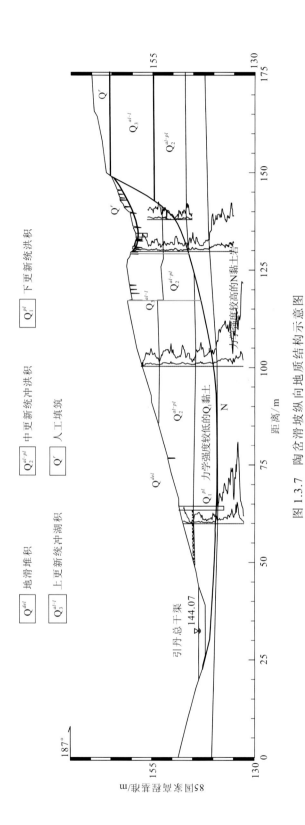

图 1.3.7 陶岔滑坡纵向地质结构示意图

2. 膨胀土吸水膨胀

膨胀土矿物连接力较弱，水分子容易进入层间，导致体积膨胀。同时，膨胀土容易开裂，外部水分容易进入土体内部。因此，渠道开挖导致深部非饱和膨胀土进入浅部环境后，其含水率便会受大气湿度、降水的控制而产生频繁变化。吸水膨胀产生缓倾角裂隙，失水干缩形成陡倾角裂隙，最终使膨胀土裂隙化、碎裂化。此外，伴随膨胀土的开挖卸荷，土体的土-水平衡被打破，卸荷松弛将使膨胀土吸收更多水分实现新的平衡。因此，对于开挖渠道，膨胀土吸水膨胀不仅仅限于浅表层胀缩裂隙带，而是有一定的深度。

膨胀土的膨胀变形受土体上部压力的影响，吸水膨胀量与上部压力的大小成反比，上部荷载越大，其膨胀量越小。挖方渠段由于土体膨胀性不均一，土体在吸水过程中产生较大的变形差异，并引发较大的膨胀力（剪切力），由于土体强度低，因此土体吸水膨胀变形过程中易产生剪胀裂隙。

根据膨胀机理，开挖渠道地基膨胀土吸水膨胀变形可分为两个带：①浅表部胀缩带，厚度为 1～3 m，与大气环境直接接触，土体含水率随气候频繁变化，吸水发生膨胀，失水产生收缩，随着时间的推移，膨胀与收缩反复进行，土体裂隙日趋增多，原生结构不断遭受破坏，强度持续衰减，最终可能在一场强降水的诱发下出现边坡失稳。与此同时，混凝土衬砌结构也会伴随膨胀土的变形而出现各种形式的变形破坏。②土-水再平衡带，与渠道开挖引起的卸荷范围一致，随着开挖卸荷，土体发生松弛，原来的土-水平衡被打破，土体吸收水分以实现新的土-水平衡，当达到新的平衡后，土体不再吸水膨胀。根据计算和观测，南阳渠段挖深 10～30 m 渠道的土-水再平衡深度为 8～10 m。

第 2 章

南水北调中线工程膨胀土研究历程

2.1 膨胀土专项研究

2.1.1 膨胀土专项研究主要时间节点

从 20 世纪 50 年代以来，水利部长江水利委员会勘测设计单位与有关勘察、科研部门针对膨胀土的工程特性及处理措施开展了大量研究工作。

20 世纪 50 年代，作为南水北调中线工程勘测的牵头单位，长江水利委员会勘测总队（长江设计集团有限公司前身的一部分）为了配合南水北调工程的建设，在南阳和丹江口分别成立了地质勘测队，分别对中线工程线路和丹江口水库工程进行勘察研究。60 年代，协助和帮助设计了位于膨胀土地区的鸭河口灌区、丹江口水库左右连接段、陶岔渠首。70 年代在建设引丹总干渠工程时，对强、中等、弱膨胀土开展了勘察试验研究。在陶岔引水渠施工过程中，发生了 14 个规模大小不等的滑坡，对其破坏特点、治理措施进行了研究。基于当时对膨胀土的认识，对 14 个滑坡分别采取了不同的处理措施，取得了成功，积累了膨胀土边坡处理的经验。1982 年，为了配合南水北调工程的建设，长江水利委员会勘测总队及水利部长江勘测技术研究所对国内七省 20 多条膨胀土渠道的边坡进行了调研，分析了膨胀土渠坡失稳的主要原因和机理，并对全国各地的膨胀土成因、形成年代进行了测试分析，对南阳地区膨胀土的基本特性进行了初步研究。

1984～1988 年，对南阳盆地膨胀土的分布与成因、物质成分及结构特征、不同条件下的胀缩性质、变形与强度特性进行了深入研究，开展了大气影响深度原型监测、膨胀土边坡力学模型与数值分析，并在邓州（当时为邓县）构林附近的刁南干渠进行了膨胀土渠道开挖变形观测及大气影响深度、边坡处理等一系列的试验研究工作，完成了《南阳盆地膨胀土渠道工程地质研究报告》，报告详细分析和研究了南阳地区膨胀土的类型、物理化学性质、矿物构成、力学特征、膨胀性及水理性质，成为我国膨胀土特性系统研究的重要里程碑。同时，在当时的条件下，采用有限单元法对均一膨胀土渠道边坡进行了受力状态分析，划分出膨胀土渠道边坡的拉张应力区和剪切塑性变形应力集中区。

1989 年，中国科学院地质研究所与长江流域规划办公室勘测总队共同对南阳盆地膨胀土赋存的气候条件、形成的地质时代、膨胀土的地质特征和物质组成、物理化学性质、工程特性，以及控制和影响边坡稳定性的宏观地质结构进行了研究。

1992 年，水利部长江勘测技术研究所和长江水利委员会勘测总队对黄河以北的膨胀土进行了初步研究，主要内容包括：膨胀土的分布、化学成分和矿物成分、物理及强度特性等。

1994 年，水利部长江勘测技术研究所、长江科学院对南阳肖楼深挖方段的膨胀土补充了离心模型试验和输水隧洞模拟研究。水利部长江勘测技术研究所和长江水利委员会综合勘测局情报科出版了《国内外水利工程膨胀土处理论文集》。

1996 年，中国科学院地质研究所对南水北调中线工程总干渠沿线分布的三趾马红土和新近系膨胀岩进行了初步研究。水利部长江勘测技术研究所对膨胀土开展了系统性测试分析，对膨胀土的工程性质进行了较全面的研究，对膨胀土渠坡稳定性进行了评价。

1996～2002 年，长江水利委员会综合勘测局先后引进美国生产的电化学土壤处理剂 CONDORSS、坚土酶 PZ-22X，对膨胀土进行了室内、野外改性处理试验。同时，对国内公司研发的膨胀土生态改性剂 CMA、高强高耐水土体固结剂和交换树脂进行了调研。

2003～2007 年，长江勘测规划设计研究院进一步分析了中线总干渠膨胀土的地区差异，根据勘探竖井揭示的土体裂隙特征和强度特征、地下水的分布和渗流特征、膨胀土滑坡的形成机理，提出了膨胀土力学强度的分带性，以及不同分带膨胀土体的试验方法；提出了膨胀土浅层变形主要受控于大气剧烈影响带裂隙发育程度及土体含水率、深层滑坡主要受控于天然软弱结构面的破坏机制；在国内外较早提出了膨胀土结构特性、结构对膨胀土强度的控制作用、结构分带及长大结构面对膨胀土边坡稳定的控制作用；认为膨胀土渠道研究和处理的重点为浅层变形与破坏，深层稳定问题可采用抗滑支挡等措施解决。对南水北调中线工程膨胀土渠段进行了工程地质分段及分类，同时提出了南水北调中线工程膨胀土渠坡的工程处理应以换填法为主，根据膨胀土的膨胀等级采用不同的换填厚度，并根据膨胀土渠段周边天然建筑材料的分布情况选用不同的换填方案。

2006 年在南水北调中线一期工程陶岔—沙河南段的勘察中发现，同一地貌单元同一种岩性存在自由膨胀率从弱到强都有分布的现象，为了便于膨胀土渠坡工程地质评价和设计处理，在实践中提出了渠坡岩土膨胀等级"1/3"判据法。

2008 年以后，随着南阳膨胀土试验渠道的开挖，对膨胀土渠道边坡的变形破坏机理进行了更加深入的研究。

"十一五"期间，国务院南水北调工程建设委员会办公室组织的国家科技支撑计划重大项目"南水北调工程若干关键技术研究与应用"，安排了"膨胀土（岩）地段渠道破坏机理及处理技术研究"课题，其中，长江勘测规划设计研究院牵头对南阳膨胀土试验段开展了国内外最大规模的膨胀土现场原型试验，对大型膨胀土渠道的破坏机理与处理技术进行了深入系统的研究。主要研究成果如下：①在膨胀土特性与破坏机理研究方面，提出了缓倾角结构面控制的滑动破坏和胀缩作用控制的浅表层变形破坏两种膨胀土渠道破坏模式；②开展了膨胀土渠坡多种处理方法的试验，包括水泥改性土换填、土工格栅加筋、土工袋保护、复合土工膜封闭等，并推荐水泥改性土换填为渠坡保护的主要方法；③提出了施工质量控制指标和质量检查方法与工艺，编制了相应的施工技术标准。2011 年 2 月，科技部及国务院南水北调工程建设委员会办公室在北京进行了课题验收，验收专家组对该课题研究成果给予了充分肯定。研究成果被大量应用于工程初步设计方案完善中。

　　"十二五"期间，科技部及国务院南水北调工程建设委员会办公室组织了国家科技支撑计划重大项目"南水北调中线工程膨胀土和高填方渠道建设关键技术研究与示范"，对南水北调中线工程膨胀土渠道设计与施工中的问题做了进一步研究。研究内容包括：①由于"十一五"期间只在中等、弱膨胀土区开展了试验研究，强膨胀土渠道设计基本参考中等膨胀土的处理方法，可能存在工程安全风险，为此专门开展了强膨胀土处理技术研究。②"十一五"期间研究发现了两个以前没有认识到的问题，一是存在受结构面控制的较深层的滑动问题，二是当挖深较大和土体膨胀性较强时渠基抬升变形显著，对此的处理方案还缺少研究数据支撑，故针对深挖方渠道膨胀土渠坡抗滑和渠基抗变形措施开展了进一步研究。③膨胀土渠道防渗排水技术。膨胀土渠坡处理宜采取包括坡面保护、工程抗滑、防渗排水等在内的综合措施，但膨胀土地区水文地质条件复杂，是否适合防渗、怎么防渗、防渗范围如何确定等，以及能不能排、怎么排、排水效果如何等，需要通过专门的研究来提供支撑，这也是工程设计中一个很薄弱的环节。④膨胀土开挖边坡稳定性预测。尽管渠道施工前开展了地质勘测并对不同膨胀性的渠道制订了处理方案，但渠道开挖后地质条件仍可能发生很大变化，需要根据开挖揭露情况及时对土体膨胀性进行复核，对膨胀土裂隙情况进行快速编录，进而对渠坡稳定性做出预测，为渠道处理设计优化提供依据。⑤膨胀土渠道安全监测预警技术。膨胀土边坡稳定问题是一个世界性的难题，安全监测预警技术可以及时发现渠道的安全隐患，以便在隐患初期及时化解。鉴于膨胀土的特殊性，为了有效地监测渠道安全，需要在现有技术的基础上，重点开发"点、线、面"相结合的实时监测技术、可视化技术。

　　综上所述，中线工程膨胀土研究可划分为六个阶段：①20 世纪 50～70 年代的认知阶段，对膨胀土的认识非常有限，尚无针对膨胀土的勘测研究和处理方法；②20 世纪 80 年代的膨胀土系统研究起步阶段，对中线工程沿线膨胀土分布、基本物理力学性能及水理性指标开展了大量分析测试，并开始涉及膨胀土变形破坏机理；③20 世纪 90 年代针对膨胀土问题的处理措施研究阶段，一方面对工程沿线的膨胀土继续深入研究，另一方面围绕如何处理膨胀土问题做了大量的技术储备，如出版了《国内外水利工程膨胀土处理论文集》，派技术人员赴美国学习考察膨胀土处理技术，在室内及现场开展了多次膨胀土改性试验；④2002～2010 年膨胀土结构特性、破坏机理及处理设计方案研究阶段，研究重点由基本物理力学性能转向膨胀土结构特性、结构分带、结构面对强度的控制作用、边坡破坏模式与机理、开挖边坡稳定控制措施，这一阶段提出了"三带"结构理论、膨胀土强度参数测试方法和设计取值方法，提出了浅层蠕变与深层水平滑动破坏模式及其机理，提出了膨胀土坡面改性封闭、深层抗滑处理方案，这一阶段是经过半个世纪的勘察研究，在"十一五"国家科技支撑计划项目推动下，膨胀土破坏理论和处理技术逐步系统化与成型的阶段；⑤2011～2014 年进一步完善和深化膨胀土变形破坏机制认识、持续完善和优化膨胀土渠道处理方案的阶段，这一阶段是中线工程膨胀土渠道施工建设高峰，得到了"十二五"国家科技支撑计划重大项目的资助，围绕工程技术问题开展研究，并直接应用于工程设计；⑥2015～2022 年膨胀土破坏机理和处理技术检验与深化认识阶段，工程运行初期是膨胀土问题暴露最集中的时段，特别是 2016 年工程沿线遭遇百年不遇的暴雨袭击，对膨胀土渠道处理效果进行了一次系统检验。

2.1.2　工程规划设计阶段相关研究

20 世纪 70 年代，引丹总干渠施工期间发生 14 个滑坡，引起了工程建设人员的高度关注，水利部长江水利委员会勘测人员经过现场研究和测试分析发现，导致滑坡发生的正是膨胀土，从此膨胀土问题成为中线工程关注的重点技术问题之一。

20 世纪 80 年代，开始对中线工程膨胀土问题进行系统的勘察研究。为了对水利工程建设中的膨胀土问题有一个全面的了解，水利部长江勘测技术研究所及长江水利委员会勘测总队技术人员对我国七省 20 多条膨胀土渠道的边坡进行了调研，对问题的类型、发生时间等进行了归纳和总结。对南阳膨胀土工程特性开展了较系统的勘察研究，在邓州构林开展了我国最早的膨胀土变形破坏原型观测试验，获得了首批膨胀土渠道开挖观测数据。1989 年联合中国科学院地质研究所对中线工程膨胀土的成因、物质组成、物理力学指标等进行了系统分析和总结。

1992 年对黄河北膨胀土开展了系统的勘察研究，掌握了膨胀土分布、形成时代、物质组成及物理力学指标。收集国内外膨胀土研究和处理技术成果，出版了《国内外水利工程膨胀土处理论文集》。派遣技术人员赴美国进行为期一年的学习考察，基于对膨胀土问题的认识，开展了多种改性剂的膨胀土改性试验。直到 2000 年以前，中线工程对膨胀土的研究仍侧重于物理力学参数及膨胀土指标测试，国内外对膨胀土边坡破坏机理的认识主要为浅层性的膨胀土问题和非饱和土吸湿后强度下降问题。

2003～2007 年，根据勘探竖井揭示的土体裂隙特征和强度特征、地下水的分布和渗流特征，提出了膨胀土力学强度的分带性，以及不同分带膨胀土体的试验方法；提出了膨胀土浅层变形破坏、深层滑坡的变形破坏机理，提出了膨胀土渠坡浅层变形破坏采用换填、深层稳定问题采用抗滑支挡等的解决方案。在实践中提出渠坡岩土膨胀等级"1/3"判据法，并将其正式作为工程沿线岩土膨胀等级的划分依据。

2.1.3　膨胀土关键技术研究

为进一步落实膨胀土渠道工程设计、施工中的具体问题，确定膨胀土工程地质特性、膨胀土物理力学参数、膨胀土渠道边坡破坏机理和破坏模式，选择膨胀土渠道边坡处理措施和坡面保护方案及材料，明确膨胀土渠道工程设计及施工控制指标，在膨胀土渠道大规模施工前，科技部将"膨胀土（岩）地段渠道破坏机理及处理技术研究"列入"十一五"国家科技支撑计划课题，开展了膨胀土渠道现场原型试验，为最终确定膨胀土渠道设计方案提供了依据。工程即将开工建设时，科技部再次将"南水北调中线工程膨胀土和高填方渠道建设关键技术研究与示范"列入"十二五"国家科技支撑计划重大项目，为南水北调中线一期工程设计、建设提供技术支持。实践表明，重大工程与国家科研计划相结合，可以深化工程建设中的关键技术研究，推动相关学科前沿技术的发展，为工程顺利建设和安全运行提供技术保障。

2.2　邓州构林原型试验研究

1982 年，为了配合南水北调工程建设，长江水利委员会勘测总队及水利部长江勘测技术研究所对国内七省 20 多条膨胀土渠道的边坡进行了调查研究，分析了膨胀土渠坡失稳的主要原因，并对全国各地的膨胀土成因、形成年代进行了测试分析。1983～1984 年，利用刁南干渠后续建设的构林段正在施工的有利时机，开展了我国最早的膨胀土渠道野外试验，试验段土体具弱—中等膨胀性，渠段最大挖深约为 15 m，最大填高约为 5 m，渠道过水能力为 10 m³/s，渠道最大开口宽约 60 m，渠底宽 6 m，坡比为 1∶3.0。

2.2.1　主要研究内容

在膨胀土详细勘察的基础上，并展了开挖边坡变形历时观测、不同边坡高度下的膨胀压力观测、大剪试验、膨胀压力与含水率的关系试验、石灰改性试验、填方渠段的渠堤沉降变形试验等。对土体开展了常规物理力学试验、三轴试验、快剪试验、慢剪试验、长期强度试验、颗分及矿物成分试验等。主要研究内容如下。

（1）南阳盆地膨胀土的成因与分布。

（2）南阳盆地膨胀土的物质成分与结构特征。

（3）南阳盆地膨胀土的一般工程地质特性。

（4）南阳盆地膨胀土强度特征。

（5）南阳盆地膨胀土的判别与分类方法。

（6）膨胀土开挖渠坡变形原型监测。

（7）膨胀土渠坡变形破坏力学机理分析。

（8）南阳盆地膨胀土渠坡稳定性分析方法。

（9）南阳盆地膨胀土渠坡防护与处理措施。

2.2.2 研究方案

根据现场地形地质条件，构林刁南干渠膨胀土试验段分 A、B、C 三个分区。

A 区挖深 8～15 m，长约 300 m，土体以中等膨胀性为主，弱膨胀性次之。渠坡为裸坡，主要研究膨胀土开挖渠道的变形过程、破坏形式。渠道开挖前，通过大口径钻孔，在渠坡渠底以下不同高程预理不动点和观测点，观测在开挖卸荷作用下的渠底抬升及边坡水平和垂直位移，分析研究边坡变形的时程曲线，初步研究膨胀土变形及产生滑坡的机理，同步开展土体物理力学、膨胀性、渗透性试验。

B 区挖深 0～10 m，长约 200 m，土体以弱膨胀性为主。在渠道右岸进行换填石灰改性土试验，换填厚度为 30 cm，并开展石灰改性土耐久性试验。

C 区为填方区，长约 100 m，最大填高约为 6 m，进行膨胀土渠堤填方试验。

除上述土体物理力学性质、膨胀性、渗透性、矿化成分、崩解性等试验外，还进行了面积为 0.1 m^2 的大剪、中剪、三轴、残余强度、长期强度、固结等试验，并进行了相关性研究。

2.2.3 主要认识与结论

邓州构林膨胀土开挖渠道原位试验对渠道开挖变形、大气影响深度、边坡处理等开展了一系列的研究工作，详细分析和研究了南阳地区膨胀土的形成类型、力学特征、膨胀性及水理性质。采用有限单元法对均一膨胀土渠道边坡进行了受力状态分析。

1）膨胀土成因与分布

分析了南阳盆地膨胀土成因、分布与区域地质背景和地貌的关系，以沉积建造环境和母岩风化改造作用为依据，将南阳盆地膨胀土分为洪积、冲洪积、河湖相沉积、残坡积四种类型。

2）膨胀土主要工程性质

研究了南阳盆地膨胀土的物质成分与微观结构特征、膨胀土的物理性质与膨胀特征，特别是对膨胀土的强度特性进行了多工况试验研究。在大量试验研究的基础上，提出了南阳盆地膨胀土工程地质分类力学指标，同时揭示了南阳盆地膨胀土力学属性上的三个特征：①强度的尺寸效应敏感；②强度随含水率的增加而显著衰减；③残余强度大幅低于峰值强度。

3）膨胀土判别与工程地质分类

通过对大量试验资料的分析，给出了黏粒含量大于 35%，液限大于 38%，原状土的缩限小于 13%，胀缩总率大于 5%的膨胀土判据，再根据膨胀土的结构特征、膨胀力、抗剪强度、变形模量、承载比例极限值等将南阳盆地膨胀土分为弱、中等、强膨胀三大类，并对南水北调中线拟定的陶岔—方城段做了实例分析。

4）渠坡原型监测与变形破坏的力学机理分析

通过试验段历时 4 年的应力与应变、含水率和孔隙水压力监测及成果分析，获得了膨胀土渠道从开挖到破坏的应力变形规律。

（1）渠坡水平应力随施工开挖的进行而递增，施工完成时，应力基本达到峰值，此后到破坏之前，应力变化较小，若应力大幅度下降，则标志着渠坡开始破坏。

（2）根据坡高 2/3 处测点的观测结果，施工过程的侧向变形占破坏时总变形的 33%左右，如果除开加速变形阶段，则占总变形的 75%左右。当水平变形转入增速阶段时，标志着土体开始破坏。

（3）孔隙水压力和剪切带含水率的变化与侧向水平变形规律相符，当剪切带含水率达到 30%～35%和临界含水率时，渠坡土体即将发生整体破坏。

（4）提出了膨胀土渠坡稳定性预报方法：根据南阳盆地膨胀土的结构特征，采用横观各向同性本构定律，借用黏塑性模型建立了层状土体膨胀软化方程。膨胀土裂隙与含水率变化对渠坡稳定有极其重要的影响。土体流变特性与渠坡破坏时间有直接关系。

（5）膨胀土渠坡稳定性分析和防护处理措施。阐述了膨胀土渠坡稳定性分析方法，并根据已建膨胀土渠坡与刁南干渠监测成果及力学试验资料，给出了各类膨胀土渠坡的设计参考坡度，提出了南阳地区膨胀土渠道边坡防护与处理的有效方法。

（6）对淅川九重深挖方渠段的中等—弱膨胀土进行了离心模型试验，对淅川九重深挖方渠段隧洞方案进行了模拟分析研究。

2.3　"十一五"国家科技支撑计划南阳膨胀土试验段专项研究

"十一五"国家科技支撑计划重大项目"南水北调工程若干关键技术研究与应用"设置课题"膨胀土（岩）地段渠道破坏机理及处理技术研究"，对膨胀土渠道的工程技术问题进行了研究，依托南阳膨胀土试验段，开展现场和室内试验研究工作，对膨胀土的地质结构分带特征、裂隙发育分布特性、地下水的分布及影响、基本理化特性及胀缩性、强度和变形特性、气候及地下水对膨胀土工程特性的影响、膨胀土渠道开挖响应、边坡破坏形式及机理、膨胀土边坡处理方法及其有效性、渠道通水对膨胀土性能的影响等开展了深入研究,为膨胀土渠道处理方案选择提供了科学依据。

2.3.1　试验场地分区规划

南阳膨胀土试验段是中线总干渠的一部分,位于南阳境内,起点位于卧龙靳岗孙庄东,桩号为 TS100+500,坐标为 $X=3\,656\,807.229\,7\,m$,$Y=453\,450.885\,4\,m$;终点位于靳岗武庄西南,桩号为 TS102+550,坐标为 $X=3\,658\,611.489\,1\,m$,$Y=454\,395.551\,8\,m$,全长 2.05 km。其中,桩号 TS100+500～TS101+850 段为弱膨胀土渠段,桩号 TS101+850～TS102+550 段为中等膨胀土渠段。

试验段渠道设计流量为 340 m^3/s,加大流量为 410 m^3/s,设计水深为 7.5 m,加大水深为 8.23 m。渠道最大挖深为 19.2 m,最大填高为 5.5 m。试验段分为 3 个试验区,分别为填方试验区、弱膨胀土试验区、中等膨胀土试验区。其中,填方试验区又分为 2 个亚区,弱膨胀土试验区分为 5 个亚区,中等膨胀土试验区分为 7 个亚区,每区长 80～120 m,根据试验目的布置了不同的试验方案。具体方案见表 2.3.1 和图 2.3.1。

1)填方试验区

填方试验区桩号为 TS100+550～TS100+790,长 240 m,分 2 个亚区,各长 120 m。其中,桩号 TS100+550～TS100+670 段为试验 I 区,桩号 TS100+670～TS100+790 段为试验 II 区。填方段渠道内坡研究的主要措施有外包水泥改性土、土工格栅;外坡研究的主要措施有混凝土六方格植草、水泥改性土等。

2)弱膨胀土试验区

弱膨胀土试验区桩号为 TS101+400～TS101+850,总长 450 m,分为 5 个亚区。

I～III 区为 3 个处理措施试验区,各长 100 m。重点研究换填非膨胀土、水泥改性土、复合土工膜处理的效果及施工工艺,其中换填非膨胀土方案作为其他方案的对比。

IV 区为裸坡试验区。试验区长 120 m,试验区一侧坡比为 1∶1.5,另一侧为 1∶2.0。重点研究弱膨胀土破坏机理、大气影响带形成规律、开挖渠道临时保护措施。

V 区为无处理措施衬砌区,长 30 m。重点研究弱膨胀土试验区简化处理措施的可能性、衬砌发生渗漏时可能造成的影响和范围、混凝土衬砌开裂的形式。

3)中等膨胀土试验区

中等膨胀土试验区桩号为 TS101+950～TS102+550,总长 600 m,共分 7 个亚区,其中 6 个处理措施试验区长各 80 m,1 个裸坡试验区长 120 m。

1 级马道以下渠道安排换填非膨胀土、水泥改性土、土工格栅、土工袋、复合土工膜+砂垫层等处理措施,1 级马道以上渠道安排换填非膨胀土、水泥改性土、土工格栅、土工袋、砌石联拱、菱形格构、混凝土六方格植草等防护措施。其中,换填非膨胀土方案作为其他试验方案的对比方案,试验方案布置见表 2.3.1。

表 2.3.1　膨胀土试验方案布置表

试验分区	区段（段长/m）	试验区桩号		位置		地层岩性	膨胀性	坡比	处理方案
		起点桩号	终止桩号						
填方试验区	填方试验Ⅰ区（120）	TS100+550	TS100+670	左岸	内坡	粉质黏土	以弱膨胀土为主，局部具中等膨胀潜势	1：2.0	水泥改性土 0.6 m+20 cm 砂垫层+复合土工膜+衬砌
					外坡				水泥改性土 0.6 m+混凝土六方格植草
					坡顶				水泥改性土 0.6 m+沥青混凝土路面
				右岸	内坡			1：2.0	水泥改性土 0.6 m+20 cm 砂垫层+复合土工膜+衬砌
					外坡				水泥改性土 0.6 m+混凝土六方格植草
					坡顶				水泥改性土 0.6 m+沥青混凝土路面
				渠底					水泥改性土 0.6 m+20 cm 砂垫层+复合土工膜+衬砌
	填方试验Ⅱ区（120）	TS100+670	TS100+790	左岸	内坡			1：2.0	土工格栅 2.0 m+20 cm 砂垫层+复合土工膜+衬砌
					外坡				混凝土六方格植草
					坡顶				复合土工膜+沥青混凝土路面
				右岸	内坡			1：2.0	土工格栅 2.0 m+20 cm 砂垫层+复合土工膜+衬砌
					外坡				混凝土六方格植草
					坡顶				复合土工膜+沥青混凝土路面
				渠底					土工格栅 2.0 m+20 cm 砂垫层+复合土工膜+衬砌
弱膨胀土试验区	弱膨胀土试验Ⅰ区（100）	TS101+750	TS101+850	左岸	1级马道以下	以粉质黏土为主，局部夹黏土透镜体	以弱膨胀土为主，局部具中等膨胀潜势	1：2.0	换填非膨胀土 0.6 m+滤水网垫+复合土工膜+衬砌
					1级马道以上				砌石联拱+植草
				右岸	1级马道以下			1：2.0	换填非膨胀土 0.6 m+滤水网垫+复合土工膜+衬砌
					1级马道以上				菱形格构+植草
				渠底					换填非膨胀土 0.6 m+滤水网垫+复合土工膜+衬砌
	弱膨胀土试验Ⅱ区（100）	TS101+650	TS101+750	左岸	1级马道以下			1：2.0	水泥改性土 0.6 m+滤水网垫+植草
					1级马道以上				砌石联拱+植草
				右岸	1级马道以下			1：2.0	水泥改性土 0.6 m+滤水网垫+植草
					1级马道以上				菱形格构+植草
				渠底					水泥改性土 0.6 m+滤水网垫+复合土工膜+衬砌

试验分区	区段（段长/m）	试验区桩号		位置		地层岩性	膨胀性	坡比	处理方案
		起点桩号	终止桩号						
弱膨胀土试验区	弱膨胀土试验III区（100）	TS101+550	TS101+650	左岸	1级马道以下	以粉质黏土为主，局部夹黏土透镜体	以弱膨胀土为主，具中等膨胀潜势	1:2.0	30 cm砂垫层+复合土工膜+衬砌
					1级马道以上				砌石联拱+植草
				右岸	1级马道以下			1:2.0	30 cm砂垫层+复合土工膜+衬砌
					1级马道以上				菱形格构+植草
				渠底					30 cm砂垫层+复合土工膜+衬砌
	弱膨胀土试验IV区（120）	TS101+430	TS101+550	左岸				1:2.0	裸坡
				右岸				1:1.5	裸坡+植草
				渠底					复合土工膜覆盖
	弱膨胀土试验V区（30）	TS101+400	TS101+430	渠底					直接衬砌混凝土
中等膨胀土试验区	中等膨胀土试验I区（80）	TS101+950	TS102+030	左岸	1级马道以下	以粉质黏土为主，局部为黏土	土体具中等膨胀性，局部膨胀性强，土体最大膨胀力达362 kPa	1:2.0	换填非膨胀土1.0 m+20 cm砂垫层+复合土工膜+衬砌
					1级马道以上				换填非膨胀土1.0 m+混凝土六方格植草
				右岸	1级马道以下			1:2.0	换填非膨胀土1.0 m+20 cm砂垫层+复合土工膜+衬砌
					1级马道以上				换填非膨胀土1.0 m+混凝土六方格植草
				渠底					换填非膨胀土1.0 m+20 cm砂垫层+复合土工膜+衬砌
	中等膨胀土试验II区（80）	TS102+030	TS102+110	左岸	1级马道以下			1:2.0	水泥改性土1.0 m+20 cm砂垫层+复合土工膜+衬砌
					1级马道以上				水泥改性土1.0 m+混凝土六方格植草
				右岸	1级马道以下			1:2.0	水泥改性土1.0 m+20 cm砂垫层+复合土工膜+衬砌
					1级马道以上				水泥改性土1.0 m+混凝土六方格植草
				渠底					水泥改性土1.0 m+20 cm砂垫层+复合土工膜+衬砌

续表

试验分区	区段（段长/m）	起点桩号	终止桩号		位置	地层岩性	膨胀性	坡比	处理方案
中等膨胀土试验区	中等膨胀土试验Ⅲ区（80）	TS102+110	TS102+190	左岸	1级马道以下	以粉质黏土为主，局部为黏土	土体具中等膨胀性，局部具强膨胀性，土体最大膨胀力达362 kPa	1:2.0	土工袋1.5 m+20 cm砂垫层+复合土工膜+衬砌
					1级马道以上				土工袋1.5 m+施工期土袋保护层+土工袋+三维植被网垫
				右岸	1级马道以下			1:2.0	土工袋1.5 m+20 cm砂垫层+复合土工膜+衬砌
					1级马道以上				土工袋1.5 m+施工期土袋保护层+土工袋+三维植被网垫
				渠底					土工袋1.0 m+20 cm砂垫层+复合土工膜+衬砌
	中等膨胀土试验Ⅳ区（80）	TS102+190	TS102+270	左岸	1级马道以下			1:2.0	土工格栅2.0 m+20 cm砂垫层+复合土工膜+衬砌
					1级马道以上				土工格栅2.0 m+袋装根植土（端部）+复合土工膜+三维植被网垫
				右岸	1级马道以下			1:2.0	土工格栅2.0 m+20 cm砂垫层+复合土工膜+衬砌
					1级马道以上				土工格栅2.0 m+袋装根植土（端部）+三维植被网垫
				渠底					20 cm砂垫层+复合土工膜+衬砌
	中等膨胀土试验Ⅴ区（80）	TS102+270	TS102+350	左岸	1级马道以下			1:2.0	水泥改性土1.0 m+衬砌
					1级马道以上				水泥改性土1.0 m+混凝土六方格植草
				右岸	1级马道以下			1:2.0	水泥改性土1.0 m+衬砌
					1级马道以上				水泥改性土1.0 m+混凝土六方格植草
				渠底					水泥改性土1.0 m+衬砌
	中等膨胀土试验Ⅵ区（80）	TS102+350	TS102+430	左岸	1级马道以下			1:2.0	30 cm砂垫层+复合土工膜+衬砌
					1级马道以上				砌石联拱+植草
				右岸	1级马道以下			1:2.0	30 cm砂垫层+复合土工膜+衬砌
					1级马道以上				菱形格构+植草
				渠底					30 cm砂垫层+复合土工膜+衬砌
	中等膨胀土试验Ⅶ区（120）	TS102+430	TS102+550	左岸				1:2.0	裸坡
				右岸				1:1.5	裸坡+植草
				渠底					复合土工膜覆盖

27

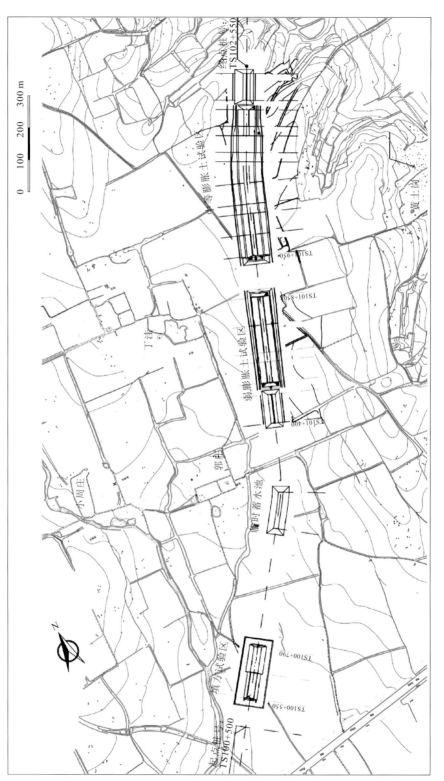

图 2.3.1　南阳膨胀土试验段试验分区布置

2.3.2　膨胀土物理力学特性研究

1）室内试验

物理试验：在不同段、不同深度，有规律地取样进行含水率、密度、重度、颗分、孔隙率、饱和度、界限含水率、超固结特性和渗透性等试验。

力学试验：包括压缩系数、抗剪强度（天然、饱和、天然固结、饱和固结、三轴、动三轴、残余强度、长期强度、固结等）、干湿循环条件下的膨胀土强度、裂隙面抗剪强度等试验。

胀缩性试验：包括自由膨胀率、膨胀力、不同压力下膨胀率、收缩系数、缩限等试验。

专项试验：包括矿物成分、化学成分、微观结构等试验。

膨胀土改性试验：包括研究各种改性材料掺量、最优含水率、最大干密度、物理力学指标、最佳碾压时间、改性土体的污染性、耐久性等，以及改性土的膨胀性、渗透性及填筑质量控制标准、检测方法和标准等的试验。

2）现场试验

现场试验包括大剪试验、渗透性试验、膨胀土改性拌和试验等。开展了饱和及天然大型直剪试验、裂隙面剪切试验、膨胀土开挖过程中大气环境对土体强度的影响试验、单环注水试验、试坑渗流试验。采用不同机械设备对膨胀土改性材料拌和质量、拌和效率开展了对比试验研究。

3）其他

在渠道开挖线以外，布置地下水长期观测孔，观测开挖对周边地下水的影响。

在弱膨胀土和中等膨胀土挖方段分别选择一个断面预先埋设监测探头，观测试验区膨胀土的含水率、应力随渠道开挖的变化及其与渠道外观变形的关联性等。

2.3.3　大气影响现场模拟试验

现场试验专门安排了裸坡试验区，重点研究降雨和蒸发等大气环境效应对土体含水率及渠坡稳定的影响，在试验区布置人工降雨及人工风干蒸发等设施，以加速干湿循环过程。

1）降雨模拟

为模拟大气降雨，裸坡试验区专门布置了喷淋系统。降雨试验装置由潜水泵、主供水管、支管和旋转喷头组成，见图 2.3.2。支管和旋转喷头数量，根据降雨量、雨型设计。在人工降雨区内设置雨量筒，在试验区域周边设集水沟，以获得降雨量与入渗量等数据，在土体内不同深度埋设仪器，测量土体含水率的时空变化规律。人工降雨按设计方案周期性进行。

在中等、弱膨胀土的破坏性试验区及中等膨胀土非过水断面试验区，布设降雨设备。降雨设备根据试验区的面积选用 10 m×20 m、20 m×20 m 管网，旋转喷头数量根据旋转喷头所覆盖的面积设计确定，降雨设备可产生 2.5 mm/h、5 mm/h、8 mm/h 的雨强。在中等膨胀土试验Ⅶ区，布置 8 套规格为 10 m×20 m、4 套规格为 20 m×20 m 的管网设备；在弱膨胀土试验Ⅳ区，布置 2 套规格为 10 m×20 m、8 套规格为 20 m×20 m 的管网设备。

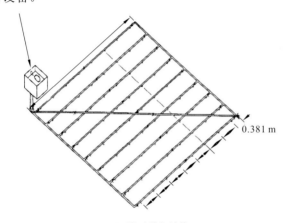

（a）降雨设备结构　　　　　　　　　　（b）降雨设备布置现场

图 2.3.2　降雨试验装置示意图

2）干湿循环模拟

降雨模拟根据当地气象资料设计，同时，考虑各种不利工况的叠加。

根据水文资料，试验段多年平均最大 24 h 暴雨量的均值在 100 mm 以上，一次暴雨持续时间一般在 24 h 以内，特大暴雨可持续 2～3 天。

在弱膨胀土试验Ⅳ区、中等膨胀土试验Ⅶ区，每区安排 10 场 100 mm/24 h 的暴雨，每场暴雨历时 24 h，间歇期为 5 天，进行自然蒸发，实现干湿循环，总历时 60 天。然后，安排 9 场 60 mm/24 h 的弱降雨，每场降雨历时 7 天，每天早上停雨 2～3 h，间歇期为 3 天，再重复循环，总历时 90 天。此外，再安排 2 场 150 mm/24 h 的特大暴雨，每场特大暴雨历时 72 h，间歇期为 7 天，总历时 20 天。在降雨的同时，改变地下水位，直至渠坡产生破坏。

3）模拟试验结果

弱膨胀土试验Ⅳ区和中等膨胀土试验Ⅶ区人工降雨试验引起了多处滑坡，见图 2.3.3、图 2.3.4。边坡长时期暴露后，引起表层土体失水、裂隙张开，透水性增强。

在人工连续降雨条件下，雨水沿孔隙、裂隙渗入土体中，而下部土体透水性微弱，水在表层土体中富集、孔隙水压力增大、强度降低，从而产生滑坡。

（a）滑坡前　　　　　　　　　　　　　　　　（b）滑坡后

图 2.3.3　弱膨胀土试验 Ⅳ 区右岸边坡滑坡前后对比

（a）滑坡初期　　　　　　　　　　　　　　　（b）滑坡充分发展后

图 2.3.4　中等膨胀土试验 Ⅶ 区右岸坡肩的张裂缝和降雨后的滑坡群

4）地下水位变化模拟

地下水是渠坡破坏的主要影响因素之一。为研究地下水对渠坡稳定性的影响，在中等、弱膨胀土 2 个裸坡试验区的渠坡外侧，开挖渗水沟，以控制渠坡地下水位，研究地下水位变化对渠坡土体稳定及含水率的影响。

根据可研阶段地质勘探成果，试验段地下水位埋深一般为 1～3 m，年际变幅为 2～3 m。在桩号 TS101＋430～TS101＋550 段、桩号 TS102＋430～TS102＋550 段渠道外坡距坡肩 5～7 m 处开挖宽 1 m、深 4 m 的渗水沟，双向总长 480 m。

每个渗水沟的一侧布置有集水井，以利于向渗水沟注水或将沟水抽出，渗水沟用砂、砾石填平。安装水压力仪器（表），从而进行地下水位观测。

在试验区布置水位观测孔，其中裸坡试验区布置在渠坡，孔深 6～10 m，共计 12 个。

注水时沟内水位距地表 1 m 左右，抽水时沟内水位距地表 4 m，实施注水 4 次，根据坡体破坏情况适当调整试验方案。

2.3.4　研究成果

（1）膨胀土"三带"特征明显，长大裂隙主要发育深度为 3～12 m，且以 6 m 左右为最。膨胀土分布孔隙水、孔洞水和裂隙水，近地表垂直渗透性大于水平渗透性 1～2 个量级，大气影响带的渗透性可达弱—中等透水性级别。

（2）膨胀土边坡稳定性受控于浅表层的胀缩裂隙带饱和强度和下部非饱和带的结构面强度，胀缩裂隙带饱和强度远低于膨胀土土块饱和强度和残余强度。提出了膨胀土浅层蠕变和深层滑动两种破坏模式，以及浅层破坏受控于大气剧烈影响带和深层破坏受控于缓倾角结构面的膨胀土破坏机理，建立了膨胀土参数测试和合理取值方法及膨胀土渠坡稳定分析方法。

（3）基于对膨胀土边坡加固处理的认识和工程经验，选择非膨胀性黏性土换填、水泥改性土换填、土工格栅加筋土保护、土工袋保护和复合土工膜封闭等方法，进行膨胀土处理和加固效果的试验研究，分析各种加固和处理技术的作用与效果，从可靠性、施工方便性和经济合理性等方面进行综合评价，推荐将水泥改性土换填作为渠道表面防护优选方案。

（4）观测膨胀土渠坡在干湿循环条件下的位移、土压力、吸力、含水率等变化过程，考察渠坡变形乃至破坏的发展规律，揭示南阳盆地膨胀土大气剧烈影响深度为 0.6～1.0 m。根据胀缩裂隙带形成机理，提出水泥改性"水稳层"保护机制，换填 1 m 可使内部膨胀土免遭裂隙化改造，突破了传统的"压重"保护认知。

（5）研究提出渠坡稳定性评价标准和评价方法，提出了用浅表层胀缩裂隙带稳定性分析和深层结构面控制型边坡稳定分析来概化地质模型与力学模型。

（6）建立了膨胀土水泥改性土换填全套施工工艺及质量控制参数，提出了水泥改性土换填质量检测方法和评价标准。

（7）构建了由膨胀土现场快速鉴别、稳定性预测、膨胀土渠道优化动态设计、开挖与保护施工技术、施工质量检测技术等组成的膨胀土渠道处理设计成套技术，确定了坡面水泥改性土换填防浅表层胀缩变形、设置抗滑桩防结构面控制的深层滑动、地面地下截排水减小地下水对膨胀土的软化和裂隙中水压力的综合处理方案，为中线工程初步设计阶段膨胀土渠道设计方案的最终确定奠定了基础。

2.4　"十二五"国家科技支撑计划研究

"十二五"期间，科技部及国务院南水北调工程建设委员会办公室组织了国家科技支撑计划重大项目"南水北调中线工程膨胀土和高填方渠道建设关键技术研究与示范"，对南水北调中线工程膨胀土渠道设计与施工中的问题开展了进一步研究，着重研究解决以下主要问题。

2.4.1 施工期膨胀土渠坡稳定性预报技术

1）膨胀土渠道施工地质技术

根据膨胀土渠道的特点，提出了膨胀土渠道施工地质工作的程序，明确了施工地质工作的内容、方法和技术要求。除了遵循一般的施工地质工作要求外，从渠道开挖揭示的众多地质现象中，筛选出与渠坡稳定、渠道变形等问题关系密切的地质信息，如膨胀等级、裂隙发育程度、地下水等，进而确定了膨胀土渠道施工地质工作的内容，如膨胀性复核，岩性分区，土体结构分带分区，裂隙、地下水活动情况监测，含水介质特征复核，变形（裂缝）发展情况监测，滑坡编录及形成条件分析，气候信息收集，施工信息（施工降排水措施、开挖面收缩开裂现象、基坑积水、坡面临时防护时间及方法等）收集，变形原因分析，渠坡稳定性预报，处理措施建议等。明确了开展每一项工作的方法和技术要求，提出了膨胀土开挖渠道施工地质技术的标准。

2）膨胀土开挖渠坡裂隙快速编录技术

针对长距离线性膨胀土渠道的工程特点，为了满足施工现场快速高效的要求，研发了新型的图像测量控制技术、计算机图像处理裂隙提取技术及裂隙产状提取计算技术，开发了数字实时地质编录系统，编录的信息更加丰富，功效提高数倍。

3）不同地区土体膨胀性快速鉴别技术

在以南阳膨胀土为背景建立起来的土体膨胀性快速鉴别技术的基础上，针对中线工程沿线不同地区膨胀土的特点，分别建立了具有地区特点的土体膨胀性快速鉴别技术，为膨胀土渠道施工期间土体膨胀性快速鉴别、实现快速开挖和快速封闭创造了条件。

4）渠坡长期稳定性预报技术

根据膨胀土渠道开挖过程中所揭示的土体结构、裂隙发育分布特征、地下水情况，结合施工期坡顶坡面保护措施、施工程序、施工方法、气候条件、边坡高度等因素，提出了开挖边坡长期稳定性预报方法。

2.4.2 强膨胀土变形破坏机理及处理技术

1）强膨胀土工程特性及地质结构研究

通过现场和室内试验研究工作，揭示了南阳盆地、邯郸膨胀土的地质结构和垂直分带性，裂隙特征及其分布规律，地下水的分布及其对土体强度和边坡稳定性的影响，膨胀土的理化及胀缩特性、强度与变形特性、渗透特性等。比较了不同地区强膨胀土间、强膨胀土与中等膨胀土的工程特性及其差异，从膨胀土的形成环境、形成年代、气象水文条件等方面分析了存在差异的原因。

2）强膨胀土渠坡滑动破坏和膨胀变形规律

提出了强膨胀土渠坡变形、滑动、破坏机制，揭示了不同条件下边坡变形破坏的发展规律与影响因素。结合渠道开挖施工、变形观测和室内分析计算，揭示了强膨胀土渠道存在的主要问题及其对工程的影响程度，为强膨胀土渠坡、渠底处理措施研究提供了依据。

3）强膨胀土渠坡处理技术

通过室内分析、计算，提出了适合强膨胀土渠道的渠坡抗滑和渠基抗变形技术，结合已审定的强膨胀土边坡加固处理方案，建立了渠坡处理优化方案。在南阳盆地和邯郸分别开展了强膨胀土处理技术的现场试验研究，重点考虑处理厚度、布置原则、可靠性、施工难易程度、费用等，比较了各种膨胀土处理方案的加固效果和作用，提出了强膨胀土处理技术。

2.4.3　深挖方膨胀土渠道渠坡抗滑及渠基抗变形技术

1）深挖方渠道渠坡稳定性控制因素及机理研究

研究了渠道开挖到渠道建成及其后一段时间，卸荷、降水等因素引发的变形与时间的关系、变形与降水的关系、地下水对降水的响应，以及变形对施工进程的响应规律，揭示了深挖方渠道变形受开挖卸荷、降雨控制的规律。一旦土体内部分布长大缓倾角结构面，变形就会在结构面部位出现突变或相对集中。在桩号 TS42、桩号 SH64 部位重点研究了受裂隙控制的边坡稳定问题，在桩号 TS13 部位重点研究了受岩性界面（Q_3/Q_2、Q_2/Q_1、Q_1/N）控制的边坡稳定问题，揭示出这些弱面在合适的地形、低强度条件下，可能逐步发展为深层近水平滑坡的滑面；研究分析了裂隙性膨胀土渐进性破坏机理，揭示出裂隙连通率大于 60%后，后续裂隙逐步贯通形成滑面的可能性大，并控制膨胀土渠坡的长期稳定性，因此裂隙性膨胀土开挖边坡的稳定性具有随时间改变的特点，因裂隙连通率、边坡高度、降水条件存在差异，边坡失稳的滞后时间相差悬殊，从数日到数十年不等。

2）深挖方膨胀土渠道渠坡抗滑措施研究

针对深挖方渠坡稳定性的控制因素和作用机理，结合膨胀土渠坡变形滑动特点，研究提出了合适的处理方案，并通过现场试验验证了处理措施的效果。对于深挖方渠道，边坡分布长大缓倾角结构面的概率大，应考虑采取主动抗滑措施，以防止在渠道开挖过程中和开挖后卸荷引起的裂隙面逐步贯通。在桩号 TS42、桩号 SH64 两个部位进行了抗滑处理试验，跟踪观测渠道建成后渠坡稳定性的变化、不同抗滑处理方案的效果和作用机制，并提出了推荐的处理方案。抗滑处理推荐两个方案：一是工程设计审定的方案，即大直径或大断面抗滑桩；二是经进一步研究建议的微型桩（群桩）加固方案，微型桩采用预制的钢筋混凝土桩，截面尺寸为 30 cm×30 cm，采用静压、振动或锤击方式压入需要抗滑的边坡，桩长分 6 m、9 m、12 m 等型号，根据潜在滑动面深度选择，一般单级边坡采用两排桩。

3）深挖方膨胀土渠基抬升变形机理及控制措施研究

"十一五"期间的南阳膨胀土渠道现场试验发现，挖方渠道普遍存在抬升变形，挖深越大、土体膨胀性越强，抬升变形越强烈。在以往的渠道工程中，没有见到类似问题的报道及研究成果。这类抬升变形可能产生两个不利影响：一是改变过水能力，在不采取控制措施的情况下，预计最大抬升量将达到数厘米至数十厘米，使实际断面高程偏离设计高程；二是引起混凝土衬砌开裂或变形，导致渗漏、粗糙系数增大、渠坡稳定性恶化等。

对此，通过现场变形观测，研究了卸荷、含水率、地下水位及渠水位变化、土体膨胀等各种因素引起抬升的可能性，揭示了抬升变形的机理和主要控制因素，研究了渠基膨胀土变形范围及变形空间变化规律。选择桩号 TS12+570～TS13+450 段（挖深 49 m，中等膨胀土）、桩号 TS42（挖深 20 m，中等膨胀土）、桩号 SH64+000～SH65+000 段（渠坡高度 16 m，中等膨胀岩）三个典型地段，开展渠道变形监测研究，跟踪变形随时间及环境量的变化，对渠基膨胀土物性参数进行跟踪观测，结合室内超固结土体卸荷特性试验、膨胀土有荷饱水膨胀试验，分析渠基变形发展规律及其与膨胀土卸荷松弛、吸湿膨胀、干湿交替、土体物理参数等之间的相关性。研究揭示出地基抬升与开挖卸荷、土体吸水膨胀具有复杂的共生关系，土体超固结性越强，卸荷越强烈，吸水和膨胀变形量越大。监测显示，抬升变形持续时间可达数年，但施工期变形占比大。

针对抬升变形机理，可以从设置缓冲层、增加膨胀土上覆压重、衬砌结构优化、提高边坡稳定性等角度，减缓抬升变形的影响。

2.4.4　膨胀土渠道防渗排水技术

1）膨胀土渠道地下水类型及特征研究

南水北调中线工程沿线岩土体水文地质条件变化大，地下水类型多，对渠坡稳定、工程施工的影响差异大，在工程设计时应区别对待。结合南水北调工程膨胀土水文地质结构类型划分，研究不同类型水文地质结构下的地下水赋存及补给条件、渠道工程建设前后的渗流条件变化、含水层渗透特性；选择各类介质和水文地质结构开展典型研究，在桩号 TS42 开展膨胀土上层滞水研究，在桩号 TS57+234～TS69+582 段开展膨胀土与含水层伴生类型研究，在桩号 TS144+250～TS144+900 段开展膨胀岩与含水层互层类型研究，在桩号 TS100 附近开展渠底承压含水层问题研究，在安阳开展泥灰岩地下水问题研究等。

2）不同类型地质结构地下水对渠坡和衬砌结构稳定性的影响研究

水对膨胀土渠坡的不利影响是多方面的，包括：雨水或地表水入渗引起土体含水率升高、土体强度下降；入渗水进入土体裂隙导致裂隙面软化和扩展；地下水在坡体内形成静水压力、对衬砌结构形成扬压力，引发土体滑动或衬砌隆起开裂等。它们对渠坡、底板、衬砌的影响都取决于介质类型和对建筑物的作用方式。不同岩土体介质赋存的不同类型地下水，对渠道稳定的工程意义不同；富水含水层渗流是膨胀土软化、膨胀、滑坡、蠕变、开裂等问题的主要诱因。对典型地层结构、地下水补给条件、排泄条件、渗流特性变化区间、不同的防渗和排水措施进行工况组合，揭示了各类水文地质结构在不同的补给源条件下渠道开挖前后（包括施工期降水措施）渗流场的变化规律；监测显示，渗流对施工期和运行期渠坡、膨胀土渠坡换填保护层、渠道衬砌结构的稳定有重要影响；渠道在膨胀土内防渗排水时对周边水环境影响小，在新近系含水夹层内排水时影响范围大；膨胀土裂隙水及钙质结核富集层地下水属于典型的脉状水，水量不大，但有一定的承压性，对衬砌结构稳定有影响。

3）渠道渗控措施及施工技术研究

1 级马道以下过水断面在工程运行后，渠基处于一个相对封闭的环境，膨胀土含水率在初期经历持续缓慢上升过程后，不再发生明显变化；1 级马道以上渠坡土体则受到大气环境周期性变化影响，是防渗措施研究的重点。然而，对于不同水文地质结构及地下水介质，防渗排水措施的适用性和效果不同。研究揭示出坡顶防渗对减少边坡地下水活动有重要意义，淅川段过水断面在换填水泥改性土后取消土工膜防渗措施取得了良好效果，设置地下排水盲沟可以消散地下水压力。若在衬砌板与换填层之间设置防渗土工膜，在渠水位快速消落和暴雨期间，膜下滞后水压力可能造成衬砌板顶托和断裂。

2.4.5　膨胀土水泥改性处理施工技术

水泥改性土换填是一种有效的膨胀土坡面保护方法，但施工过程及施工质量直接影响改性处理的效果，是工程界对这一方法最担心的问题。

1）膨胀土土料粒径控制及检测技术研究

影响膨胀土破碎效果的环节较多，首先是要选取合适的改性土料，要从开挖工艺、含水率控制等方面，保证改性土料易于破碎。膨胀土主要分为粉质黏土和黏土两类，料源选择时应尽量避开黏土。南阳膨胀土现场试验揭示出，开挖工艺对膨胀土开挖料的含水率影响很大；对影响破碎效果的因素进行分析，并提出了应对措施。通过试验，揭示出了膨胀土颗粒级配对改性效果的影响，据此提出了膨胀土破碎粒径控制指标。

（1）土料级配控制指标。首先以两种级配的土料进行相同水泥掺量（掺 4%水泥）的试验。土料级配 1：最大粒径为 10 cm，5～10 cm 含量不大于 5%，0.5～5 cm 含量不大于 50%。土料级配 2：最大粒径为 15 cm，5～15 cm 含量不大于 5%，0.5～5 cm 含量不大于 50%。测试以上土料级配拌和的水泥改性土 28 天龄期的自由膨胀率，对比分析野外条件下的水稳性，选定满足设计要求的、经济合理的级配控制指标。研究显示，土料最大粒径不宜超过 10 cm。

（2）碎土前含水率控制指标。从大规模施工条件出发，碎前土体含水率宜控制在最优含水率-3%～最优含水率-2%，以确保破碎效果。掺入水泥后，土体含水率会进一步下降，有利于两种材料充分拌和。在水泥拌和出机口采用喷淋方式使改性土含水率上升至最优含水率+2%～最优含水率+3%。

（3）改性土膨胀土颗粒粒径检测技术。采用筛分法和图像处理技术对同批次土料进行颗粒分析，对成果进行对比，提出快速准确的检测方法。

2）水泥改性土填筑质量控制技术

"十一五"期间对水泥改性土铺填厚度、碾压参数、最优含水率等进行了研究。"十二五"期间重点研究改性土成品料填筑时间控制和处理层碾压质量控制。以往的研究表明，成品料碾压前的搁置时间对处理层的强度有影响，需要通过试验确定时间因素对改性效果的影响，提出碾压时间控制指标。对拌和完成后放置不大于 2 h、4 h、8 h、12 h、24 h 的水泥改性土分别进行碾压，检测其压实度及碾压后 7 天、14 天、28 天龄期的自由膨胀率，根据试验成果推荐将 4 h 作为碾压时间控制指标。

3）掺灰剂量检测标准

国内掺灰剂量检测执行《公路工程无机结合料稳定材料试验规程》（JTG E51—2009）标准。但以往交通部门在进行工程具体应用时，遇到了多个在规范中没有明确的操作性问题。根据已有实践经验及规范要求，主要针对以下三个内容开展研究。

（1）研究确定滴剂的准备与使用、改性土取样要求。

（2）通过试验，研究改性土含水率对掺灰量检测值的影响，建立含水率与掺灰量的修正关系，在室内取同一种土料，分别掺 4%、6%的水泥，按拌和后水泥改性土最优含水率-6%、最优含水率-4%、最优含水率-2%、最优含水率、最优含水率+2%、最优含水率+4%、最优含水率+6% 7 个不同剂量的含水率，分别检测其掺灰量，建立含水率与掺灰量检测值之间的关系，同时分析研究不同掺灰量对关系曲线形态的影响，为渠道施工生产性检测提供修正依据。

（3）通过试验评估试样停顿时间对检测值的影响，将同批次水泥改性土分别放置 1 h、3 h、5 h、6 h、7 h、8 h、9 h、10 h、11 h、12 h、14 h，对其水泥含量进行测试，提出试样龄期时间限制指标。

2.4.6　高填方渠道建设关键技术

1）穿渠建筑物对渠道安全的影响分析及设计施工控制要素

由于穿渠建筑物与渠坡土体之间的结构和材料存在差异且接触区填土难以压实，两者的结合部位往往成为薄弱环节，易产生不均匀变形和渗透破坏，成为渠道渗漏通道。

（1）刚性基础与渠坡填筑体变形协调问题。结合湍河河渠交叉建筑物设计与施工，研究穿堤建筑物刚性基础变形及其随时间的变化过程，提出了相应的结构处理措施和变形协调措施。

（2）穿渠建筑物与渠堤之间结合部位的差异沉降，以及设计与施工处理措施、渠堤与穿渠建筑物的结合部位渗控措施。通过填筑材料、结构处理等措施，控制差异沉降和渗透变形；采用不同铺填厚度、不同碾压机具，改善结合部位的压实效果。

2）填方渠道质量控制措施

考虑到中线工程施工进展情况，结合湍河两岸填方渠道，从地基处理、填筑料源选择、渠堤结构、碾压质量等方面研究填方渠道地基、堤身、施工缺口的质量控制技术，具体研究内容如下。

（1）运用模型试验、数值分析和现场观测等手段，研究施工期变形与工后沉降问题，分析渠堤变形影响因素，提出渠堤变形控制技术。

（2）研究含水率、铺土厚度对填方渠道施工质量的影响，研究施工缺口预留形式和结合面处理措施对控制后期差异沉降的效果。

（3）针对高填方施工质量控制的特点，研究高填方填筑碾压质量实时监控方法，实现施工过程中碾压参数的实时监测和分析。包括：①碾压过程信息实时自动采集技术。针对碾压过程信息（包括碾压机械的动态位置坐标、定位时间和激振力输出状态），提出高精度、高稳定性的实时自动采集的具体方法，并进行数据采集装置的研制。②实时监控的通信组网。研究保证实时监控系统数据传输的有线、无线通信组网方案，包括碾压机流动站无线数据传输网络、基准站无线电差分网络、监控中心通信网络。③碾压过程可视化监控的图形算法。研究应用计算机图形技术进行碾压参数计算、分析及显示的方法，包括碾压参数的计算流程、碾压轨迹与条带的显示、任意位置碾压遍数与厚度的计算和显示。

3）填方渠道风险分析及应急预案研究

（1）高填方渠道工程风险分析。

结合南水北调中线高填方渠道工程施工特点及渠道运行调度原则，探讨高填方渠道工程风险指标，提出风险指标确定方法，构建高填方渠道工程风险分析指标体系，评价渠水漫顶情形下渠堤溃决的可能性，确定了影响渠堤安全的关键影响因素。

（2）高填方渠道工程溃堤模拟与风险评估。

针对几种可能的溃堤情况，通过三维数值模拟对其溃堤过程进行洪水演进及可视化分析，实现溃堤风险及其损失的综合评估。

（3）应急预案研究。

针对可能引起高填方渠道溃决的潜在风险，结合工程周围地区安全风险水平与可容忍程度，提出了针对不同区域的应急预案，实现风险和损失最小化。

2.4.7　膨胀土渠道及高填方渠道安全监测预警技术

1）膨胀土渠道安全监测方案

研究断面监测与渠坡平面监测相结合的膨胀土渠道安全监测系统。

（1）大量程分层变形监测技术。

针对膨胀土渠道开挖卸荷、渠基抬升变形特点，研发了变位式分层变形监测技术。鉴于实时监测的需要，研发了可实现自动化监测的变位式分层变形监测技术，填补了基于轻型软质线体的监测技术空白，破解了开挖施工期变形自动化监测难题。

（2）渠坡三维变形监测技术。

基于三维激光扫描技术的数据采集、处理方法，以及渠坡面三维变形演变表达方式，提高了三维激光扫描监测精度、成果的直观性及监测信息的完整性，实现了以直观方式展现渠道的动态三维变形过程。

（3）膨胀土渠道实时立体监测技术。

研发断面监测与渠坡平面监测相结合的立体监测技术，形成监测布置规划、数据联合分析、安全隐患诊断的完整技术。

2）填方渠道安全监测方案

填方渠道的重点监测内容是差异沉降、渗流。主要研究穿渠建筑物与渠道结合部位差异沉降的监测技术。提出了运用位移计、渗压计、变位式分层沉降仪等设备监测差异沉降及差异沉降引起的渗流渗压变化的方案。

3）渠道安全监测信息集成及可视化安全监测预警系统研究

提出监测数据的实时通信传输技术及数据管理技术，通过系统集成，全面提升膨胀土渠道安全监测自动化控制采集、传输的可靠性及长期稳定性。开发研究膨胀土渠道安全监测可视化技术，解决将工程场景、结构和安全监测信息及分析成果等以图像、文字、表格等多种方式实时、动态、直观展现的难题，以实现膨胀土和高填方渠道结构及安全信息的数字化与可视化。提出自动化安全监测系统、安全监测综合数据库管理系统和三维漫游系统的连接整合技术，形成了完整的膨胀土安全监测数据采集、传输、处理、分析和预报的可视化综合信息管理系统。

第3章

南水北调中线工程膨胀土基本特性

3.1 膨胀岩土物质成分与结构

通过研究中线膨胀土地质结构的分带性、膨胀土裂隙特征、膨胀土地下水、膨胀土的基本物理化学性质及胀缩特性、膨胀土强度及变形特性、膨胀土非饱和渗透特性、膨胀岩水文地质及工程地质特征、膨胀岩基本特性、气候与地下水对膨胀岩工程特性的影响等，提出了地质结构"三带"划分方法，揭示了裂隙发育分布规律及其对边坡稳定的控制意义，揭示出膨胀土地下水存在多种赋存形式，系统研究了膨胀岩土渗透性的差异及变化规律，揭示出膨胀岩土应力应变关系及干湿循环条件下裂隙发展和强度变化特性，为膨胀岩土地段渠道变形破坏机理研究及处理技术研究提供了基础资料。

3.1.1 膨胀岩土的化学与矿物成分

1. 膨胀岩土化学成分

膨胀岩土的化学成分主要为 SiO_2、Al_2O_3 和 Fe_2O_3，三者之和一般在总重量的 80% 以上，并以 SiO_2 含量最大，其他成分含量很少。不同地区膨胀岩土的化学成分有一定的差异，如新乡地区弱膨胀性的泥灰岩、黏土岩 SiO_2 含量只有 37.34%～50.74%（其他地区在 60% 以上），但 CaO 的含量较其他地区大很多，为 10.75%～23.14%。化学成分主要受其物质来源和沉积环境的影响，与岩土体膨胀性的关系不强。膨胀岩土的化学成分及阳离子交换量测试成果见表 3.1.1。

表 3.1.1 膨胀岩土化学成分及阳离子交换量测试成果表

地层	地区	岩性	膨胀等级	统计项	SiO_2	Al_2O_3	Fe_2O_3	MgO	CaO	Na_2O	K_2O	TiO_2	P_2O_5	MnO	阳离子交换量
Q	南阳	粉质黏土	弱	平均值	66.307	13.907	5.577	1.263	1.007	1.223	2.360	0.823	0.103	0.087	7.2
				组数	3	3	3	3	3	3	3	3	3	3	3
Q_1	南阳	TS13 黏土	强	平均值	59.88	16.104	6.532	1.872	1.128	0.242	2.412	0.824	0.062	0.144	42.2
				组数	5	5	5	5	5	5	5	5	5	5	5
Q_2	南阳	粉质壤土	弱	平均值	65.376	14.506	5.823	1.284	0.977	1.067	2.219	0.806	0.060	0.120	32.8
				组数	7	7	7	7	7	7	7	7	7	7	7
		粉质黏土	中等	平均值	63.519	15.717	6.043	1.427	1.577	0.654	2.214	0.849	0.069	0.096	37.7
				组数	7	7	7	7	7	7	7	7	7	7	7
		TS95 黏土	强	平均值	64.779	15.113	5.803	1.235	1.107	0.095	0.783	0.836	0.07	0.021	32.9
				组数	10	10	10	10	10	10	10	10	10	10	10
N	南阳	TS106 黏土岩	强	平均值	68.573	15.586	6.327	1.007	1.022	0.153	0.994	0.911	0.0927	0.161 2	32.0
				组数	10	10	10	10	10	10	10	10	10	10	10
		黏土岩		平均值	67.39	14.01	5.43	1.48	1.24	0.22	0.93	0.74	0.04	0.01	67.6
				组数	1	1	1	1	1	1	1	1	1	1	1
	鲁山	TS216 黏土岩		平均值	69.141	12.487	5.26	1.2	0.803	0.071	1.731	0.733	0.139	0.104	32.1
				组数	10	10	10	10	10	10	10	10	10	10	10
	邯郸	ZG39 黏土岩		平均值	61.128	16.43	6.024	1.622	1.288	0.332	1.714	0.754	0.088	0.052	38.0
				组数	5	5	5	5	5	5	5	5	5	5	5
		"十一五" 黏土岩		平均值	60.9	12.47	9.37	1.77	1.93	0.95					55.5
				组数	1	1	1	1	1	1					1

注："岩性"栏中,标有"十一五"的,为"十一五"期间的成果;其他为"十二五"期间的成果。各化学成分平均值的单位为%,阳离子交换量平均值的单位为 mmol/100 g。

膨胀岩土的 pH 多在 7.0 左右,一般属中性,部分偏碱性。pH 的大小与膨胀性无关,与分布的地域有关,如南阳、鲁山膨胀岩土的 pH 为 6.7～7.08,新乡膨胀岩的 pH 为 7.73～8.05,邯郸膨胀岩的 pH 为 7.19～7.45。

膨胀岩土的易溶盐质量分数一般较低,在 0.105～0.775 g/kg。易溶盐质量分数与物质来源、沉积环境等因素有关,南阳膨胀岩土易溶盐质量分数在 0.331～0.775 g/kg,新乡黏土岩及泥灰岩易溶盐质量分数仅有 0.105～0.14 g/kg。同一地域、同一时代膨胀岩土具有膨胀性越强,易溶盐质量分数越高的趋势。

膨胀岩土的阳离子交换量为 7.2～67.6 mmol/100 g,不同地区、不同时代膨胀岩土的阳离子交换量差异较大,但总体上具有膨胀性越强,阳离子交换量越大的趋势。

其他易溶性阴离子、阳离子含量及有机质含量差别不大。

2. 膨胀岩土的矿物成分

膨胀岩土的黏土矿物以蒙脱石为主，并含少量绿泥石、伊利石和高岭石。碎屑矿物以石英为主，其次为长石、方解石。各种矿物含量的多少，受物质来源和沉积环境的控制。中线工程膨胀岩土的矿物成分试验成果见表 3.1.2。

表 3.1.2　膨胀岩土矿物成分试验成果表

地层	地区	膨胀等级	岩性	统计项	X 射线衍射法定量结果						
					蒙脱石	绿泥石	伊利石	高岭石	石英	长石	方解石
Q₁	南阳	强	TS13 黏土	平均值/%	50	1	10	0	35	4	
				组数	5	5	5	5	5	5	
Q₂	南阳	弱	粉质壤土	平均值/%	18.6	10	8.1	3.6	52.6	12.2	0.6
				组数	16	8	16	13	13	13	8
		中等	粉质黏土	平均值/%	23.7	8	11	4.8	53.8	8.8	2.6
				组数	15	5	15	8	8	8	7
		强	TS95 黏土	平均值/%	53	4	3	0	40	1	
				组数	10	10	10	10	10	10	
N	南阳	中等	黏土岩	平均值/%	20		13.3				
				组数	3		3				
		强	黏土岩	平均值/%	43.2	3	4	0.3	47.8	1.6	0.2
				组数	11	10	11	10	10	10	10
			TS106 黏土岩	平均值/%	45	5	0	0	48	1	0
				组数	10	10	10	10	10	10	10
	鲁山		TS216 黏土岩	平均值/%	43	4	5	1	45	2	0
				组数	10	10	10	10	10	10	10
	鲁山南坡		黏土岩	平均值/%	60	3			26.5	8.5	
				组数	4	4			4	4	
	邯郸		ZG39 黏土岩	平均值/%	47.6	2.5	1.4	3.2	38.1	9.9	0.6
				组数	9	4	4	5	9	9	5

膨胀岩土黏土矿物中，蒙脱石含量一般为 18.6%～60%，绿泥石含量一般为 1%～10%，伊利石含量一般为 0～13.3%，高岭石含量为 0～4.8%。泥灰岩中各种黏土矿物的含量有所不同，其中蒙脱石含量一般为 10.2%～35.2%，绿泥石含量一般为 2.2%～23.8%，伊利石含量一般为 0～6%，高岭石含量为 2%～16%。岩土体蒙脱石含量越高，膨胀性越强。

膨胀岩土碎屑矿物中，石英含量一般为 26.5%～53.8%，长石含量一般为 1%～12.2%，方解石含量一般为 0～2.6%。泥灰岩各种碎屑矿物含量较为特殊，石英含量为 3%～30%，长石含量不到 1%，方解石含量一般为 2%～80%。

3.1.2　膨胀土的结构特征

1. 微观结构

不同膨胀等级膨胀土的微观结构具有明显差别[10]。南阳地区膨胀土的微观结构特征如下。

1）强膨胀土

以扁平状颗粒聚集体和片状颗粒为主，有明显的弯曲或卷曲状片状颗粒，偶见单粒体；微观结构以封闭式絮凝结构为主，局部有定向排列或紊流结构。

2）中等膨胀土

以扁平状颗粒聚集体和片状颗粒为主，有弯曲或卷曲状片状颗粒，单粒体多见；微观结构以紊流状结构为主，局部有定向排列或封闭式絮凝结构、粒状或单粒体堆叠结构。

3）弱膨胀土

以粒状颗粒、扁平状颗粒为主，含片状颗粒，单粒体较多，卷曲片状颗粒少见；微观结构以粒状颗粒堆叠结构为主，含紊流结构、絮凝结构等。

不同等级膨胀土的微观结构特征具有明显的差异性，邯郸强膨胀土的微观结构以封闭式絮凝结构为主，其基本单元主要为扁平状聚集体和片状颗粒，它们以边—面接触为主，以边—边和面—面接触为辅。南阳 Q_2 膨胀土以层流结构为主，局部为絮凝结构和复式结构，其基本单元为片状和叠片状颗粒，它们以面—面接触为主构成高度定向排列结构。

2. 宏观结构

膨胀土是一种典型的非均质体，其结构特征可以从三个角度予以表征。

一是由地层岩性变化引起的膨胀土结构空间变化，岩性变化可以直接使膨胀性、结构特征、强度出现差异。

二是由大气环境作用导致的膨胀土结构垂向变化，其在垂向可以划分为三个带：大气影响带、过渡带、非影响带。大气影响带受大气环境改造，土体含水率发生周期性变化，其中大气剧烈影响带常常发展为坡面蠕变的主体，也是渠道衬砌结构遭受胀缩破坏的主要原因。过渡带裂隙发育，分布上层滞水，如果分布长大缓倾角裂隙，则容易发展成底滑面。非影响带一般处于非饱和状态，土体强度高，分布于其中的长大结构面控制了边坡的深层稳定性。

三是在非影响带内由结构面表征的膨胀土结构空间变化，控制边坡稳定的结构面有四类：①长大裂隙，单条裂隙长度大于 10 m 时就可能产生小规模的滑动破坏；②裂隙密集带，往往与中等—强膨胀土夹层、沉积间断面伴生，在渠道开挖卸荷作用下，若干小裂隙逐步贯通，可形成波状起伏的滑动面；③地层岩性界面，当界面上下岩土体强度存在明显差异、上部地层的渗透性较强、下方岩土膨胀性至少达到中等膨胀等级时，地层岩性界面可能发育成滑面；④膨胀性界面，界面下方土体膨胀性较强时，界面上方一般会出现地下水富集而软化界面。

膨胀土结构面分原生结构面、次生结构面和构造结构面，原生结构面最常见的有沉积间断面、岩性界面，次生结构面主要有卸荷风化裂隙、胀缩裂隙等。

原生结构面在渠道开挖时容易成为应力和变形集中区，并受改造而进一步被削弱，容易发展成底滑面，形成较大规模的滑坡；次生结构面可能出现在土体沉积后的各个时期，其中胀缩作用是缓倾角裂隙的主要成因，次生结构面主要分布在膨胀土的表层；构造结构面的分布较为局限，如河南淅川九重一带分布的北西西走向、陡倾的结构面，黄河北黏土岩与泥灰岩互层地段及河北磁县境内黏土岩地层中局部密集分布的陡倾角裂隙。

3. 南水北调中线膨胀土与我国其他地区的差异

我国膨胀土主要集中在西南、西北、东北、黄河中下游、长江中下游及东南沿海部分地区[11-12]，分布在广东、广西、海南、云南、贵州、四川、河南、湖北、河北、新疆、宁夏、山东、安徽、辽宁、黑龙江、北京、山西、陕西、浙江、吉林等20多个省（自治区、直辖市），以南襄盆地、成都平原、汉中—安康盆地、肥西、上思—宁明盆地等最为发育。

地形上主要分布于云贵高原与华北平原之间的平原、盆地、河谷阶地、河间地块、丘陵地带，这源于我国的特有地形地质及广泛发育的水系。其主要差异性见表3.1.3。

表 3.1.3　中线膨胀土与我国其他地区的差异

地区		膨胀土成因类型	母岩或物质来源	地层	膨胀土分布地形地貌
云南	鸡街	冲积、湖积	新近系泥岩、泥灰岩	N_1—Q_1	二级阶地及残丘
	曲靖	残坡积、湖积	新近系泥岩、泥灰岩	N_1—Q_1	山间盆地及残丘
贵州	贵阳	残坡积	石灰岩风化及残积物	Q	低丘缓坡
四川	成都 、南充	冲积、洪积、冰水沉积	黏土岩、泥灰岩风化物	Q_2—Q_3	二、三级阶地
	西昌	残积	黏土岩	Q	低丘缓坡
广西	南宁	冲积、洪积	黏土岩、泥灰岩风化物	Q_3—Q_4	一、二级阶地
	宁明	残坡积	泥岩、泥灰岩风化物	N—Q_1	盆地中波状残丘
	贵港	残坡积	石灰岩风化物	Q	岩溶平原与阶地
广东	琼北	残坡积	第四系玄武岩风化物	Q_3—Q_4	残丘、垄岗
陕西	安康、汉中	冲积、洪积	各类变质岩、火成岩风化物	Q_1—Q_3	盆地、阶地、垄岗
湖北	襄阳、郧阳、枝江	冲洪积、湖积	变质岩、火成岩风化物	Q_1—Q_3	盆地、阶地
	荆门	残坡积	黏土岩风化物	Q_2—Q_3	低丘、垄岗

地区		膨胀土成因类型	母岩或物质来源	地层	膨胀土分布地形地貌
河南	南阳	冲洪积、湖积	花岗岩、碳酸盐岩风化物	N—Q₃	盆地、阶地、垄岗
	平顶山	冲积、坡积、湖积	花岗岩、碳酸盐岩风化物	Q₂—Q₃	山前平原及垄岗
安徽	合肥	冲积、洪积	黏土岩、页岩、玄武岩风化物	Q₃	二级阶地、垄岗
	淮南	洪积	黏土岩风化物	Q	山前洪积缓坡地带
山东	临沂	冲积、湖积、冲洪积	玄武岩、凝灰岩、碳酸盐岩风化物	Q₄	一级阶地
	泰安	冲积、湖积、冲洪积	泥灰岩、泥岩、玄武岩风化物	Q₁—Q₃	河谷平原阶地、山前缓坡
山西	太谷	湖积、冲湖积	泥灰岩、砂页岩	N—Q₁	盆地内缓坡
河北	邯郸	冰水沉积、冲积、湖积	泥灰岩、玄武岩风化物	Q₁	山前平原、丘陵岗地
吉林	珲春	冲积	新近系黏土岩	Q₃	二级阶地
内蒙古	赤峰	—	侏罗系火山岩	K	盆地

1）长江流域

长江中下游地区膨胀土的分布特征主要表现在分布地域与该地区的地形地质条件有关，特别是地层的空间分布明显呈零星分布，厚度也较薄，多数膨胀土集中在二级阶地以上的岗地及平原内部，如成都平原、南襄盆地、汉中盆地、合肥丘陵岗地，少数为残积坡积膨胀土，分布在低山丘陵剥蚀的地貌单元上。

2）西南地区

膨胀土主要分布在云南、贵州和四川。云南地区膨胀土主要分布在滇西高原的下关—保山以东、蒙自—大屯盆地和鸡街盆地。贵州境内分布在黔东南和黔西北，与广泛分布在这一区域的泥灰岩和黏土质岩石有关，在一些地区的小型山间盆地与丘陵缓坡也有分布。四川境内主要分布在川西平原、川中丘陵，以及涪江、岷江、嘉陵江及安宁河谷阶地，其中成都平原分布的膨胀土最为典型。

3）西北和东北地区

西北地区在陕西安康和汉中、甘肃环县、宁夏盐池、内蒙古赤峰等地膨胀土发育，蒙脱石矿物富集，常形成膨润土矿。东北地区的抚顺、图们与珲春也分布膨胀土，一般由沉积岩、火成岩风化冲积而成。

4）南部沿海

广东地区的膨胀土分布在湛江、韶关、乐昌等地。广西境内广泛分布于右江、郁江等江河盆地，南宁市区、隆安、田东、百色市区、宁明盆地、桂林、柳州、来宾、贵港等地比较典型，物质主要来源于泥灰岩、碳酸盐岩风化冲积、湖积、坡积堆积。

5）南水北调中线

黄河以南—汝南段，Q₁残坡积膨胀土主要分布在南阳盆地边缘，为紫红色、砖红色黏土，夹灰白色黏土透镜体，短小陡倾角裂隙发育，以中等膨胀性为主，灰白色黏土局部具强膨胀性；Q_2 冲洪积、湖积膨胀土主要为棕黄色、橘黄色夹灰白色黏土，含较多钙质结核，土体长大裂隙发育，主要分布在垄岗；Q_3 冲积膨胀土呈褐黄色，含风化钙质结核，土体微裂隙发育，分布于河间地块及二级阶地。

黄河以北—古运河段，N 黏土岩、泥灰岩风化膨胀土分布于潞王坟、淇河—漳河—输元河段，土体裂隙发育，膨胀性较强；Q_1 膨胀土主要为冰水沉积的棕黄色夹灰绿色黏土，富含石英、钙质结核，裂隙发育，膨胀性较强，分布于邢台白马河北一带；Q_2 膨胀土主要为冲洪积棕红色、棕褐色粉质黏土，裂隙不太发育，膨胀性较弱。

4. 中线工程不同地段膨胀土的差异性

膨胀土在中线总干渠陶岔至河北高邑长约 1 000 km 的沿线间断分布，各段膨胀土的物质来源、沉积环境、地质时代不相同，膨胀特性及裂隙发育特征也不尽相同，膨胀土边坡变形失稳机理也不同。

南阳盆地（陶岔—方城段）的膨胀土物质主要由盆地周围碳酸盐岩、花岗岩、变质岩风化物经搬运堆积而成，一般岗地为中更新统，平原为上更新统，渠首局部段为下更新统残积层。上更新统黏性土以弱膨胀土为主，中等膨胀土较少；中更新统黏性土以中等膨胀土为主，强膨胀土、弱膨胀土次之；下更新统黏性土以中等膨胀土为主，弱膨胀土次之，局部为强膨胀土。南阳盆地膨胀土较为典型，裂隙极为发育，中线渠道开挖过程中，发生了近百个滑坡，其中有 10 个滑坡体积超过 1 万 m^3。南阳盆地新近系膨胀岩为湖相沉积，成岩差，近似土状，裂隙较发育，具中等—强膨胀性。

方城以北—黄河以南段，为淮河流域，膨胀土主要形成于中更新世，分布在伏牛山东麓、嵩山东麓丘陵和山前冲洪积、坡洪积裙区，物质主要由伏牛山、嵩山的花岗岩、变质岩风化物冲积而成。中更新统粉质壤土和粉质黏土、上更新统粉质黏土，具弱膨胀潜势。裂隙发育程度不如南阳盆地膨胀土，渠道开挖过程中发生的滑坡较少。

黄河北—漳河南段，零星分布膨胀土，为中更新统冲洪积棕红色、棕褐色粉质黏土、粉质壤土，具弱膨胀潜势，裂隙不发育，滑坡变形体少。膨胀岩连续分布。

漳河北—古运河南段，膨胀土为下更新统湖积、冰水堆积棕红色、棕黄色黏土。膨胀性弱、中等、强都有分布，中等—强膨胀土裂隙发育。由于挖深较浅，滑坡及变形体较少。

3.2　膨胀土物理力学特性

3.2.1　岩土体颗粒组成

在不同勘察设计阶段及"十一五"和"十二五"国家科技支撑计划项目研究期间，开展了大量的分析测试，相同地域、相同时代、相同膨胀等级岩土体的颗粒组成差异不大，统计结果见表 3.2.1，膨胀等级与黏粒含量的关系曲线见图 3.2.1。

表 3.2.1　南阳盆地不同时代、不同膨胀等级岩土体颗粒组成统计表

地层	岩性	膨胀等级	统计项	砾 粗 [20,60]mm	砾 粗 [5,20]mm	砾 细 [2,5]mm	砂粒 粗 [0.5,2]mm	砂粒 粗 [0.25,0.5]mm	砂粒 细 [0.1,0.25]mm	砂粒 极细 [0.075,0.1]mm	粉粒 粗 [0.05,0.075]mm	粉粒 细 (0.005,0.05)mm	黏粒 <0.005mm	胶粒 <0.002mm
Q3	粉质壤土	非	平均值/%	—	—	—	1	1	4	2	7	56	30	20
			组数	—	—	—	326	326	326	326	326	326	326	326
	粉质壤土	弱	平均值/%	1	—	—	1	1	1	1	5	51	39	26
			组数	440	—	—	440	440	440	440	440	440	440	440
	粉质黏土	中等	平均值/%	1	1	—	1	1	1	—	5	47	43	27
			组数	126	126	—	126	126	126	126	126	126	126	126
Q2	粉质壤土	非	平均值/%	—	—	—	1	1	2	1	6	56	34	23
			组数	—	—	—	263	263	263	263	263	263	263	263
	粉质壤土	弱	平均值/%	—	1	—	1	—	1	1	5	52	40	27
			组数	—	1986	—	1986	1986	1986	1986	1986	1986	1986	1985
	粉质黏土	中等	平均值/%	1	1	—	1	—	—	1	4	48	44	28
			组数	1683	1683	—	1683	1683	1683	1683	1683	1683	1683	1682
	黏土	强	平均值/%	—	—	—	1	—	—	1	4	45	48	30
			组数	—	—	—	234	—	—	234	234	234	234	234
Q1	粉质壤土	弱	平均值/%	2	4	4	3	1	2	2	6	43	34	21
			组数	132	132	132	132	132	132	132	132	132	132	131
	粉质黏土	中等	平均值/%	1	1	1	1	1	2	1	5	45	42	26
			组数	141	141	141	141	141	141	141	141	141	141	141

续表

地层	岩性	膨胀等级	统计项	砾 粗 [20,60] mm	砾 粗 [5,20] mm	砾 细 (2,5] mm	砂粒 粗 (0.5,2] mm	砂粒 粗 (0.25,0.5] mm	砂粒 细 (0.1,0.25] mm	砂粒 极细 (0.075,0.1] mm	粉粒 粗 (0.05,0.075] mm	粉粒 细 (0.005,0.05] mm	黏粒 <0.005 mm	胶粒 <0.002 mm
Q_1	黏土	强	平均值/%	—	—	—	—	—	—	1	5	46	47	30
			组数	—	—	—	—	—	—	40	40	40	40	40
Q^{al}	粉质壤土	非	平均值/%	—	—	—	—	—	—	—	6	57	37	26
			组数	—	—	—	—	—	—	—	20	20	20	20
Q^{al}	粉质黏土	弱	平均值/%	—	—	—	—	—	—	—	5	55	40	27
			组数	—	—	—	—	—	—	—	4	4	4	4
N	黏土岩	非	平均值/%	—	—	—	5	5	11	5	8	43	25	16
			组数	—	—	—	83	83	83	83	83	83	83	83
N	黏土岩	弱	平均值/%	—	1	1	4	3	6	3	7	43	33	22
			组数	—	397	397	397	397	397	397	397	397	397	396
N	黏土岩	中等	平均值/%	—	1	1	4	2	3	2	5	41	40	26
			组数	—	602	602	602	602	602	602	602	602	602	599
N	黏土岩	强	平均值/%	—	—	1	5	2	3	2	5	37	45	29
			组数	—	—	359	359	359	359	359	359	359	359	359

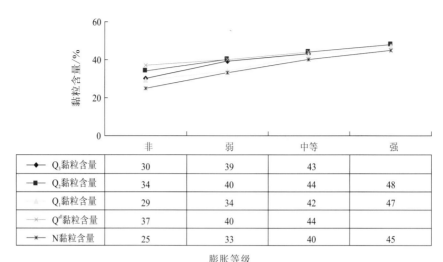

	非	弱	中等	强
Q₃黏粒含量	30	39	43	
Q₂黏粒含量	34	40	44	48
Q₁黏粒含量	29	34	42	47
Qᵈˡ黏粒含量	37	40	44	
N黏粒含量	25	33	40	45

膨胀等级

图 3.2.1　膨胀等级与黏粒含量的关系曲线

同一时代、不同膨胀等级的岩土体的黏粒含量的差异存在规律性，即岩土膨胀性越强，黏粒含量越高；同一膨胀等级、不同时代的岩土体，黏粒含量差别不大。一般非膨胀岩土黏粒含量不大于 37%，弱膨胀岩土黏粒含量为 33%～40%，中等膨胀岩土黏粒含量在 40%～44%，强膨胀岩土黏粒含量不小于 45%。同一膨胀等级、不同时代的岩土体的黏粒含量差别在 3%～7%。

3.2.2　岩土的物理参数

膨胀土渠道工程室内试验基本物理指标统计结果见表 3.2.2。

（1）就土粒相对密度而言，除 ZG39 段外，不同时代、不同膨胀等级岩土体的土粒相对密度相差不大。膨胀土土粒相对密度的平均值在 2.73～2.77，膨胀岩土粒相对密度平均值为 2.73。一般来说，膨胀性越强，膨胀岩土的土粒相对密度越大；南阳盆地膨胀岩土的土粒相对密度基本相同，ZG39 段由于物质来源的差异，土粒相对密度较小，平均值为 2.66。

（2）岩土体的含水率受分布地域、大气降雨及埋深的影响，大气影响带范围内岩土体含水率变化较大；大气影响带以下，岩土体的含水率相差不大，含水率在 22%～26%。当岩土体中有多层含水层时，含水层及附近岩土体的含水率会稍高。一般来说，同一时代的岩土体的膨胀性越强，其含水率越高。这是因为膨胀性越强的岩土体，黏粒等细颗粒含量越大，比表面积越大，吸附的结合水越多。

（3）膨胀土的干密度平均值在 1.43～1.61 g/cm³，膨胀岩的干密度平均值在 1.53～1.61 g/cm³。一般来说，岩土体的膨胀性越强，其干密度越小。由于 Q₁ 膨胀土有红黏土性质，其干密度小，平均值仅 1.43～1.49 g/cm³。

表3.2.2　不同时代、不同膨胀等级岩土体基本物理指标统计表

地层	岩性	膨胀等级	地区	统计项	土粒相对密度 G_s	天然物理性指标									
						含水率 w	密度 湿 γ	密度 干 γ_d	孔隙比 e	饱和度 S_r	液限 W_{L17}	塑限 W_{P17}	塑性指数 I_{P17}	液性指数 I_{L17}
Q3	粉质壤土	非	南阳	平均值	2.72	24.9	1.94	1.59	0.722	94	39	20	19.2	0.3
				组数	301	301	300	300	300	300	299	299	299	298
	粉质黏土	弱		平均值	2.73	25.2	1.94	1.57	0.736	94	47	22	24.9	0.1
				组数	656	656	651	651	651	651	654	654	654	650
		中等		平均值	2.74	27.2	1.92	1.52	0.793	94	56	24	32.5	0.1
				组数	121	120	120	120	120	120	120	120	120	120
Q2	粉质壤土	非	南阳	平均值	2.76	24.1	1.99	1.60	0.688	97	42	21	21.4	0.2
				组数	267	267	265	265	265	265	262	262	262	262
		弱		平均值	2.73	23.3	1.97	1.61	0.691	92	48	23	25.8	0.0
				组数	1985	1982	1971	1971	1971	1971	1962	1962	1962	1951
	黏土	中等		平均值	2.74	23.7	1.97	1.60	0.699	93	57	25	32.9	0.0
				组数	1685	1683	1663	1663	1663	1663	1671	1671	1671	1669
Q1	黏土	强	南阳	平均值	2.75	25.0	1.95	1.56	0.738	93	63	26	37.0	0.0
				组数	233	233	232	232	232	232	232	232	232	232
	粉质壤土	弱		平均值	2.74	26.7	1.89	1.49	0.813	90	49	25	24.6	0.1
				组数	129	129	126	126	126	126	128	128	128	128
	粉质黏土	中等		平均值	2.74	29.2	1.89	1.48	0.833	93	57	27	30.9	0.0
				组数	137	137	134	134	134	134	135	135	135	135

续表

地层	岩性	膨胀等级	地区	统计项	土粒相对密度 G_s	含水率 w	密度 湿 γ	密度 干 γ_d	孔隙比 e	饱和度 S_r	液限 W_{L17}	塑限 W_{P17}	塑性指数 I_{P17}	液性指数 I_{L17}
Q_1	黏土	强	南阳	平均值	2.77	32.1	1.87	1.43	0.924	93	69	30	39.8	0.0
				组数	38	38	38	38	38	38	38	38	38	38
Q^{al}	粉质壤土	非	南阳	平均值	2.73	26.4	1.94	1.53	0.760	95	43	21	21.6	0.3
				组数	20	20	20	20	20	20	19	19	19	19
	粉质黏土	弱		平均值	2.73	26.0	1.94	1.55	0.747	95	47	22	25.1	0.2
				组数	86	86	86	86	86	86	85	85	85	85
	粉质黏土	非	南阳	平均值	2.72	25.1	1.93	1.57	0.741	92	41	21	20.2	0.2
				组数	71	72	72	72	72	72	71	71	71	71
N		弱		平均值	2.73	22.5	1.96	1.61	0.676	90	46	22	24.3	0.0
				组数	367	366	366	366	366	366	361	361	361	361
		中等		平均值	2.73	22.6	1.97	1.61	0.676	91	55	24	32.0	−0.1
				组数	585	583	578	578	578	578	579	579	579	579
	黏土岩			平均值	2.73	23.9	1.94	1.57	0.722	90	62	26	35.5	−0.1
				组数	358	358	358	358	358	358	357	357	357	357
		强	邯郸 ZG39 段	平均值	2.66	27.5	1.95	1.53	0.740	99	67.6	31.8	36.7	−0.09
				组数	20	20	20	20	20	20	20	20	20	20

注：含水率平均值、饱和度平均值、液限平均值、塑限平均值为..., 含水率平均值的单位为%，密度平均值的单位为 g/cm³。

（4）膨胀土的孔隙比平均值在 0.691～0.924，膨胀岩的孔隙比平均值在 0.676～0.740。一般来说，土体的膨胀性越强，孔隙比越大；地层时代越老，孔隙比越小。膨胀岩的孔隙比则与沉积环境及颗粒组成有关，规律性不强。Q_1 膨胀土由于具红黏土性质，孔隙比略大，平均值为 0.813～0.924。

（5）膨胀土的液限平均值在 47%～69%，膨胀岩的液限平均值在 46%～67.6%，一般来说，岩土体的膨胀性越强，液限越大，见图 3.2.2。其中，非膨胀岩土的液限平均值一般不大于 43%，弱膨胀岩土的液限平均值一般在 46%～49%，中等膨胀岩土的液限平均值一般在 55%～57%，强膨胀岩土的液限平均值一般大于 60%。相同膨胀等级、不同时代岩土体的液限平均值一般相差 2%～7%。

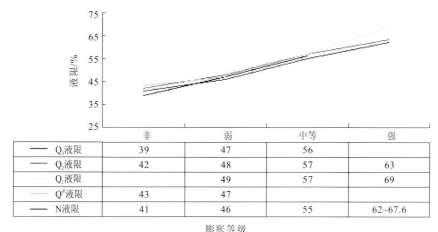

	非	弱	中等	强
Q₃液限	39	47	56	
Q₂液限	42	48	57	63
Q₁液限		49	57	69
Q^{al}液限	43	47		
N液限	41	46	55	62～67.6

膨胀等级

图 3.2.2　膨胀等级与液限的关系曲线

（6）膨胀土的塑限平均值在 22%～30%，膨胀岩的塑限平均值在 22%～31.8%，膨胀性越强，塑限越大，见图 3.2.3。其中，非膨胀岩土的塑限一般小于 22%，弱膨胀岩土的塑限一般在 22%～25%，中等膨胀岩土的塑限一般在 24%～27%，强膨胀岩土的塑限一般不小于 26%。相同膨胀等级、不同时代岩土体的塑限平均值一般相差 3%～5.8%。

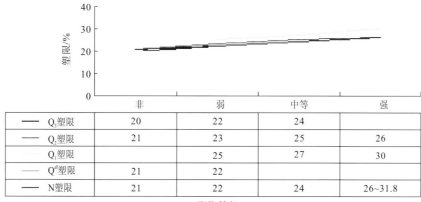

	非	弱	中等	强
Q₃塑限	20	22	24	
Q₂塑限	21	23	25	26
Q₁塑限		25	27	30
Q^{al}塑限	21	22		
N塑限	21	22	24	26～31.8

膨胀等级

图 3.2.3　膨胀等级与塑限的关系曲线

（7）膨胀土塑性指数的平均值在 24.6～39.8，膨胀岩塑性指数的平均值在 24.3～36.7，膨胀性越强，塑性指数越大，见图 3.2.4。其中，非膨胀岩土的塑性指数一般小于 22，弱膨胀岩土的塑性指数一般在 24.3～25.8，中等膨胀岩土的塑性指数一般在 30.9～32.9，强膨胀岩土的塑性指数一般大于 35。相同膨胀等级、不同时代岩土体的塑性指数平均值一般相差 1.5～4.3。

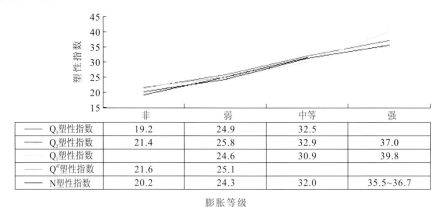

	非	弱	中等	强
—— Q_4塑性指数	19.2	24.9	32.5	
—— Q_3塑性指数	21.4	25.8	32.9	37.0
—— Q_2塑性指数		24.6	30.9	39.8
—— Q^{al}塑性指数	21.6	25.1		
—— N塑性指数	20.2	24.3	32.0	35.5～36.7

膨胀等级

图 3.2.4　膨胀等级与塑性指数的关系曲线

3.2.3　基本力学参数

膨胀土力学试验始于 20 世纪 80 年代，截至"十二五"国家科技支撑计划重大项目研究结束，前后近半个世纪。为了使膨胀土力学试验及参数取值满足各种工况下的设计要求，平行开展了压缩、固结、饱和快剪、天然快剪、天然固结快剪、饱和固结快剪、残余剪、慢剪等不同方法的试验，并通过开展三轴、标准贯入、静力触探、旁压试验等对室内试验成果进行了校验。

1. 室内抗剪试验

室内抗剪试验包括压缩试验及多种类型的抗剪试验，不同膨胀等级岩土体力学指标统计成果见表 3.2.3。

邯郸 ZG39 段岩土体力学指标与其他部位有明显差异，除 ZG39 段外，膨胀岩土的压缩系数平均值为 0.13～0.25 MPa^{-1}，压缩模量平均值为 10.0～17.2 MPa，压缩系数有随膨胀性增加而降低、压缩模量有随膨胀性增加而增加的趋势，但不同时代岩土体的压缩系数、压缩模量降低或增加的幅度不一样；相同膨胀等级岩土体的压缩系数、压缩模量存在一定的差异，见图 3.2.5 和图 3.2.6。

除 ZG39 段外，膨胀岩土的饱和固结快剪强度凝聚力 c 平均为 42～51 kPa，内摩擦角 φ 平均为 17°～21°。c 有随膨胀性增强而变大、φ 有随膨胀性增强而减小的趋势，但变幅不大。膨胀岩的饱和固结快剪强度总体略大于膨胀土。相同膨胀等级、不同地层膨胀岩土的饱和固结快剪强度，一般 c 相差不大于 8 kPa、φ 相差不大于 4°，见图 3.2.7 和图 3.2.8。

表 3.2.3　不同膨胀等级岩土体力学指标统计表

地层	岩性	膨胀等级	地区	统计项	快压		饱和固结快剪		天然固结快剪		饱和快剪		天然快剪		慢剪		排水反复剪 峰值强度		排水反复剪 残余强度	
					压缩系数 $a_{v0.1-0.2}$	压缩模量 $E_{s0.1-0.2}$	凝聚力 c	内摩擦角 φ	凝聚力 c	内摩擦角 φ	凝聚力 c	内摩擦角 φ	凝聚力 c	内摩擦角 φ	凝聚力 c	内摩擦角 φ	凝聚力 c	内摩擦角 φ	凝聚力 c	内摩擦角 φ
Q3	粉质壤土	非	南阳	平均值	0.23	9.5	31	21	37	19	33	19	36	20	23	25	28	20	21	19
				组数	285	285	57	57	4	4	114	114	52	52	21	21	40	40	33	33
	粉质黏土	弱	南阳	平均值	0.22	10.8	44	17	50	19	49	13	53	15	25	19	32	20	20	18
				组数	601	601	116	116	12	12	270	270	119	119	29	29	123	124	106	106
	粉质黏土	中等	南阳	平均值	0.21	11.4	49	17	41	22	50	11	68	15	27	9	31	17	19	13
				组数	112	112	25	25	1	1	54	54	25	25	1	1	25	24	24	24
Q2	粉质壤土	弱	南阳	平均值	0.17	14.1	46	20	66	19	54	14	62	17	35	21	38	19	21	16
				组数	1677	1677	481	481	91	91	603	603	463	463	108	108	190	190	156	156
	粉质黏土	中等	南阳	平均值	0.14	16.7	50	19	62	19	57	14	72	17	40	18	40	19	20	13
				组数	1450	1450	522	522	60	60	379	379	381	381	80	80	94	94	71	71
	黏土	强	南阳	平均值	0.13	17.2	51	19	65	17	63	15	87	17	42	18	40	15	16	13
				组数	182	182	115	115	7	7	26	26	67	67	10	10	10	10	8	8
Q1	粉质壤土	弱	南阳	平均值	0.25	10.0	42	19	48	18	48	13	47	17	34	21	58	16	12	17
				组数	104	104	45	45	2	2	13	13	28	28	9	9	2	2	1	1

续表

地层	岩性	膨胀等级	地区	统计项	快压 压缩系数 $a_{v0.1-0.2}$	快压 压缩模量 $E_{s0.1-0.2}$	饱和固结快剪 凝聚力 c	饱和固结快剪 内摩擦角 φ	天然固结快剪 凝聚力 c	天然固结快剪 内摩擦角 φ	饱和快剪 凝聚力 c	饱和快剪 内摩擦角 φ	天然快剪 凝聚力 c	天然快剪 内摩擦角 φ	慢剪 凝聚力 c	慢剪 内摩擦角 φ	排水反复剪 峰值强度 凝聚力 c	排水反复剪 峰值强度 内摩擦角 φ	排水反复剪 残余强度 凝聚力 c	排水反复剪 残余强度 内摩擦角 φ
Q_l	粉质黏土	中等	南阳	平均值	0.20	12.4	43	20	49	22	52	15	58	18	33	23	59	19	18	12
				组数	115	115	53	53	5	5	19	19	36	36	7	7	6	6	3	3
	黏土	强	南阳	平均值	0.18	14.8	43	17	67	23	48	10	73	15	16	22	57	17	22	6
				组数	35	35	42	42	2	2	5	5	38	38	2	4	3	3	1	1
N	黏土岩	非	南阳	平均值	0.21	9.8	44	23			35	20	44	22	38	21	41	24		
				组数	64	64	22	22			10	10	18	18	6	6	2	2		
		弱	南阳	平均值	0.17	13.3	43	21	59	18	50	15	65	17	31	21	38	21	21	16
				组数	305	305	147	147	27	27	53	53	67	67	14	14	6	6	5	5
		中等	南阳	平均值	0.14	17.1	51	20	64	19	54	15	77	18	39	20	48	18	20	15
				组数	484	484	216	216	26	26	79	79	114	114	41	41	16	16	9	9
		强	南阳	平均值	0.14	16.5	51	20	74	13	53	16	87	17	42	20	23	18	18	13
				组数	311	311	166	166	13	13	58	58	109	109	18	18	3	3	3	3
		强	邯郸 ZG39 段	平均值	0.080	22.8	67.7	20.3			52.2	14.3	95.6	15.1						
				组数	10	10	4	4			6	6	6	6						

注：压缩系数平均值的单位为 MPa^{-1}，压缩模量平均值的单位为 MPa，凝聚力平均值的单位为 kPa，内摩擦角平均值的单位为（°）。

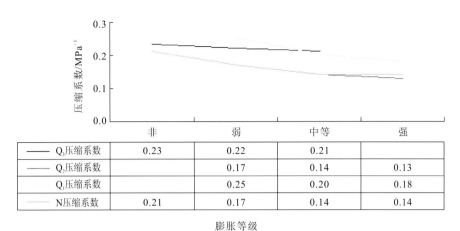

图 3.2.5　膨胀等级与压缩系数的关系

	非	弱	中等	强
—— Q_3压缩系数	0.23	0.22	0.21	
—— Q_2压缩系数		0.17	0.14	0.13
—— Q_1压缩系数		0.25	0.20	0.18
—— N压缩系数	0.21	0.17	0.14	0.14

膨胀等级

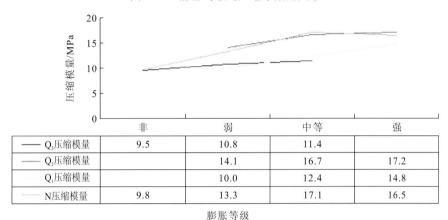

图 3.2.6　膨胀等级与压缩模量的关系

	非	弱	中等	强
—— Q_3压缩模量	9.5	10.8	11.4	
—— Q_2压缩模量		14.1	16.7	17.2
—— Q_1压缩模量		10.0	12.4	14.8
—— N压缩模量	9.8	13.3	17.1	16.5

膨胀等级

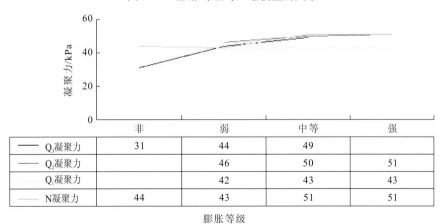

图 3.2.7　膨胀等级与饱和固结快剪凝聚力的关系

	非	弱	中等	强
—— Q_3凝聚力	31	44	49	
—— Q_2凝聚力		46	50	51
—— Q_1凝聚力		42	43	43
—— N凝聚力	44	43	51	51

膨胀等级

　　膨胀土的天然固结快剪强度 c 平均为 $41\sim67$ kPa，φ 平均为 $17°\sim23°$；膨胀岩天然固结快剪强度 c 平均为 $59\sim74$ kPa，φ 平均为 $18°\sim19°$，c 总体大于膨胀土、φ 总体略小于膨胀土。随着膨胀性的增强，膨胀土 c 的变化趋势不明显，膨胀岩的 c 则呈增大趋势；

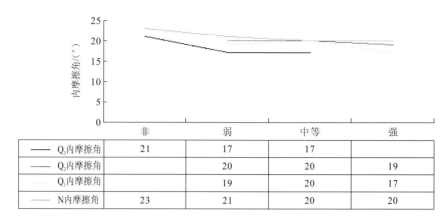

	非	弱	中等	强
Q₃内摩擦角	21	17	17	
Q₂内摩擦角		20	20	19
Q₁内摩擦角		19	20	17
N内摩擦角	23	21	20	20

膨胀等级

图 3.2.8　膨胀等级与饱和固结快剪内摩擦角的关系

φ 变化趋势不明显。相同膨胀等级、不同地层的膨胀岩土天然固结快剪强度 c 相差 9～23 kPa，φ 相差较小，见图 3.2.9 和图 3.2.10。

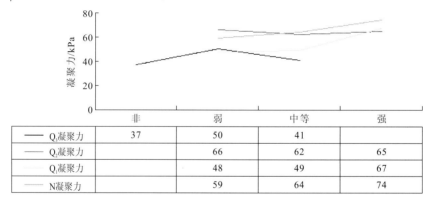

	非	弱	中等	强
Q₃凝聚力	37	50	41	
Q₂凝聚力		66	62	65
Q₁凝聚力		48	49	67
N凝聚力		59	64	74

膨胀等级

图 3.2.9　膨胀等级与天然固结快剪凝聚力的关系

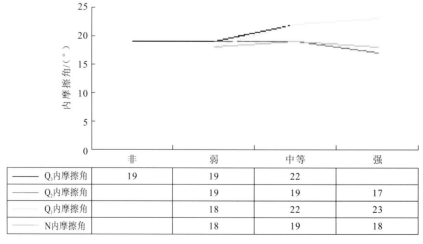

	非	弱	中等	强
Q₃内摩擦角	19	19	22	
Q₂内摩擦角		19	19	17
Q₁内摩擦角		18	22	23
N内摩擦角		18	19	18

膨胀等级

图 3.2.10　膨胀等级与天然固结快剪内摩擦角的关系

膨胀土饱和快剪强度 c 平均为 48～63 kPa，φ 平均为 10°～15°；除 ZG39 段外，膨胀岩饱和快剪强度 c 平均为 50～54 kPa，φ 平均为 15°～16°。随着膨胀性的增强，c 有增加趋势，但 Q_1、N 强膨胀岩土的 c 比中等膨胀性的 c 小；φ 变化不明显，但 Q_1 强膨胀土的 φ 比中等膨胀性的 φ 小。相同膨胀等级、不同地层的膨胀岩土饱和快剪强度 c 相差 6～15 kPa，φ 相差 2°～6°，见图 3.2.11 和图 3.2.12。

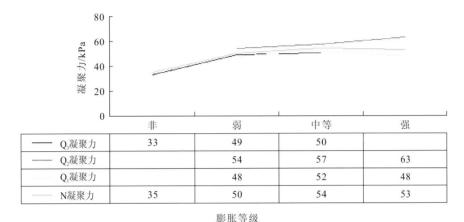

	非	弱	中等	强
── Q_3凝聚力	33	49	50	
── Q_2凝聚力		54	57	63
── Q_1凝聚力		48	52	48
── N凝聚力	35	50	54	53

膨胀等级

图 3.2.11　膨胀等级与饱和快剪凝聚力的关系

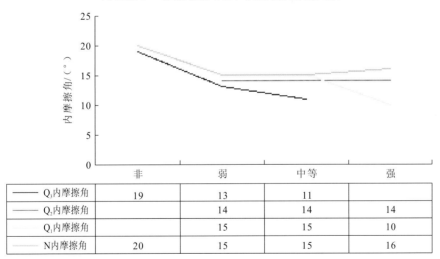

	非	弱	中等	强
── Q_3内摩擦角	19	13	11	
── Q_2内摩擦角		14	14	14
── Q_1内摩擦角		15	15	10
── N内摩擦角	20	15	15	16

膨胀等级

图 3.2.12　膨胀等级与饱和快剪内摩擦角的关系

膨胀土天然快剪强度 c 平均为 47～87 kPa，φ 平均为 15°～18°；除 ZG39 段外，膨胀岩天然快剪强度 c 平均为 65～87 kPa，φ 平均为 17°～18°。c 随膨胀性的增强而增大，φ 则无明显变化趋势，总体变化不大。膨胀岩的天然快剪强度总体略大于膨胀土。相同膨胀等级、不同地层的膨胀岩土 c 相差 14～19 kPa，φ 相差 2°～3°，见图 3.2.13 和图 3.2.14。

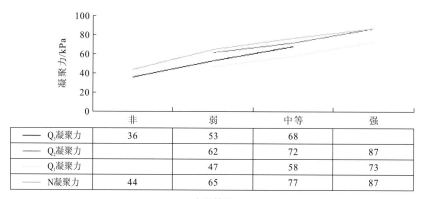

图 3.2.13　膨胀等级与天然快剪凝聚力的关系

	非	弱	中等	强
Q₃凝聚力	36	53	68	
Q₂凝聚力		62	72	87
Q₁凝聚力		47	58	73
N凝聚力	44	65	77	87

膨胀等级

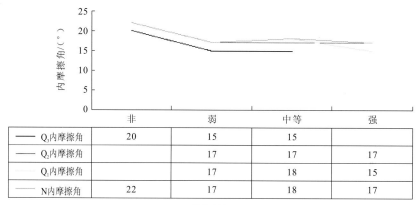

图 3.2.14　膨胀等级与天然快剪内摩擦角的关系

	非	弱	中等	强
Q₃内摩擦角	20	15	15	
Q₂内摩擦角		17	17	17
Q₁内摩擦角		17	18	15
N内摩擦角	22	17	18	17

膨胀等级

膨胀土慢剪强度 c 平均为 16～42 kPa，φ 平均为 9°～23°；膨胀岩慢剪强度 c 平均为 31～42 kPa，φ 平均为 20°～21°。c 随膨胀性的增强总体呈增大趋势，仅 Q_1 的 c 呈减小趋势；φ 随膨胀性的增强总体呈减小趋势，Q_3 中等膨胀土尤为明显。膨胀岩的慢剪强度总体略大于膨胀土。相同膨胀等级、不同地层的膨胀岩土慢剪强度 c 相差 10～26 kPa，φ 相差 2°～14°，见图 3.2.15 和图 3.2.16。

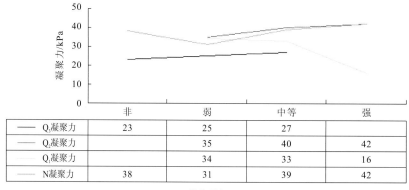

	非	弱	中等	强
Q₃凝聚力	23	25	27	
Q₂凝聚力		35	40	42
Q₁凝聚力		34	33	16
N凝聚力	38	31	39	42

膨胀等级

图 3.2.15　膨胀等级与慢剪凝聚力的关系

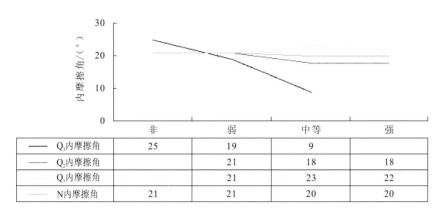

图 3.2.16　膨胀等级与慢剪内摩擦角的关系

	非	弱	中等	强
Q₃内摩擦角	25	19	9	
Q₂内摩擦角		21	18	18
Q₁内摩擦角		21	23	22
N内摩擦角	21	21	20	20

　　膨胀土排水反复剪残余强度 c 平均为 12～22 kPa，φ 平均为 6°～18°；膨胀岩排水反复剪残余强度 c 平均为 18～21 kPa，φ 平均为 13°～16°。随着膨胀性的增强，多数岩土 c 呈减小趋势，仅 Q_1 膨胀土 c 呈增加趋势；φ 随膨胀性的增强而减小，Q_1 膨胀土尤为明显。膨胀岩排水反复剪残余强度与膨胀土相差不大。相同膨胀等级、不同地层的膨胀岩土排水反复剪残余强度差异不大，c 相差 2～9 kPa，φ 相差 2°～7°，见图 3.2.17 和图 3.2.18。

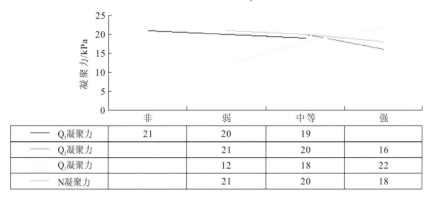

	非	弱	中等	强
Q₃凝聚力	21	20	19	
Q₂凝聚力		21	20	16
Q₁凝聚力		12	18	22
N凝聚力		21	20	18

图 3.2.17　膨胀等级与排水反复剪凝聚力的关系

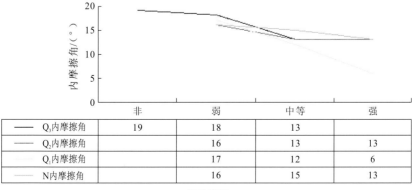

	非	弱	中等	强
Q₃内摩擦角	19	18	13	
Q₂内摩擦角		16	13	13
Q₁内摩擦角		17	12	6
N内摩擦角		16	15	13

图 3.2.18　膨胀等级与排水反复剪内摩擦角的关系

总体上，随着膨胀性的增强，c 多呈增大趋势，φ 多数呈减小趋势；岩土体排水反复剪 c、φ 总体随膨胀性增强呈减小趋势。

2. 现场大剪试验

"十一五"和"十二五"期间，曾在南阳地区开展了 Q_2 弱—中等膨胀性粉质黏土、强膨胀性黏土现场大剪试验。"十二五"期间，还开展了南阳新近系 N 强膨胀岩现场大剪试验。为了数据的可比性，仅将膨胀土的相关试验成果列于表 3.2.4～表 3.2.6。

表 3.2.4　弱膨胀土现场大剪试验成果统计表

统计项	天然快剪		饱和快剪	
	凝聚力 c	内摩擦角 φ	凝聚力 c	内摩擦角 φ
最小值	32.0	14.0	21.0	16.7
最大值	66.0	29.4	54.0	29.8
组数	9	9	10	10
平均值	49.4	20.7	37.8	22.4
方差	11.52	5.53	10.98	3.91

注：凝聚力最小值、最大值、平均值的单位为 kPa，方差的单位为 kPa^2；内摩擦角最小值、最大值、平均值的单位为（°），方差的单位为（°）^{2}。

表 3.2.5　中等膨胀土现场大剪试验成果统计表

统计项	天然快剪		饱和快剪	
	凝聚力 c	内摩擦角 φ	凝聚力 c	内摩擦角 φ
最小值	18.9	14.0	21.0	7.8
最大值	82.0	30.4	79.0	27.4
组数	13	13	11	11
平均值	48.8	21.2	43.0	16.8
方差	18.7	5.4	20.8	6.2

注：凝聚力最小值、最大值、平均值的单位为 kPa，方差的单位为 kPa^2；内摩擦角最小值、最大值、平均值的单位为（°），方差的单位为（°）^{2}。

表 3.2.6　强膨胀土现场大剪试验成果统计表

统计项	天然快剪		饱和快剪	
	凝聚力 c	内摩擦角 φ	凝聚力 c	内摩擦角 φ
最小值	17.5	14.4	15.1	12.1
最大值	35.7	17.8	20.36	16.9
组数	4	4	4	4
平均值	27.47	16.0	18.25	14.4

注：凝聚力最小值、最大值、平均值的单位为 kPa，内摩擦角最小值、最大值、平均值的单位为（°）。

总体上，弱、中等膨胀土现场大剪试验的天然快剪强度差异不大，饱和快剪强度随膨胀性变化的趋势不明显。但强膨胀土与弱、中等膨胀土相比，无论是天然快剪还是饱和快剪，c、φ 都有所降低，尤以 c 最为明显。这说明强膨胀土土体内裂隙发育对抗剪强度有较大的影响。

与室内试验结果相比，现场大剪试验的 c 明显减小，φ 则有所增大。以天然快剪强度为例，现场大剪试验的 c 为室内试验值的 41.0%～79.0%，φ 则为 104.7%～124.7%。现场大剪试验剪切面可能遭遇裂隙面，导致 c 降低；而裂隙面产状多变，爬坡效应可能导致 φ 略有增大。因此，膨胀土因存在不同规模的裂隙，力学试验存在尺寸效应。

3. 膨胀土垂直分带抗剪强度取值

根据膨胀土大气环境作用深度和膨胀土结构垂直分带性，将膨胀土强度按大气影响带（[0，3]m）、过渡带（[3，7]m）和非影响带（7 m 以下）三带进行统计，统计过程中先剔除异常数据。

物理指标一般将平均值作为标准值和建议值，压缩系数取平均值～大值平均值，压缩模量取小值平均值～平均值，抗剪强度指标则根据膨胀性等级的不同及垂直分带性，结合室内试验与现场大剪试验数据的相关性，进行不同系数的折减。大气影响带建议值一般依据室内残余强度提出。过渡带和非影响带强、中等、弱膨胀土抗剪强度按下式进行折减：$c=c_{均} \times \alpha$，$\varphi=\varphi_{均} \times \beta$（$c_{均}$、$\varphi_{均}$ 为试验值的平均值）。过渡带 α 取 0.4～0.6（强膨胀土 α 取 0.4，中等膨胀土 α 取 0.5，弱膨胀土 α 取 0.6），β 取 0.9～0.95。对于非影响带强、中等、弱膨胀土抗剪强度建议值，α 取 0.5～0.8（强膨胀土 α 取 0.5～0.6，中等膨胀土 α 取 0.6～0.7，弱膨胀土 α 取 0.7～0.8），β 取 0.9～0.95。有条件时，可根据其他物性指标和膨胀性指标进行适当调整。承载力主要根据岩土的密实度、天然含水率、液性指数、孔隙比等物性指标及标准贯入、动探击数等综合确定。南阳各地层主要力学参数建议值见表 3.2.7。

通过渠首滑坡参数反演分析，以及潜在滑动面土体物理力学性质研究，提出地层软弱界面建议值：Q/N 界面 $c=5$ kPa，$\varphi=14°$；Q^{dl}/Q_2 界面 $c=11$～13 kPa，$\varphi=13°$。

4. 膨胀土裂隙面抗剪强度

膨胀土中的大—长大裂隙面绝大部分都十分光滑，刚开挖揭露的裂隙面犹如镜面，其抗剪强度低，成为决定膨胀土土体抗剪强度和边坡稳定的关键[13-14]，中线工程膨胀土渠道开挖过程中发生的边坡失稳大多受结构面控制。

为了研究裂隙的抗剪强度，取包含裂隙面的原状土样进行了室内天然快剪试验，同时开展了现场大剪试验以做对比，试验成果见表 3.2.8。

表 3.2.7　南水北调中线一期总干渠南阳段渠道膨胀岩土力学指标建议值

地层	岩性	统计深度/m	压缩系数 $a_{v0.1-0.2}$/MPa^{-1}	压缩模量 $E_{s0.1-0.2}$/MPa	饱和固结快剪 凝聚力 c/kPa	饱和固结快剪 内摩擦角 φ/(°)	饱和快剪 凝聚力 c/kPa	饱和快剪 内摩擦角 φ/(°)	天然快剪 凝聚力 c/kPa	天然快剪 内摩擦角 φ/(°)	残余强度 凝聚力 c/kPa	残余强度 内摩擦角 φ/(°)	承载力标准值 f_k/kPa
Q^r	粉质黏土	[0, 3]	0.34~0.47	4~6			23	12	25	15	18	16	170
		[3, 7]	0.34~0.51	4~7	25	16	17	15	26	16		16	180
Q^{dl}	粉质黏土	[0, 3]	0.21~0.54	5~10	20~33	17	24~45	12~15	16~39	14~20	17~21	14~17	160~180
		[3, 7]	0.15~0.42	6~13	23~35	16~17	21~36	11~14	24~44	14~17			170~210
Q^{d-dl}	粉质黏土	[0, 3]	0.14~0.34	5~11	29	16~17	15~24	13~21	23~30	16~17			180~260
Q_3^{al}	粉质黏土	[0, 3]	0.17~0.46	4~13	20~30	16~19	17~36	11~17	15~33	15~20	6~23	9~18	180~230
		[3, 7]	0.13~0.44	4~11	22~37	16~18	23~32	11~16	25~38	14~18	11	20	180~220
		7以下	0.14~0.43	6~15	22~40	17~21	23~36	11~18	15~50	16~23			190~230
Q_3^{al}	粉质黏土	[0, 3]	0.14~0.46	4~13	19~30	16~18	17~30	10~16	15~29	15~20	13~20	16~19	200~230
		[3, 7]	0.13~0.68	3~13	24~28	17~20	18~35	11~15	22~40	15~17			180~240
		7以下	0.10~0.43	5~15	24~32	17~21	21~40	12~17	36~40	16~17			200~240
Q_2^{al+pl}	黏土	[0, 3]	0.12~0.30	8~17	22	16	20~24	10~14	15~21	16~22	17~20	16~17	190~240
		[3, 7]	0.09~0.31	6~15	20~26	15~17	13~40	12~15	22~43	14~19			200~250
		7以下	0.07~0.22	8~27	20~47	17~19	21~40	11~15	34~60	16~18			230~260

续表

地层	岩性	统计深度/m	压缩系数 $a_{s0.1-0.2}$/MPa^{-1}	压缩模量 $E_{s0.1-0.2}$/MPa	饱和固结快剪 凝聚力 c/kPa	饱和固结快剪 内摩擦角 φ/(°)	饱和快剪 凝聚力 c/kPa	饱和快剪 内摩擦角 φ/(°)	天然快剪 凝聚力 c/kPa	天然快剪 内摩擦角 φ/(°)	残余强度 凝聚力 c/kPa	残余强度 内摩擦角 φ/(°)	承载力标准值 f_k/kPa
Q_2^{al-pl}	粉质黏土	[0, 3]	0.12~0.40	6~16	15~32	16~18	10~32	11~20	15~36	11~18	13~22	16~18	180~240
		[3, 7]	0.12~0.34	5~17	17~27	17~18	20~42	11~17	20~40	14~18	13	19	200~250
		7以下	0.09~0.28	7~21	22~45	16~20	24~56	9~16	29~50	16~19			220~260
Q_2^{dl-pl}	粉质黏土	[0, 3]	0.12~0.40	5~16	20~29	16~18	16~32	11~18	15~34	15~19	14~19	16~19	210~250
		[3, 7]	0.16~0.39	4~19	16~30	16~19	14~35	11~17	20~33	13~19			220~250
		7以下	0.13~0.37	5~15	25~42	17~20	24~30	12~17	28~42	16~19			240~250
Q_1	黏土	[0, 3]	0.09~0.15	12~20	18	18	21	17	22	18	16	14	210
		[3, 7]	0.15~0.22	7~8	25	17	22	14	25	6			180
		7以下	0.18~0.32	8~13	30~40	17~18	33~44	11	39~42	16~19			200~220
	粉质黏土	[0, 3]	0.20~0.29	8~10			20	10	23	16	17	7	220
		[3, 7]	0.22~0.30	7~12	22	16	24	15	24	16			210
		7以下	0.14~0.30	6~14	26~40	17~20	24~35	13~18	38~43	15~17			210~230
N	黏土岩	[0, 3]	0.12~0.40	10~17	13~24	17~20	10~33	10~18	22~30	16~17	14~22	16~18	250~280
		[3, 7]	0.10~0.20	16~20	20~28	16~21	19~35	10~18	23~42	14~24			240~300
		7以下	0.09~0.16	18~22	20~52	16~25	18~50	11~24	30~56	17~22			250~300
	砂质黏土岩	7以下	0.07~0.12	15~25	20~50	17~26	20~45	12~20	36~50	18~21			260~310

表 3.2.8 裂隙直剪试验成果

试验分类	试验编号	裂隙面形态	天然快剪	
			凝聚力 c/kPa	内摩擦角 φ/（°）
室内试验	裂隙面-1	光滑、蜡状光泽，无充填	2.8	8.0
	裂隙面-2	光滑、蜡状光泽，充填灰绿色黏土膜	13.5	8.5
	裂隙面-3	光滑，充填灰绿色黏土	15.2	9.8
	中 VII 滑坡滑面	光滑，充填灰绿色黏土	5.1	11.0
	平均值		9.2	9.3
现场大剪试验	LM-①	平直、光滑、蜡状光泽，无充填	8.3	11.8
	LM-②	较平直、光滑、蜡状光泽，充填灰绿色黏土膜，局部见小姜石	10.0	10.4
	LM-③	起伏、光滑、蜡状光泽，局部充填灰绿色黏土薄膜	12.5	5.7
	LM-④	剪切面较平直、光滑，充填较薄灰绿色黏土	10.3	11.2
	平均值		10.3	9.8

从试验结果看，裂隙抗剪强度低。室内天然快剪试验 $c=2.8\sim15.2$ kPa、$\varphi=8.0°\sim11.0°$，现场大剪试验 $c=8.3\sim12.5$ kPa、$\varphi=5.7°\sim11.8°$，室内外同样针对裂隙面开展剪切试验时，强度较为接近。

同时，裂隙的抗剪强度与裂隙充填情况和裂隙面起伏也有关。无充填和充填灰绿色黏土裂隙的抗剪强度对比结果见表 3.2.9。

表 3.2.9 不同充填情况裂隙天然快剪试验成果

试验分类	裂隙面充填情况	抗剪强度	
		凝聚力 c/kPa	内摩擦角 φ/（°）
室内试验	光滑、蜡状光泽，无充填	2.8	8.0
	光滑、蜡状光泽，充填灰绿色黏土膜	13.5	8.5
	光滑，充填灰绿色黏土	15.2	9.8
现场大剪试验	光滑、蜡状光泽，无充填	8.3	11.8
	光滑，充填灰绿色黏土膜	10.0	10.4
	光滑，充填较薄灰绿色黏土	10.3	11.2

无充填裂隙抗剪强度室内试验 $c=2.8$ kPa、$\varphi=8.0°$，现场大剪试验 $c=8.3$ kPa、$\varphi=11.8°$；充填灰绿色黏土裂隙抗剪强度室内试验 $c=13.5\sim15.2$ kPa、$\varphi=8.5°\sim9.8°$，现场大剪试验 $c=10.0\sim10.3$ kPa、$\varphi=10.4°\sim11.2°$。可以看出，充填灰绿色黏土裂隙的凝聚力明显大于无充填裂隙，而且随充填厚度的增大，凝聚力略有增大。

室内试验尺寸小，受裂隙起伏度影响小。现场大剪试验剪切面范围的裂隙起伏状态已经影响试验成果，以致现场试验的 φ 一般大于室内试验值。

3.2.4　裂隙控制型滑动面抗剪强度研究

膨胀土中显裂隙的延展长度一般小于 5 m，以长度 0.05～0.5 m 者居多，一般难以由单条裂隙构成滑动面，通常的滑动面由若干条裂隙串通而成。因此，实际上滑动面的抗剪强度是裂隙面和土体共同贡献的结果，滑动面的抗剪强度不仅与裂隙面的抗剪强度有关，而且与裂隙的密度、延展性关系密切。南阳膨胀土试验段不同膨胀等级土体中不同延展长度裂隙的密度见表 3.2.10。

表 3.2.10　南阳膨胀土试验段不同规模裂隙发育密度

试验区	地层埋深/m	裂隙最大密度/（条/m²）		
		大—长大裂隙（≥2 m）	小裂隙（[0.5, 2) m）	微裂隙（[0.05, 0.5) m）
弱膨胀土	≤12	0.035	0.80	27
	>12	0.010	0.40	14
中等膨胀土	≤12	0.075	2.60	49
	>12	0.018	1.30	25

边坡深层滑动面的综合抗剪强度参数可近似根据构成滑动面的裂隙长度与切割土块的滑动面长度通过加权平均方法确定，计算关系如下：

$$c_{qs}=A \times c_{qc}+B \times c_{ql} \qquad (3.2.1)$$

$$\varphi_{qs}=A \times \varphi_{qc}+B \times \varphi_{ql} \qquad (3.2.2)$$

式中：c_{qs}、c_{qc}、c_{ql} 分别为滑动面、膨胀土土块、裂隙面的黏结强度；φ_{qs}、φ_{qc}、φ_{ql} 分别为滑动面、膨胀土土块、裂隙面的摩擦角；A、B 分别为膨胀土土块、裂隙面的权重系数，可按关系式 $A=U/(1+U)$ 和 $B=1/(1+U)$ 进行计算，U 为滑动面上裂隙长度与切割土块滑动面长度的比值。实际设计中难以事先确定 U。当滑体规模较小时，滑动面主要由裂隙面控制，裂隙面所占比例较大；当滑体规模较大时，由于膨胀土中裂隙长度所占比例较小，因此裂隙面权重较小，结合南阳膨胀土试验段滑坡体反分析成果，经统计分析，南阳膨胀土按式（3.2.3）确定 U：

$$U=4.52 \times N_l+1.252 \times N_s+0.2752 \times N_n \qquad (3.2.3)$$

式中：N_l 为每平方米土体大—长大裂隙（裂隙长度大于等于 2 m，按 2～7 m 考虑）条数统计值；N_s 为每平方米土体小裂隙（裂隙长度为 [0.5，2）m）条数统计值；N_n 为每平方米土体微裂隙（裂隙长度为 [0.05，0.5）m）条数统计值。

按式（3.2.3）和南阳膨胀土裂隙统计成果计算，弱膨胀土、中等膨胀土土块和裂隙面权重系数 A、B 参见表 3.2.11。弱、中等膨胀岩无实测统计资料，权重系数取埋置深度大于 12 m 的同等级膨胀土相同值。

表 3.2.11 膨胀岩土土块和裂隙面权重系数 A、B

膨胀特性	地层埋深/m	大—长大裂隙密度 / (条/m²)	小裂隙密度 / (条/m²)	微裂隙密度 / (条/m²)	土块权重系数 A	裂隙面权重系数 B
弱膨胀土	≤12	0.035	0.80	27	0.2	0.8
	>12	0.010	0.40	14	0.3	0.7
弱膨胀岩		0.010	0.40	14	0.3	0.7
中等膨胀土	≤12	0.075	2.60	49	0.1	0.9
	>12	0.018	1.30	25	0.2	0.8
中等—强膨胀岩		0.038	1.30	25	0.2	0.8

按式（3.2.1）和式（3.2.2）确定的弱膨胀土、中等膨胀土沿裂隙滑动面的抗剪强度参数参见表 3.2.12。强膨胀岩土滑动面抗剪强度按裂隙全连通考虑，直接取裂隙面强度参数。

表 3.2.12 膨胀岩土沿裂隙滑动面的抗剪强度参数计算值

膨胀特性	地层埋深/m	土块强度			裂隙面强度			设计采用值	
		c_{qc}/kPa	φ_{qc}/(°)	A	c_{ql}/kPa	φ_{ql}/(°)	B	c_{qs}/kPa	φ_{qs}/(°)
弱膨胀土	≤12	40	22	0.2	10.3	9.8	0.8	16.24	12.24
	>12	40	22	0.3	10.3	9.8	0.7	19.21	13.46
弱膨胀岩		46	22	0.3	10.3	9.8	0.7	21.01	13.46
中等膨胀土	≤12	44	19	0.1	10.3	9.8	0.9	13.67	10.72
	>12	44	19	0.2	10.3	9.8	0.8	17.04	11.64
中等膨胀岩		48	20	0.2	10.3	9.8	0.8	17.84	11.84
强膨胀岩土				0.0	10.3	9.8	1.0	10.30	9.80

根据南阳膨胀土试验段渠道边坡裂隙控制型滑坡稳定的反分析成果，当安全系数为 0.95 时，中等膨胀土渠坡滑动面 $c_{qs}=9$ kPa，$\varphi_{qs}=10°$。由于滑体规模均不大，滑动面的抗剪强度应为裂隙面的抗剪强度，分析结果与上述设计值基本相当。结合试验及统计资料，陶岔—鲁山段渠道边坡加固设计，膨胀土抗剪强度设计值采用表 3.2.12 所示的参数。

3.2.5 膨胀土抗剪强度取值方法

膨胀土是一种特殊的黏性土，土体具有胀缩性、多裂隙性、超固结性，土体强度随含水率增加及裂隙增多而迅速衰减，因此处于大气环境影响深度及地下水活动范围的膨胀土的强度会随时间逐步衰减。

长期以来，膨胀土渠坡稳定计算的土体强度参数一般选用长期强度或残余强度，从膨胀土结构垂向分带及结构面对边坡整体稳定的控制作用看，这一取值对于长大缓倾角结构面不发育的边坡而言可能偏于安全，而对于存在长大缓倾角结构面的边坡及无专门防护措施的开挖边坡浅表部胀缩裂隙带而言则存在较大风险。

在南阳盆地裂隙极发育的中等膨胀土地段，渠坡坡比在 1∶2.0 时都会产生受缓倾角裂隙控制的滑坡，滑面倾角多在 10° 以内，甚至近于水平。而在裂隙不发育时，除了坡面胀缩裂隙带在雨季发生坍塌变形外，1∶2.0 坡比的边坡能维持长期稳定。因此，膨胀土开挖边坡岩土参数需要根据结构面发育条件、坡面保护设计方案、膨胀性等因素综合确定。

1. 影响膨胀土力学强度的因素

获得土体力学强度的途径主要有两个：一个是现场试验；一个是室内试验。

膨胀土具有多裂隙性，且裂隙发育有随机性，裂隙面性质多变，试验时裂隙面与剪切面存在夹角等，都会对土体抗剪强度试验结果产生很大的影响；膨胀土具有超固结性，渠道开挖后卸荷回弹，坡体沿裂隙相对位移，出现张开和剪切，甚至产生滑动，同时因围压减小而吸水膨胀；降雨或地表水下渗，使膨胀土吸水膨胀，强度降低。因此，影响膨胀土强度的因素众多，既有自身因素，如膨胀性、地形地貌条件、膨胀土物质组成、土体密实度、裂隙发育及充填物特征、含水率，又有人为因素，如人们获取膨胀土强度的试验方法及能力。

归纳起来，决定膨胀土土体强度的主要因素有土体固结成岩程度、土体膨胀性、裂隙发育程度、矿物成分、颗粒组成、土体含水率等，影响土体强度的人为因素有裂隙面与剪切方向的关系、土体的代表性、取样质量、试验方法、试验成果的解译、土体的尺寸效应等。

2. 土体含水率与土体强度的关系

在膨胀土渠坡开挖及运行过程中，边坡土体的含水率会普遍发生较大变化，含水率增加会降低土体强度，含水率减小则土体强度会增大。对同一类膨胀土而言，含水率增加至某一值时，强度变化会出现拐点。此外，坡表土体反复胀缩，强度会随时间推移而衰减。

南阳棕黄色膨胀土（Q_2）和浅黄色膨胀土（Q_3）不同含水率的强度试验成果显示，不同正应力 P 时的剪应力 $\tau=f(w)$ 曲线都有一个突变的拐点 $T(\tau_c, w_c)$（τ_c、w_c 分别为拐点对应的剪应力和含水率），以此为界，强度随含水率的变化过程分为两个阶段，在 T 点以前强度随含水率的增大衰减快，在 T 点以后强度衰减速率变缓，拐点的含水率约为 $w_c=25\%$，w_c 接近膨胀土非饱和带天然含水率的 23%～25%，对于同一类膨胀土而言，w_c 并非一个定值，与其上部荷载有关。原状土样室内试验的峰值强度有随含水率增加而逐渐变小的趋势，只是不同类型的膨胀土曲线的形状特征点有所变动，强度降低值有所不同。对于内摩擦角来说，膨胀性越强，其衰减值越大。

在陶岔滑坡 Q_2 采取粉质黏土进行了 200 kPa 压力下不同含水率的抗剪强度研究，土体自由膨胀率为 40%～50%。

原状土样：计划进行含水率从 15% 到 36% 的剪切试验，但原状土样的最大含水率在经过 20 余天的饱和后，只能达到 31.2%。剪切试验成果见图 3.2.19。当含水率增大至 22.5%

左右时，抗剪强度快速降低；当含水率大于 22.5%后，抗剪强度缓慢下降并趋稳。因此，原状结构的膨胀土的饱和强度会接近一个常值，在 200 kPa 压力下，抗剪强度在 110～130 kPa，即在膨胀土边坡裂隙不发育时，即使土体饱和，也能在一定的坡比条件下维持稳定。

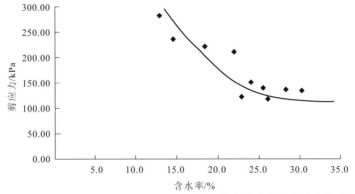

图 3.2.19 原状 Q_2 膨胀土在 200 kPa 压力下剪应力随含水率的变化关系

重塑土：采集同一层位的膨胀土进行了含水率从 15%到 35%的抗剪强度试验，成果见图 3.2.20。当含水率小于 24%时，抗剪强度随含水率的增大快速下降；当含水率大于24%后，抗剪强度随含水率的增大继续降低，只是下降速度减小；当含水率达到 35%时，抗剪强度趋于零。含水率在 21%时，原状土样的抗剪强度是重塑土的 2 倍，含水率在 30%时原状土样的抗剪强度是重塑土的 7 倍。这反映出原状土结构对土体强度十分重要，一旦结构遭遇破坏，其强度会显著降低。

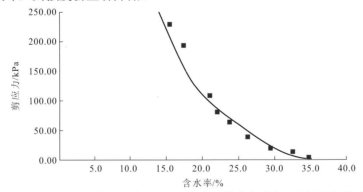

图 3.2.20 重塑 Q_2 膨胀土在 200 kPa 压力下剪应力随含水率的变化关系

此外，还进行了南阳 Q_3 粉质黏土原状土样在不同含水率状态下的抗剪强度研究，粉质黏土的自由膨胀率在 50%～70%，结果见图 3.2.21。当土体的含水率从 15%增加至24.5%时，剪应力呈一快速下降的曲线；当含水率大于 24.5%后，土体强度下降速度明显减缓并趋稳，接近常值 105～115 kPa。其剪应力-含水率曲线相当连续平稳，没有出现像Q_2 粉质黏土那样的波动，说明 Q_3 粉质黏土的微裂隙不及 Q_2 粉质黏土发育。

Q_3 粉质黏土重塑土样的抗剪强度在 200 kPa 压力下基本上随含水率的增加而线性降低，当含水率大于 35%时，抗剪强度接近于零。当含水率小于 25%时与原状土样抗剪强度相当，见图 3.2.22。

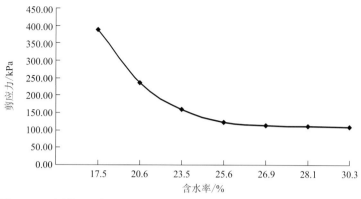

图 3.2.21　原状 Q_3 膨胀土在 200 kPa 压力下剪应力随含水率的变化关系

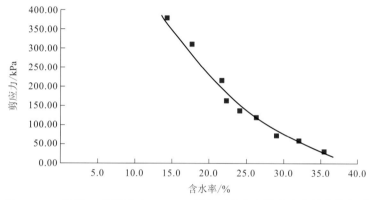

图 3.2.22　重塑 Q_3 膨胀土在 200 kPa 压力下剪应力随含水率的变化关系

　　此外，在南阳膨胀土试验段还开展了自由膨胀率平均为 70.3%的中等膨胀土不同含水率时的重塑土抗剪强度试验，试验成果见表 3.2.13。该原状土在 20.1%含水率下，凝聚力为 69kPa，内摩擦角为 22°，当重塑土含水率达到 34%以上时，土体呈软塑—流塑状，强度趋于零。上述研究表明，原状结构膨胀土与重塑膨胀土强度在含水率超过塑限后，会出现质的差别，原状土强度会趋于稳定值，重塑土强度则趋于零。因此，在分析计算边坡稳定性和确定膨胀土地基强度时，首先要分析土体的扰动程度和含水率可能的最大变化。

表 3.2.13　不同含水率条件下重塑土抗剪强度成果表

含水率/%	快剪		慢剪	
	凝聚力/kPa	内摩擦角/（°）	凝聚力/kPa	内摩擦角/（°）
24.32	44.95	10	21.84	6
26.16	37.8	8	19.21	5
29.07	27.7	6	10	5
30.65	15.9	6	7.5	5
32.19	12.4	5	4.55	5
34.00	8.06	4	1.67	4

3. 膨胀土边坡稳定分析力学参数选用

伴随着渠道工程的开挖建设，渠道周边膨胀土的围压条件、受大气环境影响的程度、含水率等都会出现时空调整，使膨胀土的物理力学参数在一定时期内处于动态变化进程中，根据南水北调中线工程建设运行期的跟踪观测，3～5 年基本上会达到一个新的平衡。对于坡面采取了换填保护措施的渠道，渠周膨胀土的含水率基本稳定在 23%～26%，年变化 1%～2%，胀缩效应基本不再显现，但若发育缓倾角裂隙而未采取抗滑措施，则沿结构面的应力集中和蠕变可能还会持续较长时间；对于坡面没有进行换填保护的渠道，坡面"三带"格局会逐步形成，一旦遭遇极端气候条件，就可能发生浅表层坍塌变形破坏。因此，边坡稳定性分析计算时，应根据坡体结构面发育分布情况、土体保护措施及"三带"格局形成条件、土体含水率实际情况和预测情况，合理选用膨胀土物理力学参数。

1）物理力学参数的统计原则

统计前，首先根据土体所处微地貌单元，结合岩性时代及土体厚度合理分层分段；然后把物理力学性质相似、膨胀性相似的渠段划归于一个统计单元，一个统计单元内的物质来源、沉积环境基本相同。试验数据完成于不同设计阶段，试样来自地表下不同深度，需要将试验结果分层位、按膨胀土的"三带"分带进行统计，剔除异常或与地层岩性描述相差大、认为不合理的数值。抗剪强度试验值统计还应按照下列原则剔除异常数据：对于天然快剪、固结快剪试验成果，如果不是淤泥（质）土和膨胀土裂隙结构面，试验值 φ <10° 者，本组试验作为异常不参与统计（c 同时剔除）；对于膨胀土，试验值 φ >30° 者，本组试验作为异常不参与统计；对于饱和快剪、残余剪试验参数，当 φ >25° 时，本组试验作为异常不参与统计。由于物理力学参数试验值离散性较大，以平均值加减标准差作为统计范围值。

2）物理力学指标选用

（1）物理指标。

物理指标一般将平均值作为标准值和建议值，由于物理指标对边坡稳定性计算的影响较小，没有分带提出建议值，见表 3.2.14。当有较多异常值时，应根据异常值的空间分布特征，研究存在夹层的可能性，若钻孔描述存在夹层，应分层提出建议值。实际使用时，可以根据边坡保护条件和分析预测的水文地质环境，在建议值范围内选取合适的计算参数。

（2）力学指标。

膨胀土边坡的稳定性应从三个方面去衡量和评价：一是边坡整体稳定性，按均质土采用圆弧法搜索最不利滑弧，计算参数根据边坡保护方案和滑弧深度选用相应的土体强度指标；二是边坡浅层稳定性，若边坡没有进行换填保护处理，则边坡存在浅表层坍塌变形失稳的可能，受胀缩裂隙带控制，计算参数可采用重塑土饱和（塑限）强度值或大气剧烈影响带饱和强度指标；三是受地层中缓倾角结构面控制的水平滑动问题，可采用折线法（由后缘拉裂面和缓倾角结构面构成）及结构面强度指标计算。力学指标建议值见表 3.2.15。

表 3.2.14　陶岔渠首至沙河南工程主要地层岩（土）物理指标建议值表

| 地层 | 岩性 | 天然物理性指标 | | 重度 | | 孔隙比 e | 液限 W_{L17}/% | 液塑限 | | 液性指数 I_{L17} |
		土粒相对密度 G_s	含水率 w/%	湿 ρ /(kN/m³)	干 ρ_d /(kN/m³)			塑限 W_{P17}/%		
Q^r	粉质黏土	2.73~2.74	25.4~26.7	18.9~19.0	14.9~15.2	0.778~0.815	47.7~48.7	20.7~21.9		0.19~0.20
Q^{pr}	粉质黏土	2.71~2.74	21.8~24.3	19.2~20.0	15.6~16.1	0.673~0.706	49.7~50.3	19.6~20.1		0.11~0.16
Q^{dl}	粉质黏土	2.72~2.74	23.4~27.7	19.2~19.7	15.1~16.0	0.683~0.812	43.0~50.7	19.8~22.9		0.08~0.27
Q^{el-dl}	粉质黏土	2.71~2.73	23.5~25.2	19.7~19.8	15.8~16.0	0.669~0.703	47.7~62.2	21.7~26.1		−0.03~0.11
Q_3^{al-l}	黏土	2.71~2.74	27.4~44.1	17.3~19.1	12.0~15.0	0.801~0.928	53.6~62.1	23.2~30.0		0.13~0.46
	粉质黏土	2.69~2.75	21.9~30.8	18.7~19.9	14.9~16.3	0.671~0.844	38.0~54.5	19.0~25.3		−0.04~0.41
	含有机质粉粉质黏土	2.72~2.76	29.4~30.5	19.0~19.1	15.1~15.9	0.821~0.851	40.4~52.0	21.3~25.7		0.11~0.48
Q_3^{al}	黏土	2.70~2.75	26.9~33.2	18.6~19.4	14.9~15.9	0.777~0.923	47.5~64.4	23.0~29.0		0.12~0.18
	粉质黏土	2.71~2.76	21.6~30.6	18.9~20.1	14.9~17.6	0.606~0.805	37.3~53.5	19.2~22.9		−0.03~0.39
	粉质壤土	2.70~2.74	21.4~25.5	19.0~19.8	15.5~16.3	0.622~0.741	34.3~44.6	17.4~20.6		0.06~0.47
	含有机质粉质壤土	2.69	29.7	19.0	14.8	0.782	40.2	20.6		0.41
Q_2^{al-pl}	黏土	2.71~2.76	21.8~31.9	18.8~20.1	14.4~16.4	0.645~0.898	50.5~62.5	22.3~36.6		−0.25~0.20
	粉质黏土	2.71~2.76	20.1~27.7	18.3~20.0	14.8~16.5	0.635~0.825	40.9~60.3	18.0~27.0		−0.17~0.30
	粉质壤土	2.69~2.75	15.9~25.1	17.6~23.5	15.2~17.1	0.556~0.782	27.5~46.4	16.6~23.2		−0.06~0.28
Q_2^{dl-pl}	黏土	2.72~2.79	21.7~26.1	19.1~19.7	15.5~16.1	0.658~0.751	53.6~62.7	19.9~30.5		−0.13~0.12
	粉质黏土	2.70~2.75	20.9~26.8	18.9~20.1	15.0~17.0	0.607~0.784	38.9~62.5	18.1~26.6		−0.07~0.39
	重粉质壤土	2.73~2.76	23.2~24.3	19.0~19.4	16.4~17.1	0.719~0.760	42.2~51.5	19.0~21.7		0.06~0.23
Q_1	黏土	2.72~2.75	26.1~40.0	18.0~19.2	12.9~15.3	0.771~1.126	55.4~73.0	26.2~35.4		0.00~0.12
	粉质黏土	2.72~2.75	26.0~32.5	18.3~19.1	14.0~15.2	0.785~0.958	51.1~60.8	25.8~29.4		−0.05~0.19
N	黏土岩	2.71~2.80	17.2~31.4	18.3~20.6	14.1~18.6	0.531~0.930	33.1~66.7	16.3~65.6		−0.31~0.36
	砂质黏土岩	2.70~2.76	14.4~32.8	18.2~21.4	13.8~18.6	0.418~0.922	32.9~54.4	14.9~26.7		−0.25~0.60

表3.2.15　陶岔渠首至沙河南工程主要地层岩（土）力学指标建议值表

地层	岩性	统计深度/m	压缩系数 $a_{v0.1-0.2}$/MPa^{-1}	压缩模量 $E_{s0.1-0.2}$/MPa	饱和固结快剪 凝聚力 c/kPa	饱和固结快剪 内摩擦角 φ/(°)	饱和快剪 凝聚力 c/kPa	饱和快剪 内摩擦角 φ/(°)	天然快剪 凝聚力 c/kPa	天然快剪 内摩擦角 φ/(°)	残余强度 凝聚力 c/kPa	残余强度 内摩擦角 φ/(°)	承载力标准值 f_k/kPa
Q^l	粉质黏土	[0, 3]	0.34~0.47	4~6			23	12	25	15	18	16	170
	粉质黏土	[3, 7]	0.34~0.51	4~7	25	16	17	15	26	16			180
Q^{dl}	粉质黏土	[0, 3]	0.21~0.54	5~10	20~33	17	24~45	12~15	16~39	14~20	17~21	14~17	160~180
	粉质黏土	[3, 7]	0.15~0.42	6~13	23~35	16~17	21~36	11~14	24~44	14~17			170~210
Q^{pl-dl}	粉质黏土	[3, 7]	0.14~0.34	5~11	29	16~17	15~24	13~21	23~30	16~17			180~260
Q_4^{2al}	粉质壤土		0.33~0.43	4~6	17	18	30	15					140
Q_4^{al}	粉质壤土		0.19~0.43	5~9	15~22	19~20	18~27	13~19	14~20	18~22	6~23	9~18	150~180
	粉质黏土	[0, 3]	0.17~0.46	4~13	20~30	16~19	17~36	11~17	15~33	15~20	11	20	180~230
	粉质黏土	[3, 7]	0.13~0.44	4~11	22~37	16~18	23~32	11~16	25~38	14~18			180~220
	粉质黏土	7以下	0.14~0.43	6~15	22~40	17~21	23~36	11~18	15~50	16~23			190~230
Q_3^{al-l}	粉质壤土	[0, 3]	0.22~0.38	4~8	20~23	19~20	19~32	11~21	19~32	15~20	16~19	16~22	180~190
	粉质壤土	[3, 7]	0.15~0.33	5~11	18~30	19~20	18~33	13~15	18~33	14~22			180~200
	粉质壤土	7以下	0.14~0.31	6~14	17~25	20~21	25~35	14~18	25~35	15~20			190~200
Q_3^{al}	粉质黏土	[0, 3]	0.14~0.46	4~13	19~30	16~18	17~30	10~16	15~29	15~17	13~20	16~19	200~230
	粉质黏土	[3, 7]	0.13~0.68	3~13	24~28	17~20	18~35	11~15	22~40	16~17			180~240
	粉质黏土	7以下	0.10~0.43	5~15	24~32	17~21	21~40	12~17	36~40	16~17			200~240
	粉质壤土	[0, 3]	0.10~0.39	4~10	18~22	19~21	16~29	10~16	16~29	19			190~220
	粉质壤土	[3, 7]	0.20~0.34	5~11	20~23	18~20	28	12~13	27	16			200~220
	粉质壤土	7以下	0.22~0.41	5~13	17~25	19~21	21~38	12~17	30	17~20			170~220
Q_2 （南阳段）	黏土	[0, 3]	0.12~0.30	8~17	22	16	20~24	10~14	22~43	16~22	17~20	16~17	190~240
	黏土	[3, 7]	0.09~0.31	6~15	20~26	15~17	13~40	12~15	15~21	14~19			200~250
	黏土	7以下	0.07~0.22	8~27	20~47	17~19	21~40	11~15	22~43	16~18			230~260
	粉质黏土	[0, 3]	0.12~0.40	6~16	15~32	16~18	10~32	11~20	34~60	11~18	13~22	16~18	180~240
	粉质黏土	[3, 7]	0.12~0.34	5~17	17~27	17~18	20~42	11~17	15~36	14~18	13	19	200~250

续表

地层	岩性	统计深度/m	压缩系数 $a_{v0.1-0.2}$/MPa⁻¹	压缩模量 $E_{s0.1-0.2}$/MPa	饱和固结快剪 凝聚力 c/kPa	饱和固结快剪 内摩擦角 φ/(°)	饱和快剪 凝聚力 c/kPa	饱和快剪 内摩擦角 φ/(°)	天然快剪 凝聚力 c/kPa	天然快剪 内摩擦角 φ/(°)	残余强度 凝聚力 c/kPa	残余强度 内摩擦角 φ/(°)	承载力标准值 f_k/kPa
Q₂（南阳段）	粉质黏土	7 以下	0.09~0.28	7~21	22~45	16~20	24~56	9~16	29~50	16~19			220~260
	粉质壤土	[0, 3]	0.09~0.17	12~16	22	19~20	16~24	13~21	33	16			220~250
		[3, 7]	0.15~0.19	11~20	20~25	19~20	40	13					220~250
		7 以下	0.06~0.18	11~26	20~28	19~21	30~35	9~18	26~40	16~20			230~250
	黏土	[0, 3]	0.24	7	18	17	23		22	15	17	16	240
		[3, 7]	0.09~0.17	10~19	18~23	16	14~23	9~12	24~31	15~17			250
		7 以下	0.13~0.29	7~15	36	19	35	15	48	18			250
Q₂（叶县段）	粉质黏土	[0, 3]	0.12~0.40	5~16	20~29	16~18	16~32	11~18	15~34	15~19	14~19	16~19	210~250
		[3, 7]	0.16~0.39	4~19	16~30	16~19	14~35	11~17	20~33	13~19			220~250
		7 以下	0.13~0.37	5~15	25~42	17~20	24~30	12~17	28~42	16~19			240~250
	重粉质壤土	[0, 3]	0.17~0.27	6~12	20	19	23	10	35	16			220
		[3, 7]	0.21~0.30	7~10	23	18	28	11					230
		7 以下	0.17~0.23	7~11	25	19			50	15			230
	黏土	[0, 3]	0.09~0.15	12~20	18	18	21	17	22	18	16	14	210
		[3, 7]	0.15~0.22	7~8	25	17	22	14	25	6			180
		7 以下	0.18~0.32	8~13	30~40	17~18	33~44	11	39~42	16~19			200~220
Q₁	粉质黏土	[0, 3]	0.20~0.29	8~10	20	16	20	10	23	16	17	7	220
		[3, 7]	0.22~0.30	7~12	22	16	24	15	24	16			210
		7 以下	0.14~0.30	6~14	26~40	17~20	24~35	13~18	38~43	15~17			210~230
N	黏土岩	[0, 3]	0.12~0.40	10~17	13~24	17~20	10~33	13~18	22~30	16~17	14~22	16~18	250~280
		[3, 7]	0.10~0.20	16~20	20~28	16~21	19~35	10~18	23~42	14~24			240~300
		7 以下	0.09~0.16	18~22	20~52	16~25	18~50	11~24	30~56	17~22			250~300
	砂质黏土岩	7 以下	0.07~0.12	15~25	20~50	17~26	20~45	12~20	36~50	18~21			260~310

南阳境内膨胀上开挖边坡产生的滑坡大多属于受缓倾角结构面控制的水平滑动破坏，后缘拉裂面陡倾，倾角多在 $50°\sim70°$，建议计算时后缘边界 c、φ 取零。

因此，在无缓倾角结构面的均一膨胀土渠坡，视坡面处理设计方案，在"三带"建议值中合理选用计算参数。有缓倾角结构面分布的渠坡，则应按结构面强度进行计算，计算时考虑静水压力、膨胀力。

（3）填方段膨胀土力学指标。

研究表明，扰动膨胀土吸湿后的最大含水率明显大于原状土。在同等膨胀性条件下，扰动土更易吸湿而趋于饱和。因此，填筑用膨胀土力学指标采用饱和固结快剪强度。对于填方段膨胀土地基，一般在填筑前会挖除根植层，建议按膨胀土过渡带参数取值。

3.3 膨胀土胀缩特性及水理特性

3.3.1 膨胀土胀缩特性研究

国外从 20 世纪 30 年代开始注意到膨胀土的破坏现象，并进行了有关研究。我国的水利、公路、铁路等部门从 20 世纪 60 年代开始对膨胀土的结构、矿物成分，以及膨胀土定性、分类和膨胀基本特性等进行试验研究。

1. 胀缩试验数据统计

中线工程初步设计阶段、"十一五"和"十二五"国家科技支撑计划均开展了膨胀土胀缩特性的室内试验研究，取得了大量的试验数据，统计结果见表 3.3.1。

2. 膨胀性分级

从工程角度，需要确定两个层次上的膨胀等级：一是岩土膨胀性或等级确定；二是渠道岩土膨胀等级划分。

1）岩土膨胀性分级标准

国内外判别岩土膨胀性的指标和方法较多，归纳起来有单指标、多指标、综合指标三大类，常用的单指标有膨胀率、膨胀力、自由膨胀率、液限、塑限、缩限、蒙脱石等矿物含量、黏粒含量等直接指标与吸水指标、活动指数和胀缩系数等间接指标；多指标则是其中几个指标的组合，如张金富和石家魁[15]提出的膨胀岩多指标判别法，建议采用蒙脱石+伊利石矿物含量（>20%）、自由膨胀率（>35%）、液限（>35%）、膨胀力（>100 kPa）、小于 $2\mu m$ 的黏粒含量（>20%）、风化岩试块吸水率（≥20%）作为判别膨胀岩的标准；综合指标方法更为广泛，如塑性图法、反向传播（back propagation，BP）神经网络法、灰色聚类法、最大胀缩性指标分类法、模糊数学法、等效数值法等。

表 3.3.1　胀缩性指标统计表

| 地层 | 岩性 | 膨胀等级 | 地区 | 统计项 | 自由膨胀率 δ_{ef} | 不同压力下的膨胀率 δ_{ep} | | | | | | 膨胀力 P_e | 无荷膨胀率 δ_e | 收缩特性 | | | |
						0	25 kPa	50 kPa	100 kPa	150 kPa	200 kPa			缩限 w_s	收缩系数 λ_s	线缩率 δ_{si}	体缩率 δ_v
Q₃	粉质壤土	非	南阳	平均值	30	-1.48	-0.4	0.73	-2.76	-3.1	—	14.12	1.95	11.79	0.28	3.78	12.94
				组数	301	15	10	86	13	15	—	122	100	60	60	61	61
	粉质壤土	弱	南阳	平均值	50	0.23	-1.5	-0.49	-2.41	-2.41	-2.8	32.69	3.49	11.62	0.36	4.9	14.89
				组数	656	32	29	222	36	38	6	253	220	167	167	168	168
	粉质黏土	中等	南阳	平均值	74	2.41	0.08	-0.07	-0.93	-1.19	—	63.89	6.08	10.79	0.43	7.17	19.6
				组数	121	4	5	47	5	4	—	44	43	31	31	31	31
Q₂	粉质壤土	非	南阳	平均值	33	2.75	1.36	-0.1	-1.06	-2.7	—	23.97	2.78	12.89	0.87	3.99	11.51
				组数	267	13	16	95	110	140	—	103	86	72	72	72	72
	粉质壤土	弱	南阳	平均值	54	2.57	0.12	0	-1.08	-1.41	-1.8	51.61	6.11	11.56	0.42	4.84	13.69
				组数	1986	130	174	832	144	124	1	849	715	560	560	560	561
	粉质黏土	中等	南阳	平均值	75	4.24	0.87	0.8	-0.45	-0.85	—	101.9	10.96	10.53	0.46	6.39	17.58
				组数	1686	97	143	708	129	120	—	728	575	560	448	560	448
	黏土	强	南阳	平均值	97	6.09	1.62	1.24	0.03	-0.48	—	144.1	15.15	10.36	0.52	7.69	20
				组数	217	22	32	111	32	29	—	105	92	55	55	55	55

续表

地层	岩性	膨胀等级	地区	统计项	自由膨胀率 δ_{ef}	不同压力下的膨胀率 δ_{ep}						膨胀力 p_e	无荷膨胀率 δ_e	收缩特性			
						0	25 kPa	50 kPa	100 kPa	150 kPa	200 kPa			缩限 w_s	收缩系数 λ_s	线缩率 δ_{si}	体缩率 δ_v
Q₁	粉质壤土	弱	南阳	平均值	54	2.88	-0.89	-0.15	-1.44	-1.27	—	33.42	1.97	14.52	0.39	5.28	17.14
				组数	129	3	5	47	6	4	—	41	40	16	16	16	16
	粉质黏土	中等	南阳	平均值	74	1.3	0.15	-0.93	-2.02	-2.2	-2.8	60.47	5.81	12.52	0.4	6.1	17.24
				组数	137	5	5	59	4	4	1	63	57	27	27	27	27
	黏土	强		平均值	98	0.58	-0.24	-0.58	-0.96	-1.28	-1.5	99.18	9.42	10.56	0.47	10.82	25.42
				组数	38	5	5	5	5	5	5	33	26	19	19	19	19
N	黏土岩	非	南阳	平均值	31	2.69	1.75	-0.12	-2.66	-2.71	—	23.69	2.59	8.54	0.25	5.39	8.61
				组数	72	2	4	17	4	4	—	24	14	12	12	12	12
		弱		平均值	54	2.88	-0.05	-0.61	-1.33	-1.61	—	49.88	5.86	11.02	0.35	4.45	11.75
				组数	368	11	26	155	18	15	—	147	105	59	59	59	59
		中等		平均值	77	5.3	1.26	0.81	-0.32	-0.51	-2.23	107.06	12.31	10.17	0.44	5.91	15.64
				组数	586	31	41	265	38	36	1	261	197	77	77	77	77
		强		平均值	101	4.79	1.36	1.22	-0.38	-0.75	—	133.6	16.37	9.71	0.54	7.78	18.88
				组数	349	30	39	162	38	33	—	176	142	54	54	54	54
			邯郸ZG39段	平均值	90	2.14	0.04	-0.36	-0.8	-1.18	-1.46	38.53	2.07	—	—	—	—
				组数	10	5	5	5	5	5	5	10	10	—	—	—	—

注：各膨胀率、缩限、线缩率、体缩率平均值的单位为%，膨胀力平均值的单位为 kPa。

《膨胀土地区建筑技术规范》（GB 50112—2013）提出膨胀土一般具有下列特征：①裂隙发育，常有光滑面与擦痕，有的裂隙中充填灰白色、灰绿色黏土，在自然条件下呈硬塑状态；②多出露于二级或二级以上的阶地、山前丘陵和盆地边缘，地形平缓，无明显陡坎；③常见浅层滑坡、地裂，新开挖的坑槽壁易发生坍塌；④房屋裂缝随气候变化张开和闭合。具备以上条件可以判定为膨胀土。根据室内试验，自由膨胀率 $\delta_{ef} \geqslant 40\%$ 时定为膨胀土，$40\% \leqslant \delta_{ef} < 65\%$ 时定为弱膨胀土，$65\% \leqslant \delta_{ef} < 90\%$ 时定为中等膨胀土，$\delta_{ef} \geqslant 90\%$ 时定为强膨胀土。在特殊情况下，尚可以根据蒙脱石含量进行判定，当蒙脱石含量 $\geqslant 7\%$ 时可以判定为膨胀土。

界限含水量可以反映土粒与水相互作用的灵敏度，在一定程度上反映土的亲水性能。它与土的颗粒组成、黏土矿物成分、阳离子交换性能、土的分散度和比表面积，以及水溶液的性质等有着十分密切的关系，通常有液限、塑限、缩限 3 个定量指标。

胀缩总率反映膨胀土黏土矿物成分和结构特征。

颗粒组成反映膨胀土物质组成特性，膨胀土地区土体中粒径小于 $0.005\mu m$ 的黏粒与粒径小于 $0.002\ \mu m$ 的胶粒成分的含量越高，一般蒙脱石成分越多，分散性越好，比表面积越大，亲水性越强，膨胀性越强。

自由膨胀率反映土的吸水膨胀能力，与黏粒含量、矿物成分、表面电荷等有关。

比表面积和阳离子交换量与膨胀土中蒙脱石含量、颗粒组成有着密切的关系。矿物成分不同，必然在其物理化学、力学和水理性质方面呈现出明显的差异。当膨胀土中的蒙脱石含量达到 5% 时，即可对土的胀缩性和抗剪强度产生明显的影响，当蒙脱石含量超过 30% 时，土的胀缩性和抗剪强度基本由蒙脱石控制。

上述众多指标都从某个角度反映了土体的膨胀性能，但在工程应用时同时测试所有指标不仅耗时耗人力，而且会造成很大浪费。

2005～2009 年，对南水北调中线历年完成的上万组试验数据进行统计分析发现，不同试验指标之间，大部分都有很好的相关性，如自由膨胀率与黏粒含量、塑限、液限、蒙脱石含量、缩限、胀缩总率等的相关性都在 0.9 以上，因此，采用自由膨胀率单指标基本可以反映土体的膨胀性。

2008 年 10 月 22～24 日，南水北调中线干线工程建设管理局在北京召开中线膨胀土分类方法和标准专家咨询会，根据长江勘测规划设计研究院对膨胀性确定方法的研究成果，会议纪要认为将自由膨胀率作为划分岩土膨胀等级的主要指标是合适的，同时可以兼顾宏观结构特征和其他指标。

2）渠道岩土膨胀等级判定

土体膨胀性在空间上存在非均质性，且具有随机性。为此，在利用土样膨胀性测试结果进行渠道土体膨胀性判别时，存在如何根据非均质的膨胀性试验成果确定土体膨胀等级的问题。自 20 世纪 80 年代以来，渠道岩土膨胀等级判别曾先后采用自由膨胀率平均值法和"1/3"判据法两种划分标准。

试样膨胀等级按照自由膨胀率确定：自由膨胀率 $\delta_{ef} \geqslant 40\%$ 时定为膨胀土，

40%≤δ_{ef}<65%时定为弱膨胀土,具弱膨胀潜势,65%≤δ_{ef}<90%时定为中等膨胀土,具中等膨胀潜势,δ_{ef}≥90%时定为强膨胀土,具强膨胀潜势。

自由膨胀率平均值法是指将某层岩土的自由膨胀率试验值取平均,根据平均值按上述划分标准确定膨胀等级。2008 年南阳膨胀土试验渠道开挖前,对 7 个试验区加密勘探、取样、试验,并按照自由膨胀率平均值法和"1/3"判据法分别进行了膨胀等级的判定。渠道开挖过程中,对每个试验区按垂向 1 m 间距再次取样试验。同时,对开挖坡面土体结构面进行详细编录。根据土体结构面发育密度、结构面光滑度、失水干裂程度、边坡稳定性等宏观特征,确定了各区土体膨胀等级。结果揭示,按"1/3"判据法确定的膨胀等级与按宏观特征确定的膨胀等级比较一致,自由膨胀率平均值法确定的膨胀等级偏于不安全。

"1/3"判据法是指,当渠道某层土体自由膨胀率大于或等于90%的试样数大于该层试样总量的1/3时,该层定为强膨胀土,该渠道定为强膨胀土渠道;当渠道某层土体自由膨胀率大于或等于65%的试样数大于该层试样总量的1/3时,该层定为中等膨胀土,该渠道定为中等膨胀土渠道;当渠道某层土体自由膨胀率大于或等于 40%的试样数大于该层试样总量的1/3时,该层定为弱膨胀土,该渠道定为弱膨胀土渠道。经过南阳膨胀土试验段的实际验证,"1/3"判据法划分结果与膨胀土典型宏观特征、开挖后的渠坡稳定性表现较吻合。

为了统一南水北调中线工程膨胀土渠道岩土体膨胀等级的划分标准,2009 年 4 月24~25 日,国务院南水北调工程建设委员会办公室在北京专题讨论渠道岩土膨胀等级的划分标准,认为上述"1/3"判据法是比较合理的,同意将其作为渠坡岩土膨胀等级划分方案,并作为膨胀土处理措施方案选择的基础依据。

3)南阳膨胀土试验检验

曾对南阳膨胀土试验段膨胀土分级指标进行过专门研究。桩号 TS100+500~TS101+850段为弱膨胀土渠段,0~3 m 为弱膨胀土,3 m 以下夹中等膨胀土,占比 15.6%~23.5%,因此总体划为弱膨胀土,部分中等膨胀土夹层需采取专门抗滑措施。桩号 TS101+850~TS102+550 段中等膨胀土占比 36%~72.8%,大于 33%,按"1/3"判据法则为中等膨胀土,但中等膨胀土试验 IV 区和中等膨胀土试验 VI 区按平均自由膨胀率计算,均小于65%,属弱膨胀土,从开挖揭露的地质情况看,两区土体裂隙发育,均产生了滑坡。因此,从安全角度考虑,按"1/3"判据法进行改性土换填更为合理,对其中的中等—强膨胀土夹层应进行抗滑处理。各区开挖复核结果见表 3.3.2。

表 3.3.2　南阳膨胀土试验段膨胀性复核情况

区号	膨胀性			滑坡情况
	按自由膨胀率平均值法	按"1/3"判据法	宏观特征判断	
填方试验区	弱膨胀性	弱膨胀性	弱膨胀性	
弱膨胀土试验 IV 区	弱膨胀性	弱膨胀性	弱膨胀性	
弱膨胀土试验 III 区	弱膨胀性	弱膨胀性	弱膨胀性	
弱膨胀土试验 II 区	弱膨胀性	弱膨胀性	以弱膨胀性为主	

续表

区号	膨胀性			滑坡情况
	按自由膨胀率平均值法	按"1/3"判据法	宏观特征判断	
弱膨胀土试验 I 区	弱膨胀性	弱—中等膨胀性	以弱膨胀性为主,局部中等膨胀性	1 个滑坡
中等膨胀土试验 I 区	上弱膨胀性,下中等膨胀性	中等膨胀性	中等膨胀性	左岸变形较大
中等膨胀土试验 II 区	中等膨胀性	中等膨胀性	中等膨胀性	1 个滑坡
中等膨胀土试验 III 区	中等膨胀性	中等膨胀性	中等膨胀性	1 个滑坡
中等膨胀土试验 IV 区	弱膨胀性	中等膨胀性	中等膨胀性	1 个滑坡
中等膨胀土试验 V 区	中等膨胀性	中等膨胀性	中等膨胀性	
中等膨胀土试验 VI 区	弱膨胀性	中等膨胀性	中等膨胀性	2 个滑坡
中等膨胀土试验 VII 区	中等膨胀性	中等膨胀性	中等膨胀性	多个滑坡

施工期需要针对以下两种情况,对边坡岩土体膨胀等级做必要的调整。

一是对于深挖方渠段,可根据弱、中等、强膨胀岩土分布的部位,分别提出左右岸、不同边坡部位的膨胀等级,并在保证边坡整体稳定的前提下,适当调整各级边坡的换填厚度及抗滑桩的布置。

二是在以黏性土均一结构为主的渠段,当分布膨胀土夹层时,应按夹层控制的稳定性进行抗滑处理。当夹层厚度小于 2 m 时,岩土膨胀等级可不做调整。当夹层厚度超过 2 m 时,夹层所在边坡的岩土膨胀等级应按夹层的膨胀等级确定。

3.3.2　膨胀土结构垂直分带性

膨胀土结构垂直分带性是指膨胀土的膨胀性、裂隙分布、重度、含水率、渗透性及强度等在垂直地面方向表现出来的分带特征[7]。通过对膨胀土渠道开挖施工过程中系统的取样分析和观测、沿线各种原位测试、勘探竖井地质测绘、干钻取心测试、水理性质监测,揭示出膨胀土横向变化受沉积环境控制,垂向表现出显著的规律性变化,这一变化与大气环境密切相关,而且直接关系到渠坡稳定性的分析判断、处理措施的选择等。

1. 大气影响带

根据南阳地区的蒸发量和降水值计算,南阳地区大气影响带深度为 3.5 m 左右;仪器埋设、观测揭示出,地表以下 2.5 m 范围内土体含水率变化剧烈。勘察表明,南阳盆地膨胀土上层滞水地下水位埋深多为 1~3 m,实际观测的土体含水率显著变化的深度为 2~3 m,结合南阳地区膨胀土地表多以弱—中等膨胀土为主,综合确定南阳膨胀土大气影响带深度为 3 m,其中 1 m 左右为大气剧烈影响带深度。

此带土体经受反复干湿循环,胀缩裂隙发育,土体整体性遭到破坏,常被裂隙切割成散粒状，土体颜色多呈灰褐色、黄褐色或灰色，大裂隙不发育，但微裂隙极发育。土体的含水率随季节变化极大，孔洞发育，孔隙比大。土体在旱季时具有一定的力学强度，下雨时或饱水后力学强度迅速降低（特别是表层 1 m 深度）。

大气影响带主要接受大气降水、农业用水的补给，地下水以蒸发为主，以裂隙横向径流为辅。探坑观测显示，膨胀土开挖边坡在无保护措施情况下，一年左右可以形成深度为 0.6～1.0 m 的大气剧烈影响带（南阳地区接近 1.0 m，黄河以北约 0.6 m），并在遭遇大暴雨或长期降雨时产生浅层蠕变破坏。

2. 过渡带

根据静力触探、标准贯入、竖井、钻探及开挖渠道观测，在大气影响带下，存在一个相对含水层，即上层滞水带，此层水多为当地居民的生活用水，并在毛细管力作用下向上运动为地表植物提供水分。

过渡带地下水主要赋存于裂隙、孔洞中，在重力作用下缓慢径流。地下水通道分布不均，总体随深度增加逐步减少。上层滞水带厚度为 0～4 m，水量不丰，水位年变幅一般为 2～3 m，特干旱年份可能消失。土体含水率一般为 24%～28%，年变幅较小。大裂隙及长大裂隙发育，裂隙多充填青灰色黏土，少数充填钙质条带或方解石。这一带位于大气影响带与深部非饱和土体之间，因而被称为过渡带，深度一般为地面以下 3～7 m，土体一般呈可塑状态，整体强度相对软弱。

受地形、生产生活用水、裂隙及孔洞连通性等因素影响，上层滞水一般没有统一的地下水面，一旦降雨水位会快速上升，降雨停止则会缓慢下降，侧向径流较弱。

3. 非影响带

过渡带以下土体基本不受大气环境影响，含水率基本保持稳定，称为非影响带。由于膨胀土的超固结性和微透水性，非影响带膨胀土一般呈非饱和状态，结构紧密，为典型的非饱和土。此带土体中的大裂隙随深度增加总体呈减少趋势，且多闭合，土体渗透性微弱，孔隙比小于 0.7，孔洞不发育。

4. 其他垂直差异性

除了上述膨胀土结构的"三带"特性外，还存在三个对膨胀土边坡稳定有重要影响的分带特性。一是普遍存在由地面向下土体膨胀性增强的趋势，如南阳盆地 Q_2 膨胀土，地表以弱膨胀为主，向下逐步过渡到弱—中等膨胀、以中等膨胀为主、以中等—强膨胀为主，对这一现象的形成机制目前还很少研究，可能与浅表层膨胀土受大气环境改造有关；二是在深挖方渠道不同深度可能分布多个裂隙密集带，其厚度一般小于 2 m，就南阳渠段开挖揭示的规律来看，裂隙局部密集发育与土体膨胀性增强、分布沉积间断面有关，统计显示裂隙发育密度与土体膨胀性正相关，一般在沉积间断面下方会出现裂隙密集带；三是受膨胀性较强的夹层影响，在夹层上方会形成地下水富集带，渠道开挖揭露此类界面时，不但会出现明显的渗流，还可能沿此界面形成滑坡。

3.3.3　超固结性、易崩解特性

1. 超固结性

膨胀土具有超固结性，它是膨胀土特定矿物成分和结构具有的特性之一。由于蒙脱石矿物层间结构联系较弱，水分子既容易进入，又容易离开，因此在浅埋、低围压环境下，水分子进入导致蒙脱石体积膨胀；而在深埋、高围压环境下，水分子会逐步离开层间结构，使土体达到超固结状态。在浅埋环境下，膨胀土失水表现为干缩开裂，而在深部失水则表现为固结。因此，超固结性是膨胀土的固有特点。

埋深不同，膨胀土的超固结程度也会不同。渠道开挖后，土体围压减小，膨胀土将发生卸荷回弹。但膨胀土的吸水性能比一般黏性土更强，因此在卸荷回弹过程中，会因吸水膨胀而展现出更大的体积变形。膨胀土的超固结指标可以通过卸荷回弹试验予以确定。

1）前期固结压力 P_c 的确定

依据卡萨格兰德（Casagrande）室内高压固结曲线，寻找最小曲率半径，然后以经典图解法求得前期固结压力 P_c（图 3.3.1），作图步骤如下[16]。

（1）从 e-$\lg P$ 曲线上找出曲率半径最小（$r_{\min}$）的点 A，过 A 点作水平线和切线；

（2）作角 1A2 的平分线，与 e-$\lg P$ 曲线直线段的延长线相交于 B 点；

（3）B 点对应的应力就是前期固结压力 P_c。

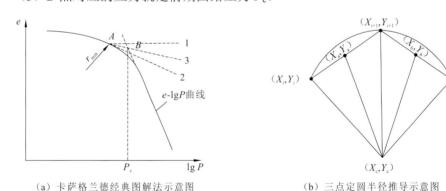

（a）卡萨格兰德经典图解法示意图　　　　（b）三点定圆半径推导示意图

图 3.3.1　前期固结压力求解原理图

(X_i, Y_i)、(X_{i+1}, Y_{i+1})、(X_{i+2}, Y_{i+2}) 为在 e-$\lg P$ 曲线上等跨度取圆弧定圆时，经比较选出的半径最小圆弧上的三个点，

(X_a, Y_a)、(X_b, Y_b) 为两点连线的中点，(X_c, Y_c) 为该段圆弧的圆心

在卡萨格兰德经典图解法原理的基础上采用等跨度取圆弧法，运用 Excel 加载项启动 MATLAB 来计算半径，从而得到曲率最大点所在的圆弧段范围，再利用拉格朗日（Lagrange）多项式插值法求取曲率最大点及该点处的切线斜率，见图 3.3.1（b），进而求取前期固结压力 P_c。

2）卸荷回弹试验

为了研究膨胀土在经受开挖卸荷作用后的变形特性，需要进行长时间的试验。由于从土层中取出土样后，土样应力状态改变，土样约束压力减小为零，孔隙比发生变化，无法保持土的天然受力状态，室内试验利用高压固结仪来模拟土体在经过前期超固结压力作用后的卸荷回弹变形，由此分析膨胀土的卸荷回弹变形规律及特点。膨胀土固结回弹压力与变形见图 3.3.2。

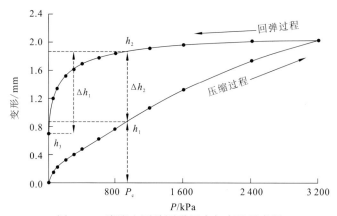

图 3.3.2　膨胀土固结回弹压力与变形示意图

h_1 为在前期固结压力下的压缩变形，mm；h_2 为卸荷至前期固结压力的变形，mm；h_3 为卸荷至零的变形，mm；Δh_1 为回弹到前期固结压力再卸荷至零的变形，mm，$\Delta h_1 = h_2 - h_3$；Δh_2 为在前期固结压力下卸荷回弹变形与压缩变形之差，mm，$\Delta h_2 = h_2 - h_1$

南阳地区不同地段典型膨胀土测试结果如下。

（1）桩号 TS10+300～TS12+150 段 Q_1 膨胀土：初始孔隙比 e_0 为 0.582～0.832，前期固结压力 P_c 为 1123.0～1706.4 kPa，压缩至前期固结压力的孔隙比 e_1 为 0.533～0.677，回弹到前期固结压力再卸荷至零的变形 Δh_1 为 0.362～0.763 mm。

（2）桩号 TS10+550～TS11+350 段 Q_2 膨胀土：e_0 为 0.690～0.788，P_c 为 1112.4～1576.4 kPa，e_1 为 0.539～0.641，Δh_1 为 0.389～1.082 mm。

（3）桩号 TS42+450 处 Q_2 膨胀土：e_0 为 0.520～0.602，P_c 为 997.9～1144.2 kPa，e_1 为 0.420～0.501，Δh_1 为 0.359～0.747 mm。

（4）桩号 TS94+910～TS95+300 段 Q_2 膨胀土：e_0 为 0.520～0.803，P_c 为 720.2～1365.4 kPa，e_1 为 0.408～0.683，Δh_1 为 0.401～1.282 mm。

根据固结回弹时程曲线可知：膨胀土回弹变形与固结具有类似的时间过程，其回弹变形主要表现在卸荷初期，8h 趋于稳定，其后每小时变形量小于或等于 0.002 mm。但在野外环境下，由于在回弹过程中伴随吸湿膨胀效应，其回弹过程持续时间更长，变形量也更大，这时的变形不仅包含回弹，还掺入了膨胀变形。

为了与室内试验取样位置尽可能靠近，选取桩号 TS106+150 处监测断面上渠底板与左侧渠坡交界处的观测点数据进行分析。该点采用改进的 CFC-40 型分层沉降仪配磁感应沉降环方式测定渠底强膨胀岩的分层回弹量，共设置 4 个分层回弹监测点，监测点编号为 HS01～HS04，分别位于原地面下 16.5 m、17 m、18 m、21 m（渠底板下 3 m、3.5 m、4.5 m、7.5 m）。该段渠道于 2011 年 7 月中旬开挖，2012 年 10 月中旬开挖至渠底板附近（高程为 133 m 左右），2013 年 3 月 22～27 日开挖至渠底，2013 年 10 月底～11 月中旬进行改性土换填。各监测点回弹位移与时间的关系曲线见图 3.3.3。

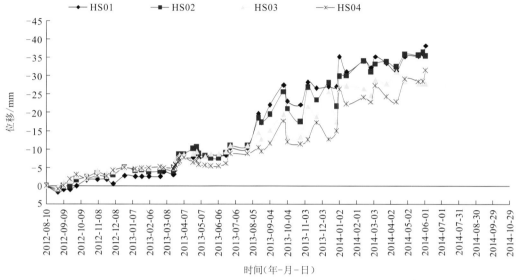

图 3.3.3　桩号 TS106+150 处渠底回弹位移与时间的关系

位移上升为负，下沉为正

（1）2012 年 9 月之前，渠基基本以轻微沉降为主，主要是由施工期间机械碾压导致的。

（2）当开挖至渠底附近而停工后，渠基开始产生回弹，回弹曲线前期处于直线上升段，后期回弹逐渐减缓。由于监测点至开挖面仍有一定厚度，回弹变形量总体仍不大。

（3）2013 年 3 月 22～27 日再次开挖期间，渠底回弹量明显上升，6 天时间内回弹量达到 1.12～2.09 mm。

（4）再次开挖完成后至 2013 年 7 月 28 日，由于渠坡发生滑坡，对渠底形成加载，渠底回弹量变化较小。滑坡清理后，回弹持续发生，变形明显加快，推测除了回弹变形，还掺入了吸湿膨胀变形。2013 年 10 月底～11 月中旬改性土施工对渠底的回弹产生短时抑制，曲线出现下降。施工结束后，渠底继续回弹抬升，尽管监测数据有波动，但抬升趋势没有改变。截至 2014 年 6 月 1 日，三个不同深度的累计抬升变形达到 32～38 mm。其中，改性土换填施工后抬升 10～19 mm。

由此可见，桩号 TS106+150 处渠底强膨胀岩的抬升由岩体自身的超固结性引起。回弹变形主要表现在卸荷初期，后续逐步趋缓。随着前期固结压力 P_c 的增大，回弹变形 Δh_1 有减小趋势；随着回弹孔隙比 e_1 的增大，回弹变形 Δh_1 有减小趋势；随着初始孔隙比 e_0 的增大，回弹变形 h_3 有增大趋势；具粒状结构的膨胀土的孔隙比与前期固结压力均高于具网格状结构的膨胀土。

2. 易崩解性

膨胀土崩解也称为土的湿化，是膨胀土吸水膨胀与多裂隙性的表现。湿化试验采用浮筒法进行，试验切取 5 cm×5 cm×5 cm 的立方体原状土样，将网板（网板尺寸为 12 cm×12 cm，网径为 1 cm×1 cm）挂在浮筒下端，将试样置于网板上，放入水槽中，随着试样崩解，记录时间与试样重量。膨胀土的湿化试验见图 3.3.4。

图 3.3.4　膨胀土湿化试验

（1）桩号 TS10+300～TS12+150 段、高程 139～146 m Q₁ 膨胀土：试样置于水中后土体表面冒气泡，细颗粒呈絮状脱落，24 h 崩解量为 1.0%～5.0%。其中，桩号 TS11+660 处（高程 146 m）试样置于水中后，约 5 min 沿裂隙张开，局部呈块状（1 cm×2 cm）脱落，24 h 崩解量为 9.9%。

（2）桩号 TS10+550～TS11+350 段、高程 148～156 m Q₂ 膨胀土：试样置于水中后土体表面冒气泡，细颗粒呈絮状脱落，24 h 崩解量为 0.9%～8.5%。

（3）桩号 TS42+450 处、高程 139～142 mQ₂ 膨胀土：试样置于水中后，土体表面细颗粒呈絮状脱落，1h 后沿裂隙张开。高程 142 m 试样 24 h 崩解量为 0.9%，高程 139 m 试样 24 h 崩解量为 10.1%。

（4）桩号 TS94+910～TS95+300 段、高程 133～136 mQ₂ 膨胀土：试样置于水中后，土体表面细颗粒呈絮状脱落，局部呈块状（1 cm×2 cm）脱落，24 h 崩解量为 0.6%～91.3%。其中，桩号 TS95+100 处（高程 133 m）试样呈片状脱落，崩解量达到 91.3%。

通过室内湿化试验，发现原状膨胀土湿化性有如下特点。

（1）膨胀土的湿化过程明显存在 4 个阶段，分别是吸水增重阶段（不发生崩解）、崩解缓慢加速阶段、崩解剧烈发生阶段和崩解减缓—终止阶段，膨胀土在静水中的崩解是一个非平稳过程。

（2）裂隙发育程度对崩解影响显著。裂隙不发育的土块崩解首先从土块周围开始发生絮状脱落，再逐步向土块中心发展；裂隙比较发育的土块，崩解作用受裂隙分布控制，水分从裂隙通道很快进入土体，并沿裂隙面浸润两侧土壁，裂隙增大了土与水的接触面，从而加快了崩解过程。

（3）土体崩解速度及崩解量与其膨胀性相关，以灰白色黏土为主的强膨胀土吸水膨胀软化速度快，崩解速度快，崩解量大。例如，桩号 TS95+100 处（高程 133 m）试样为黄色杂灰白色黏土，裂隙发育，裂隙面充填灰白色黏土，无荷膨胀率为 16.5%，崩解量达到 91.3%。

湿化试验揭示出天然含水率对膨胀土崩解速度及崩解量影响较大。同样膨胀等级的试样，含水率越小，崩解速度和崩解量越大。即便是中等—强膨胀土，若天然含水率已经饱和，浸水后也基本不发生崩解。

3.3.4　裂隙性

裂隙是膨胀土的宏观表现形式之一，也是膨胀性得以展现的重要途径，裂隙使雨水、地表水能够进入土体内部，使膨胀土容易吸水膨胀、失水干裂；长大裂隙在膨胀土内部构成薄弱面，容易发展成滑动面。当膨胀土含水量发生改变时，胀缩作用使膨胀土产生新的裂隙或使原有裂隙扩展。裂隙的存在使土体强度不均匀和复杂化，裂隙的分布、规模和产状控制了膨胀土边坡的稳定性。膨胀土裂隙规模和形成发展受控于膨胀土的原始沉积环境与后期的自然环境改造，既有延伸长度达数十米的裂隙，又有肉眼不易分辨的微裂隙，既有原生裂隙（如层面），又有后期地质环境因素改造形成的次生裂隙。

膨胀土中的裂隙不仅影响渠道开挖施工期的边坡稳定性，还对渠坡长期稳定起着控制作用。

1. 裂隙类型

1）按成因分类

（1）原生裂隙。

原生裂隙是指土体沉积和固结过程中形成的结构面，包括沉积层理、沉积间断面等原生长大结构面和土体压密固结过程中形成的裂隙。其长度不一，一般数厘米至数十米。图 3.3.5 为膨胀土中由层面发育而成的长大缓倾角裂隙面，上、下层土体岩性有显著不同。受原生缓倾角裂隙与陡倾角裂隙切割的影响，南阳膨胀土试验段中等膨胀土试验区 1 级马道以下，局部开挖出的土体呈大小不一的方块体，最大块度约有 1 m，小的仅 5～10 cm。

（a）坡面上追踪到的长大裂隙形成的剪出口　　　　（b）开挖揭露的长大裂隙面

图 3.3.5　由层面发育而成的长大缓倾角裂隙面

（2）次生裂隙。

次生裂隙是指土体受卸荷、风化和胀缩作用所产生的裂隙。胀缩作用是膨胀土产生次生裂隙的主要因素，它可能出现在土体沉积后的各个时期，只要土体含水量发生变化，便可能使土体内部出现剪切变形，并形成光滑的剪切面，其产状多变，与地貌和土体内部应力条件有关，以中—缓倾角裂隙居多，并成为地下水活动的重要通道，多充填灰绿色黏土，见图 3.3.6。

图 3.3.6　近地表的膨胀土胀缩裂隙

大气影响深度范围内土体在干湿循环作用下，多形成密集的陡倾角微—小裂隙。

地表下一定深度范围内的土体更易受到胀缩作用的改造，因而裂隙也相对更为发育。长大裂隙多由原生裂隙（原生结构面）改造而来，一般有灰绿色黏土充填，并成为光滑的软弱结构面，是膨胀土边坡工程中最活跃、最不安定、破坏力最大的结构面。

2）按规模分类

膨胀土裂隙规模差异极大，长度从数毫米到数十米不等，有的甚至达上百米。根据延伸长度将裂隙划分为隐微裂隙、微裂隙、小裂隙、大裂隙和长大裂隙 5 类。其中，微、小裂隙形成于膨胀土的全生命周期，因而在不同深度均有大量分布，但在大气影响深度范围内，微、小裂隙得到更充分的发展，是微、小裂隙最密集的部位，大、长大裂隙分布与中等、强膨胀土有密切的关联性，也与地质历史时期的沉积间断面有关。

（1）隐微裂隙。

隐微裂隙指延伸长度小于 5 cm 的裂隙，受环境影响土体反复胀缩变形而形成。隐微裂隙多闭合，地下水活动微弱，无次生充填。土体宏观结构与一般黏性土无大的差异。裂隙小，一般情况下很难观察，只有在土体干缩或人为掰开时能够发现，其裂隙面具轻微蜡状光泽，产状不规则，呈网状随机分布。膨胀土中隐微裂隙普遍发育，开挖暴露于大气环境后，土体在干湿循环作用下易沿隐微裂隙崩解呈碎土屑状。

（2）微裂隙。

微裂隙指延伸长度为 [0.05，0.5）m 的裂隙，多为中—陡倾角，在近地表土体尤为常见。裂隙面上常附着灰绿色黏土膜，厚度小于 1 mm。中倾角裂隙面多呈镜面，具蜡状光泽；陡倾角裂隙面多粗糙。微裂隙普遍发育，在显裂隙中占据绝大多数。

（3）小裂隙。

延伸长度为[0.5，2.0）m，一般由胀缩作用形成，多为中—缓倾角裂隙。在地下水活动较强的浅层土体，裂隙面上常充填灰绿色黏土，厚度为 1～5 mm。地下水活动微弱时，裂隙面多无充填，具蜡状光泽，局部见铁锰质薄膜，在埋深 10 m 以上较多。膨胀土中小裂隙较发育，在不利裂隙组合下，边坡易发生小规模塌滑。

（4）大裂隙。

延伸长度为[2.0，10.0）m，多充填灰绿色黏土，强度低，对土体强度起控制作用。

（5）长大裂隙。

延伸长度≥10.0 m，最长近百米，一般多由原生的缓倾角层面经后期改造形成，对边坡深层稳定起控制作用。

3）按裂隙面形态特征分类

按裂隙面形态特征，将裂隙划分为平直光滑、较平直光滑、起伏光滑和起伏粗糙 4 类，光滑裂隙面具有蜡状光泽、有擦痕，占所统计裂隙面的 87.9%～98.6%，仅有 1.4%～12.1% 的裂隙面呈粗糙状，见图 3.3.7。

（a）光滑裂隙面　　　　　　　　　　　（b）粗糙裂隙面

图 3.3.7　膨胀土裂隙面

光滑裂隙面按起伏程度（起伏高差与裂隙长度的比值）可划分为平直（≤5%）、较平直[5%～10%（不包括端点）]、起伏（≥10%）三种，粗糙裂隙均为起伏面。南阳膨胀土试验段裂隙面形态特征统计结果见表 3.3.3。

表 3.3.3　膨胀土裂隙面形态特征统计表

统计分类	裂隙长度/m	统计条数	按裂隙面形态特征分类							
			平直光滑		较平直光滑		起伏光滑		起伏粗糙	
			条数	比例/%	条数	比例/%	条数	比例/%	条数	比例/%
大—长大裂隙	≥2.0	1374	322	23.4	735	53.5	298	21.7	19	1.4
小裂隙	[0.5，2.0)	929	185	19.9	326	35.1	386	41.6	32	3.4
微裂隙	[0.05，0.5)	107	39	36.4	20	18.7	35	32.7	13	12.1
合计		2410	546	22.7	1081	44.9	719	29.8	64	2.7

注：微裂隙和合计行比例之和不为 100% 由四舍五入导致。

根据统计，膨胀土裂隙以较平直光滑为主，其次为起伏光滑和平直光滑，起伏粗糙最少，仅占 2.7%。较平直光滑裂隙随延伸长度的减小而减少，起伏粗糙裂隙随延伸长度的减小而增加，见图 3.3.8。

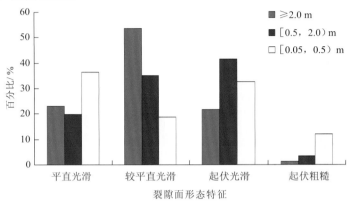

图 3.3.8　膨胀土裂隙面形态特征与规模关系统计直方图

4）按裂隙充填物分类

膨胀土裂隙充填物有灰绿色黏土、钙质和铁锰质等，这些充填物是地下水沿裂隙运移过程中与膨胀土中黏土矿物发生离子交换作用或矿物沉淀形成的。

灰绿色黏土充填厚度一般为 1～5 mm，部分小于 1 mm，呈薄膜状，局部厚度可达 10～15 mm。灰绿色黏土细腻，黏粒含量高，天然含水量也高于裂隙两侧土体，见图 3.3.9。

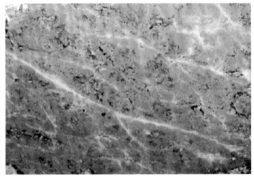

（a）裂隙充填平面形象　　　　　　　　　　（b）裂隙充填剖面形象

图 3.3.9　灰绿色黏土充填的裂隙

钙质充填厚度一般小于 5 mm，部分钙质充填物中夹有泥质，是地下水对膨胀土中的钙质淋滤后在裂隙中沉积形成的，局部形成钙质结核，特别是裂隙的交汇处，结核聚集发育成大结核，最大可达 30 cm，见图 3.3.10。

铁锰质充填物一般呈薄膜状附着于裂隙面上。膨胀土含有丰富的铁锰质，受地下水运移及离子交换作用影响，局部富集形成铁锰质结核，其直径多小于 5 mm。

膨胀土裂隙充填分类统计结果见图 3.3.11，其中灰绿色黏土充填裂隙占 49.6%，铁锰质充填裂隙占 17.1%，钙质充填裂隙占 1.8%，无充填裂隙占 31.5%。

图 3.3.10 沿裂隙发育的结核

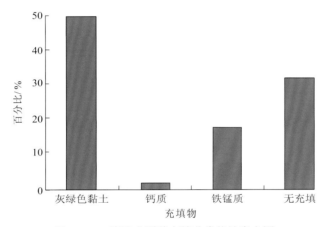

图 3.3.11 膨胀土裂隙充填分类统计直方图

不同规模裂隙的充填物统计见图 3.3.12。小裂隙、大—长大裂隙以充填灰绿色黏土为主,微裂隙则以无充填为主。

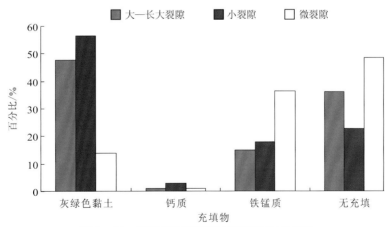

图 3.3.12 不同规模裂隙的充填物统计直方图

总之，膨胀土裂隙纵横交错，局部呈层状结构。裂隙规模差异极大，规模越小，占比越大；小裂隙以中—缓倾角为主，大—长大裂隙以缓倾角为主，规模越大，缓倾角占比越大。裂隙面以较平直光滑为主，其次为起伏光滑和平直光滑，起伏粗糙最少。充填物以灰绿色黏土为主，还有约 1/3 裂隙无充填。

2. 裂隙产状

各地膨胀土的裂隙至少有 2 组以上的优势方向，裂隙纵横交错。裂隙切割使膨胀土多呈网状结构，局部由于长大缓倾角裂隙发育而呈现层状结构，见图 3.3.13。

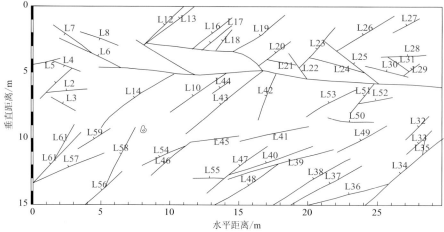

图 3.3.13　南阳膨胀土试验段中等膨胀土试验 III 区右边坡裂隙编录

L2 等为裂隙编号

南阳膨胀土试验段土体裂隙产状统计显示，裂隙倾向以北东向为主，其次为南东向、南东东向和北北西向。大—长大裂隙以缓倾角为主，小裂隙以中倾角为主，两者占 96.8%，陡倾角裂隙仅占 3.2%，见表 3.3.4。裂隙倾角与其延伸规模有相关性，裂隙越长，缓倾角比例越高，裂隙越短，中—陡倾角比例越高，见图 3.3.14。

表 3.3.4　膨胀土裂隙倾角统计表

统计分类	统计条数	缓倾角（≤30°）		中倾角[30°～60°]（不包含端点）		陡倾角（≥60°）	
		条数	比例/%	条数	比例/%	条数	比例/%
大—长大裂隙	1374	917	66.7	449	32.7	8	0.6
小裂隙	929	345	37.1	528	56.8	56	6.0
微裂隙	107	15	14.0	78	72.9	14	13.1
合计	2410	1277	53.0	1055	43.8	78	3.2

注：小裂隙各倾角比例之和不为 100% 由四舍五入导致。

3. 裂隙发育分布规律

膨胀土裂隙的分布主要与土体的膨胀性、地形地貌、埋深有关。同时，不同深度的膨胀土裂隙的分布还与沉积间断面有关。

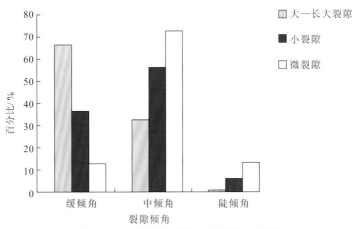

图 3.3.14 膨胀土裂隙倾角统计直方图

1）裂隙密度与膨胀性的关系

南阳膨胀土试验段填方试验区、弱膨胀土试验区和中等膨胀土试验区不同规模的裂隙密度与土体自由膨胀率的统计结果见表 3.3.5。从填方试验区、弱膨胀土试验区到中等膨胀土试验区，土体自由膨胀率由低渐高，裂隙密度也呈现由小到大的趋势。其中，填方试验区与弱膨胀土试验区土体自由膨胀率为 40.0%～64.5%，大—长大裂隙、小裂隙及微裂隙密度分别为 0.003 1～0.035 条/m²、0.45～0.80 条/m²、27 条/m²；中等膨胀土试验区土体自由膨胀率为 46.5%～77.0%，大—长大裂隙、小裂隙及微裂隙密度分别为 0.031～0.075 条/m²、0.99～2.60 条/m²、31～49 条/m²，分别约为弱膨胀土试验区的 5 倍、3 倍、1.5 倍。

表 3.3.5 各试验区不同规模裂隙密度与土体自由膨胀率的关系表

试验区	自由膨胀率/%	裂隙密度/（条/m²）		
		大—长大裂隙	小裂隙	微裂隙
填方试验区	$\dfrac{40.0\sim56.0}{49.5}$	0.003 1		
弱膨胀土试验区	$\dfrac{40.0\sim64.5}{54.6}$	$\dfrac{0.0057\sim0.035}{0.015}$	$\dfrac{0.45\sim0.80}{0.70}$	27
中等膨胀土试验区	$\dfrac{46.5\sim77.0}{60.5}$	$\dfrac{0.031\sim0.075}{0.056}$	$\dfrac{0.99\sim2.60}{1.65}$	$\dfrac{31\sim49}{40}$

注：分式形式的数据分子表示范围，分母表示平均值。

各试验区土体自由膨胀率与裂隙密度的关系见图 3.3.15。裂隙发育程度与自由膨胀率密切相关，呈现随自由膨胀率增大而增强的态势[17]。

2）裂隙发育程度随埋深的变化

为了研究膨胀土裂隙发育程度随深度的变化规律，将南阳膨胀土试验段各试验区边坡大裂隙和小裂隙按 1 m 深度间隔进行统计，统计结果见图 3.3.16。

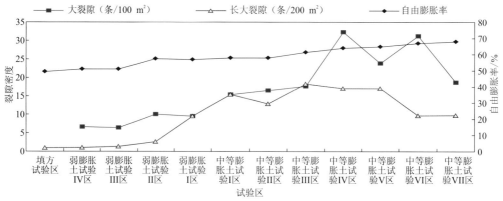

图 3.3.15 南阳膨胀土试验段各试验区土体自由膨胀率与裂隙密度的关系（3 m 以下）

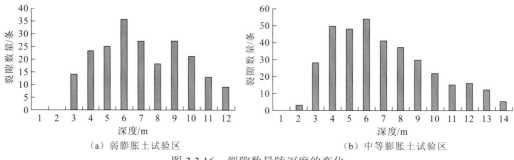

（a）弱膨胀土试验区　　　　　　（b）中等膨胀土试验区

图 3.3.16 裂隙数量随深度的变化

膨胀土地面下 2 m 内大裂隙不发育，仅在中等膨胀土试验区埋深 1～2 m 处分布有极少量大裂隙。2 m 内土体受大气环境和植物根系生长等影响强烈，经胀缩变形，原有的裂隙遭到破坏，土体结构相对均一。2 m 以下土体大裂隙较发育，其中埋深 3～10 m 处最为密集，该深度土体受大气环境影响，存在上层滞水活动，土体产生胀缩变形，在地形起伏因素作用下，形成中—缓倾角的胀缩裂隙。10 m 以下土体受外界环境影响小，土体中的裂隙以原生裂隙为主，数量较少。

各试验区大裂隙和小裂隙发育密度随深度变化的特征也有不同。中等膨胀土试验区裂隙发育程度随深度总体呈少—多—少的变化。在中等膨胀土试验 I～II 区、中等膨胀土试验 III～IV 区和中等膨胀土试验 VII 区等这一特征尤为突出，裂隙密集发育深度分别为 3～5 m、3～7 m 和 5～8 m，见图 3.3.17。中等膨胀土试验 V～VI 区受切割较深的暗沟影响，裂隙密集发育深度在 7～11 m。

试验段弱膨胀土试验区两侧均有冲沟发育，裂隙发育随深度有两个密集带，弱膨胀土试验 I 区在 4～5 m 和 9～11 m，弱膨胀土试验 II 区在 3～6 m 和 8～9 m，弱膨胀土试验 III 区在 2～3 m 和 5～7 m，见图 3.3.18。密集带分布高程基本一致，分别为 143.0～144.5 m 和 138.5～140.5 m，受土体膨胀性控制规律明显。

统计发现，大裂隙发育深度明显大于小裂隙发育深度。在南阳膨胀土试验段弱膨胀土试验区，小裂隙在深度 2 m 以下开始发育，并在深度 3～10 m 处发育数量较多，且基本稳定，10 m 以下小裂隙数量渐少，见图 3.3.19；大裂隙在深度 3 m 以下开始发育，4 m 以下发育数量较多，并保持稳定。

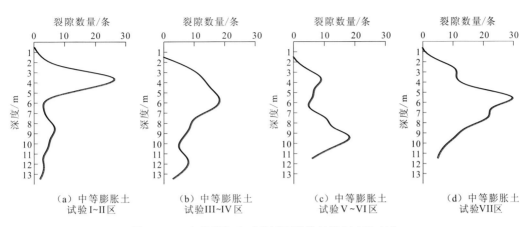

(a) 中等膨胀土　　(b) 中等膨胀土　　(c) 中等膨胀土　　(d) 中等膨胀土
试验 I~II 区　　　试验 III~IV 区　　　试验 V~VI 区　　　试验 VII 区

图 3.3.17　中等膨胀土试验区裂隙数量随深度的变化

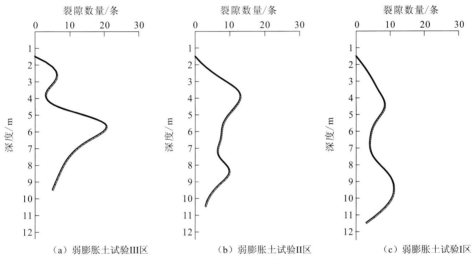

(a) 弱膨胀土试验 III 区　　　(b) 弱膨胀土试验 II 区　　　(c) 弱膨胀土试验 I 区

图 3.3.18　弱膨胀土试验区裂隙数量随深度的变化

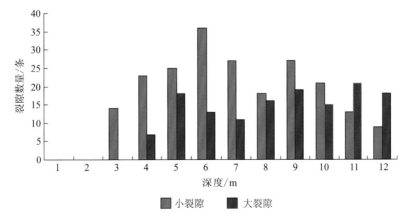

图 3.3.19　弱膨胀土试验区不同规模裂隙随深度变化的直方图

在中等膨胀土试验区，小裂隙在深度 3～7 m 处最发育，且基本稳定，7 m 以下小裂隙发育数量渐少，见图 3.3.20；大—长大裂隙在深度 3～7 m 处发育较少，在深度 8～12 m 处最发育。

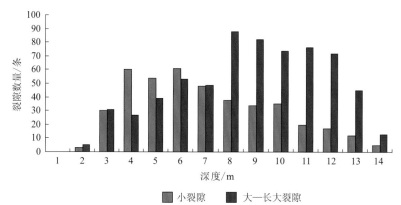

图 3.3.20　中等膨胀土试验区不同规模裂隙随深度变化的直方图

大—长大裂隙多为原生裂隙，浅层土体受后期环境影响，大—长大裂隙被破坏，导致其数量减少，而深部土体受环境影响小，其数量保持稳定。小裂隙主要为次生裂隙，多由于土体后期环境变化发育而成，从而随埋深增大逐步减少。因此，大—长大裂隙和小裂隙随深度的变化也间接反映了大气环境的影响深度。

3）裂隙产状随埋深的变化

在南阳膨胀土试验段，分别对弱、中等膨胀土按 3 m 以内、3～7 m、7～10 m、10 m 以下分别统计裂隙的倾向和倾角。

从裂隙的倾向看，弱膨胀土试验区埋深 3 m 以内受大气环境影响强烈，小—大裂隙数量少，倾向凌乱，以倾北北西向居多；埋深 3～7 m 和 7～10 m 土体小—大裂隙受地形影响，以倾北西向、北西西向、北北西向居多；埋深 10 m 以下小—大裂隙倾向以南西向和北西西向居多。

中等膨胀土试验区埋深 3 m 以内小—大裂隙以倾北西向、南东向居多；埋深 3～7 m 大裂隙倾向多为北东向、北西西向、南东向；埋深 7 m 以下裂隙多倾北东向，为本试验区的主要裂隙发育方向。

从裂隙的倾角看，膨胀土小—大裂隙以缓、中倾角为主，陡倾角极少，不同深度土体裂隙倾角略有变化，呈现随深度增大缓倾角裂隙增多的特点，见图 3.3.21。弱膨胀土埋深 10 m 以内小—大裂隙缓倾角占 42.9%～56.6%，陡倾角占 7.1%～11.1%；10 m 以下缓倾角裂隙占比增加至 71.6%，陡倾角裂隙占比减少至 1.2%。中等膨胀土埋深 7 m 以内缓倾角裂隙占 49.3%～60.5%，陡倾角裂隙占 4.3%～4.7%；7 m 以下缓倾角裂隙占比增加至 68.9%～72.1%，陡倾角裂隙占比减少至 2.0% 以下。

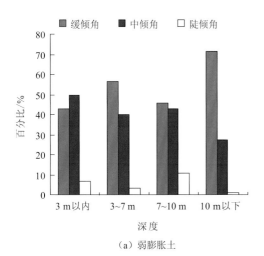
（a）弱膨胀土

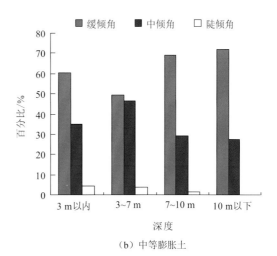
（b）中等膨胀土

图 3.3.21　不同深度膨胀土小—大裂隙倾角所占百分比

4）裂隙面形态随埋深的变化

膨胀土裂隙面形态有平直光滑、较平直光滑、起伏光滑和起伏粗糙 4 种，以较平直光滑和起伏光滑为主，起伏粗糙者极少。裂隙面形态随埋深的变化有一定的规律性，在弱膨胀土和中等膨胀土中变化特征基本一致。

平直光滑的裂隙数量随深度的变化不大，弱膨胀土为 10.9%～26.5%，中等膨胀土为 15.7%～37.5%，数量保持相对稳定。

弱膨胀土较平直光滑的裂隙数量随深度变化的规律性不强。中等膨胀土较平直光滑裂隙数量随深度变化的规律性较好，埋深 2～5 m 占比 40%左右，埋深 5～7 m 占比 26.6%～32.6%，埋深 7 m 以下随深度增大占比由 42.1%增至 68.6%，呈较好的线性关系。

起伏光滑裂隙数量具有随深度增大而减少的趋势。弱膨胀土埋深 4～8 m 起伏光滑裂隙数量的变化规律不明显，埋深 8 m 以下随深度增大而减少。中等膨胀土埋深 2 m 以内起伏光滑裂隙数量达到 62.5%，埋深 2～7 m 占比 32.3%～46.8%，埋深 7 m 以下随深度增大持续减少。

起伏粗糙裂隙数量少，弱膨胀土试验区主要分布在深度 2～10 m 处，中等膨胀土试验区主要分布在深度 3～8 m 处，这在一定程度上反映了膨胀土卸荷回弹变形的深度。

5）裂隙充填特征随埋深的变化

膨胀土裂隙有灰绿色黏土充填、钙质充填、铁锰质充填和无充填 4 类。裂隙充填类型与地下水活动有关，地下水活动较强区域，裂隙以灰绿色黏土充填为主，伴随局部钙质充填；地下水活动较弱区域，裂隙多无充填或充填铁锰质。随埋深增大，灰绿色黏土充填裂隙减少。

南阳膨胀土试验段弱膨胀土试验区最大开挖深度约为 12 m，施工过程中基坑及边坡有不同程度的渗水现象，地下水活动较强，灰绿色黏土充填裂隙占绝对多数，达到 64.3%～83.9%，最高达 94.0%，见图 3.3.22。无充填裂隙主要分布在埋深 4～5 m 处，仅占 10%左右。

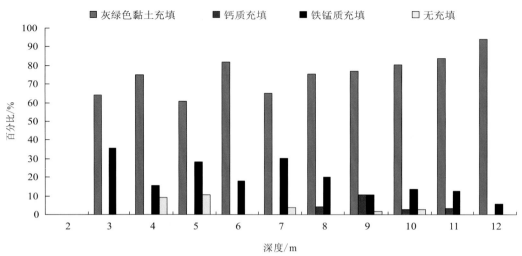

图 3.3.22　弱膨胀土试验区裂隙充填类型占比随埋深的变化

中等膨胀土试验区裂隙充填类型随深度具有明显的分带特征，随埋深增大，灰绿色黏土充填和钙质充填的裂隙显著减少，而铁锰质充填和无充填的裂隙显著增加，如图 3.3.23 所示。其中，灰绿色黏土充填裂隙在埋深 6 m 以内的数量占绝对多数，约 80% 左右；埋深 7～8 m 由 66.0% 减少至 38.9%；埋深 8 m 以下占比多低于 20%。无充填裂隙在深度 7 m 以内的数量多低于 10%，埋深 8～9 m 的数量增加至 22.6%～30.2%，埋深 10 m 以下增加至 40% 左右。

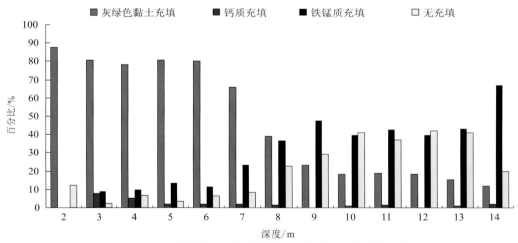

图 3.3.23　中等膨胀土试验区裂隙充填类型占比随埋深的变化

统计规律显示，中等膨胀土在深度 7 m 左右裂隙充填物变化显著，反映为大气环境影响深度和地下水活动深度。弱膨胀土在开挖深度内裂隙充填物变化不明显，与地下水活动特点有较好的一致性。

3.3.5　膨胀土地下水

膨胀土作为一种超固结黏性土,土体富水性和透水性总体微弱。膨胀土地区较为普遍的自由水赋存于浅层土体的孔洞和部分裂隙中,属于孔洞—裂隙型上层滞水。局部土体因岩性差异或钙质结核富集,孔隙、裂隙发育,形成夹层状或透镜状孔隙—裂隙含水层。当渠底板膨胀土厚度较小时,若下部分布承压含水层,则承压水可能沿膨胀土孔洞或裂隙上升越流补给上层滞水或进入基坑。

1. 膨胀土地下水赋存介质

在南阳膨胀土试验段开挖过程中,对土体的孔隙和裂隙分布规律、地下水的赋存空间、地下水渗流现象等进行了连续跟踪观测,揭示出膨胀土中的自由水多赋存于土体的孔洞中,部分裂隙也是储水空间。弱膨胀土还分布少量的孔隙水。在钙质结核富集带,也存在孔隙地下水富集现象。总体而言,膨胀土地下水介质呈现出较为复杂的格局,在大气影响带,主要为孔隙—裂隙—孔洞介质;在较深部位,主要为裂隙介质或层状分布的孔隙介质。弱膨胀土浅部表现为孔隙—裂隙—孔洞介质,深部表现为孔隙—裂隙介质;中等膨胀土浅部表现为孔隙—裂隙—孔洞介质,深部表现为裂隙介质;强膨胀土浅部表现为孔隙—裂隙介质,深部表现为裂隙介质。

孔洞主要由历史上的植物根系腐败风化后形成,构成上层滞水的主要赋存空间。孔洞多呈近垂直方向分布,以直径小于 1 mm 的居多,少量直径为 1～5 mm,最大直径约为 8 mm,孔壁多平滑,少量粗糙。直径大于 1 mm 的孔洞周边多被数倍孔径的灰白—灰绿色黏土条带所包裹。部分孔洞还见残留的炭化植物根系(图 3.3.24)。

 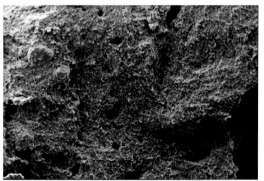

(a) 残留的炭化植物根系　　　　　　　(b) 显微镜下的孔洞
图 3.3.24　膨胀土中的植物根系及孔洞

南阳膨胀土孔洞以直径小于 1 mm 者居多,肉眼可分辨的数量达到 15～40 个/100 cm²,还有大量肉眼不易分辨的孔洞,图 3.3.24 尺寸为 5 mm×5 mm 的土体孔洞数量达到 26 个。直径大于 1 mm 的孔洞具有自上而下逐步减小、数量变少的特点。弱膨胀土孔洞发育深度明显大于中等膨胀土,中等膨胀土在 3 m 以下仅有直径小于 1 mm 的孔洞发育,大于 1 mm 的孔洞极少;弱膨胀土试验区在深度 10 m 处还有直径为 1～2 mm 的孔洞发育。

膨胀土孔洞数量随深度变化，也是土体孔隙比随深度变化的一个重要因素，见图 3.3.25。弱膨胀土在 10 m 以内孔隙比随深度缓慢变小，10 m 以下孔隙比随深度明显变小。中等膨胀土在 3 m 以内孔隙比随深度急剧变小，3 m 以下孔隙比随深度缓慢减小。这一变化规律与孔洞发育分布规律相吻合。

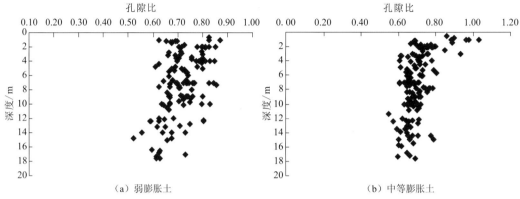

（a）弱膨胀土　　　　　　　　　　　　（b）中等膨胀土

图 3.3.25　膨胀土孔隙比随深度变化的散点图

孔洞构成膨胀土浅部地下水的主要储存空间，形成上层滞水带的主体。南阳膨胀土试验段渠道开挖过程中，上层滞水多沿孔洞出水，见图 3.3.26。特别是在弱膨胀土试验区，孔洞数量、孔径和发育深度均大于中等膨胀土试验区，上层滞水的丰度和厚度明显大于中等膨胀土试验区。

（a）弱膨胀土试验IV区埋深2 m　　　　　（b）中等膨胀土试验I区埋深2.5 m

图 3.3.26　开挖揭露的膨胀土孔洞冒水现象

2. 膨胀土裂隙赋水性

膨胀土中的裂隙可能分布在各个深度，不同方向的裂隙构成形态复杂的网络，与孔洞、孔隙一起构成膨胀土地下水的赋存空间，裂隙密度与规模、张开度的随机性决定了地下水赋存条件差异大。

受大气环境影响，大气影响带和过渡带膨胀土在干湿循环作用下，发育有胀缩裂隙，多为张开—微张开。随着深度的增大，裂隙数量减少，裂隙也变为闭合，透水性及储水性能下降。因此，在膨胀土浅部会形成一个相对含水的带——上层滞水带，深部一般不含连续潜水性质的地下裂隙水。

3. 膨胀土地下水类型

1）上层滞水（孔隙—裂隙—孔洞水）

膨胀土近地表普遍分布上层滞水，其埋深一般为 1～3 m，分布不均，无统一地下水位，水位随地形地貌起伏。大气影响带垂直裂隙和孔洞发育，具有良好的入渗条件，但横向水力联系弱。受孔隙、裂隙、孔洞发育程度差异控制，上层滞水厚度变化大，最大厚度为 3～5 m，雨季时含水层厚度大，枯季时厚度减小甚至消失。

2）层状或透镜状孔隙潜水或承压水

膨胀土层状孔隙水主要有三种赋存形式：一是弱膨胀土内部因粉粒或砂粒含量增大而出现相对富水的层间含水层；二是膨胀土内部局部钙质结核富集带孔隙发育而赋存地下水；三是当弱膨胀土下伏透水性更小的中等强膨胀土或黏土岩时，在弱膨胀土底部形成一定厚度的相对富水带。上述孔隙水可能为潜水，也可能因上部土体隔水而承压。

3）裂隙水

渠道开挖后，边坡土体发生卸荷，坡面下一定范围的裂隙发生不同程度的张开，使其具有一定的透水和储水能力，从而在坡面下某个深度范围（一般小于 10 m）形成网络状的裂隙水。

黄河北河南境内泥灰岩地层裂隙、溶隙发育，分布裂隙—溶隙水。地下水接受雨水、地表水补给，地下水位随降雨变化大且迅速，向区域排泄基准面排泄。

除此以外，南阳盆地 Q_3 膨胀土常常下伏砂、砂砾承压含水层，可通过膨胀土中的裂隙、孔洞向上越流补给上层滞水。

4. 膨胀土地下水分布特征

膨胀土上层滞水普遍存在，埋藏较浅，水位埋深在 0.45～4.44 m，见表 3.3.6。

表 3.3.6　南阳膨胀土试验段水文观测孔水位埋深

水位埋深	观测孔编号				
	SS05	SS06	SS37	CG30	CG31
最小水位埋深/m	0.62	0.80	0.64	1.30	0.45
最大水位埋深/m	2.98	3.60	4.44	4.22	2.06

观测显示，上层滞水在弱、中等膨胀土试验区显著不同，主要受地形地貌和土体孔隙、裂隙、孔洞发育及分布的影响。

1）弱膨胀土地下水分布特征

弱膨胀土上层滞水的厚度和丰度明显大于中等膨胀土。随着地势降低，土体膨胀性减弱，孔洞发育程度和分布深度增大，含水层厚度加大。南阳膨胀土试验段开挖揭露的弱膨胀土地下水分布见表 3.3.7。

表 3.3.7　弱膨胀土施工过程揭露的地下水

试验区	地面高程/m	含水层顶板埋深/m	含水层底界埋深/m	渗水情况	照片
弱膨胀土试验Ⅰ区	148.0～148.7	1.5～3.2	约 3.7	右边坡高程 145～147 m 处有多个出水点，随开挖深度增加，未见新的出水点	
弱膨胀土试验Ⅱ区	146.5～147.3	2.6～3.4	4.5～6.4	见 2 个含水带，分布高程为 143.0～144.2 m 和 140.6～141.8 m。随开挖深度增加，未见新的出水点	基坑积水　边坡渗水带
弱膨胀土试验Ⅲ区	145.2～146.0	2.1～3.2	>7.5	高程 137.7～143.7 m 见 3 个含水带渗水，厚度为 0.7～1.4 m。局部坑底有积水现象	
弱膨胀土试验Ⅳ区	144.3～145.3	2.5～3.8	>9.0	高程 142.8 m 左右开始有渗水现象，随开挖深度增大，渗水持续，基坑明显积水	地下水顶板　基坑积水
临时蓄水池	140.6～142.5	约 2.4	>5.5	高程 138.4 m 左右有渗水现象，施工中渗水持续，基坑积水严重	
填方试验区	139.2～140.8	2.2～3.4	>5.0	高程 137.5 m 左右施工过程中持续渗水，基坑积水	

弱膨胀土试验区位于试验段岗地的南坡—坡底一带，由北向南高程逐渐降低，土体膨胀性逐步减弱，含水层的厚度和深度明显增大，渗水量也显著变大。

弱膨胀土试验区上层滞水埋藏浅，水位埋深为 2.1～4.2 m，含水层厚度为 1.2～8.0 m。在接近中等膨胀土的岗坡地带，含水层厚度薄，如弱膨胀土试验Ⅰ区，含水层厚度为 1.2 m 左右，埋深为 1.5～3.2 m，接近中等膨胀土试验区地下水的分布；随地势降低，地下水分布呈现多层性，如弱膨胀土试验 II、III 区分别有 2 层、3 层含水带，单层厚度为 0.7～1.6 m；弱膨胀土试验 IV 区附近，含水层厚度明显变大，上游侧多层含水层合并为单一含水层，厚度大于 7.3 m。从弱膨胀土试验 IV 区至填方试验区，地貌由坡脚变为坡底，开挖揭露的含水层持续出水，水量变大，基坑需采取排水措施。

2）中等膨胀土地下水分布特征

中等膨胀土也存在上层滞水带，含水层厚度及地下水丰度明显弱于弱膨胀土。施工过程中边坡零星见有不同程度的渗水点，局部基坑有积水现象。揭露的地下水既有裂隙水，又有孔洞水，属于裂隙—孔洞水，见图 3.3.27。

（a）中等膨胀土试验V区裂隙—孔洞渗水　　　　（b）中等膨胀土试验VII区裂隙渗水

图 3.3.27　中等膨胀土试验 V、VII 区边坡渗水点

中等膨胀土各试验区土体含水率随深度的变化与上层滞水的分布有较好的对应关系。

（1）在地势较高的岗坡、坡顶一带，上层滞水分布在大气影响带的底部，地下水主要赋存于裂隙和孔洞中。含水层厚度薄，一般为 1～4 m，水位埋深为 2～4 m，水量不丰，渠道开挖过程中无明显水流渗出现象，表现为土体较湿，零星有渗水点，并逐渐消失。土体含水率测试结果显示该含水带存在，见图 3.3.28。

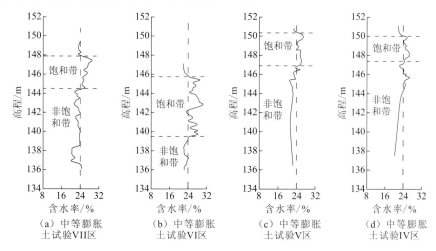

（a）中等膨胀　　（b）中等膨胀　　（c）中等膨胀　　（d）中等膨胀
土试验VII区　　　土试验VI区　　　土试验V区　　　土试验IV区

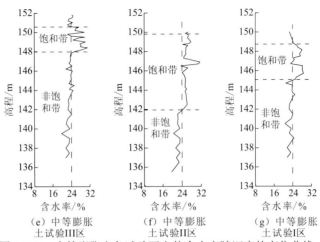

图 3.3.28　中等膨胀土各试验区土体含水率随深度的变化曲线

（2）在地势相对低洼的坡脚、水沟部位，上层滞水呈条带状分布，地下水位埋藏浅。含水层厚度为 2~6 m，地下水位埋深为 1~2 m，水量较丰。地下水主要赋存于孔洞中，属于裂隙—孔洞水。

（3）中等膨胀土试验区局部因岩性变化或钙质结核富集，大孔隙发育，赋存孔隙—裂隙水，形成透镜状地下含水体。

总之，膨胀土上层滞水的分布与地形地貌有关。中等膨胀土试验区地势较高的岗坡、坡顶一带，上层滞水厚度薄，埋深浅，水量小，局限于大气影响带内。地势低洼处，厚度有所增大，水量也略有增加；弱膨胀土处于垄岗坡脚一带，裂隙发育程度明显低于中等膨胀土，孔洞发育程度及深度明显大于中等膨胀土，且随地势降低和膨胀性减弱，孔洞发育程度和深度呈增大趋势，含水层厚度和深度也明显增大，富水性增强，说明弱膨胀土上层滞水主要为孔洞水。

5. 膨胀土地下水动态

1）地下水补给

南阳膨胀土试验段周缘在渠道开挖前布置了 5 个水文观测孔，观测孔到渠道开挖边界的距离最近为 9 m，最远的超过 200 m。一个水文年的观测显示，5 个观测孔的地下水位具有基本一致的动态，2008 年 12 月~2009 年 4 月中上旬处于全年的干旱期，降雨稀少，SS05 孔、CG31 孔地下水位埋深由 2.25 m、1.10 m 持续降低至 3.05 m、2.06 m，130 余天水位降幅达 0.80 m 和 0.96 m；2009 年 4 月 18~19 日，连续两天大雨后，水位升至埋深 2.02 m、1.22 m，分别上升 1.03 m、0.84 m，并滞后降雨 1~2 天；2009 年 5 月以后降雨增多，水位持续在高位徘徊，水位变化与降雨量具有很好的相关性，与渠道开挖关系不明显，见图 3.3.29。

水位观测结果说明上层滞水与大气降水关系密切，地下水横向联系微弱。

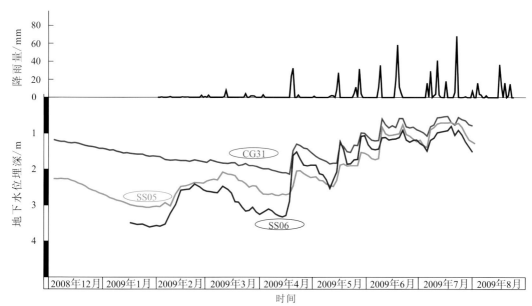

图 3.3.29　南阳膨胀土试验段开挖渠道两侧地下水位观测曲线

2）地下水径流和排泄

膨胀土尽管分布有较多的垂向孔洞，但横向联系差，其透水性总体较弱，地下水径流微弱、排泄不畅。受土体裂隙、孔洞发育向下减弱的影响，土体渗透系数由浅到深逐渐变小，地下水向深部的径流能力逐渐减弱。

膨胀土地下水位变化具有陡升缓降的特点。在 2008 年冬～2009 年春持续干旱情况下，水位持续缓慢下降。进入雨季后，每次降雨水位均急剧升高，雨后缓慢下降，水位总体呈台阶状上升。这说明上层滞水补给快，径流及排泄较弱。

渠道开挖揭穿上层滞水带后，渠道两侧观测孔处的地下水基本不受疏干影响。南阳膨胀土试验段中等膨胀土试验 VII 区右侧水位观测孔距坡肩 9 m，水位始终高于渠底板 3～5 m，说明上层滞水的侧向水力联系微弱。

膨胀土渗透性和地下水位的波动特点均反映上层滞水径流微弱，地下水向深部和侧向径流的条件差。

上层滞水的排泄方式主要为蒸发。据现场测试，土体毛细水上升高度大于 4 m，区内上层滞水埋深多小于 4 m，地下水在土体毛细管道中上升并蒸发。根据干旱季节土体含水率测试结果，上层滞水带土体含水率为 26%～28%，毛细水上升高度范围内土体含水率为 22%～26%，地表 0.31～0.57 m 土体含水率为 14%～22%，见图 3.3.30。

由于上层滞水在毛细作用下做上升运动，即使在冬春极端干旱条件下，地下水位持续下降，地表农作物（主要为冬小麦）的生长也不会受到太大影响，说明地下水通过毛细作用供给植物生长也是上层滞水的排泄方式。

膨胀土地区当地居民的生产生活用水也有一部分通过浅井抽取上层滞水获取。

膨胀土表层多裂隙，为大气降水提供了良好的入渗条件。

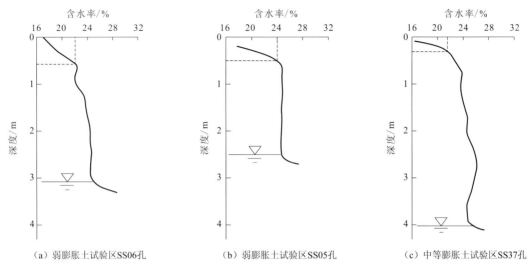

（a）弱膨胀土试验区SS06孔　　　（b）弱膨胀土试验区SS05孔　　　（c）中等膨胀土试验区SS37孔

图 3.3.30　地下水位以上土体含水率随深度的变化

新近系砂岩、砂砾岩，由于成岩差，岩性极不均一，渗透性、含水性也极不均一。黏土岩及上覆黏性土为相对隔水层，砂岩、砂砾岩大多情况下不能直接接受雨水补给，而只能通过上覆 Q_3、Q_2 获得补给。

6. 膨胀土渗透性

采用室内渗透试验和现场试坑渗水试验揭示出，膨胀土渗透性存在各向异性，大气影响带内垂直渗透性较大，大气影响带以下水平渗透性较大，主要原因为大气影响带内垂向孔洞及垂直裂隙发育，下部膨胀土渗透性主要受控于缓倾角裂隙。

1）中等膨胀土

中等膨胀土渗透试验成果见表 3.3.8。

表 3.3.8　中等膨胀土渗透试验成果表

土体埋深 /m	渗透系数 k/（cm/s）			透水性评价
	现场试坑渗水试验	室内渗透试验		
		垂直方向	水平方向	
[0.5，2.0]	1.39×10^{-4} ～ 2.43×10^{-4}	1.84×10^{-4}	7.06×10^{-6}	垂直方向弱透水，部分中等透水；水平方向弱—微透水
(2.0，4.0]	5.21×10^{-5} ～ 8.68×10^{-5}	9.10×10^{-6}	2.58×10^{-6}	垂直方向弱透水；水平方向微透水
(4.0，6.0]		2.91×10^{-6}～ 4.77×10^{-4}	1.30×10^{-6}～ 1.91×10^{-6}	垂直方向弱透水；水平方向微透水
[5.0，9.0] （棕色膨胀土）	9.13×10^{-5}	1.95×10^{-5}～ 4.56×10^{-3}	4.0×10^{-6}	垂直方向弱透水，部分中等透水；水平方向微透水
(6.0，8.0]		2.17×10^{-6}～ 1.40×10^{-4}	1.35×10^{-6}～ 3.77×10^{-5}	垂直方向和水平方向均为弱—微透水

续表

土体埋深 /m	渗透系数 $k/$（cm/s）			透水性评价
	现场试坑渗水试验	室内渗透试验		
		垂直方向	水平方向	
（8.0，10.0]		$1.19\times10^{-6}\sim$ 7.98×10^{-6}	$1.68\times10^{-5}\sim$ 7.59×10^{-5}	垂直方向微透水；水平方向弱透水
（10.0，12.0]	3.47×10^{-5}	$3.89\times10^{-6}\sim$ 2.21×10^{-5}	$2.77\times10^{-6}\sim$ 2.36×10^{-5}	垂直方向和水平方向均为弱—微透水
（12.0，14.0]		$4.19\times10^{-6}\sim$ 2.26×10^{-5}	$1.36\times10^{-6}\sim$ 1.97×10^{-5}	垂直方向和水平方向均为弱—微透水

中等膨胀土深度 6.0 m 以内垂直渗透系数为 $2.91\times10^{-6}\sim4.77\times10^{-4}$ cm/s，多为弱透水，局部中等透水；水平渗透系数为 $1.30\times10^{-6}\sim7.06\times10^{-6}$ cm/s，多为弱—微透水，垂直和水平透水性相差一个数量级。局部由于土体孔隙发育，渗透性有所增强，但垂直和水平透水性仍有显著差异，如中等膨胀土试验 II 区左侧埋深[5.0，9.0]m 的棕色粉质黏土垂直渗透系数为 $1.95\times10^{-5}\sim4.56\times10^{-3}$ cm/s，明显大于水平渗透系数 4.0×10^{-6} cm/s。大部分中等膨胀土 6.0 m 以下土体垂直和水平透水性无明显差异，多为微透水，局部弱透水。

2）弱膨胀土

弱膨胀土渗透试验成果见表 3.3.9。

表 3.3.9　弱膨胀土渗透试验成果表

土体埋深 /m	渗透系数 $k/$（cm/s）			透水性评价
	现场试坑渗水试验	室内渗透试验		
		垂直方向	水平方向	
[0.5，2.0]	$4.86\times10^{-4}\sim8.64\times10^{-4}$			垂直方向为中等—弱透水
（2.0，4.0]	$2.12\times10^{-4}\sim1.0\times10^{-3}$	1.26×10^{-3}		垂直方向为中等—弱透水
（4.0，6.0]	1.54×10^{-4}	$1.61\times10^{-5}\sim$ 6.18×10^{-5}	$5.37\times10^{-6}\sim$ 2.94×10^{-5}	垂直方向为弱透水，部分中等透水；水平方向为弱—微透水
（6.0，8.0]	1.74×10^{-4}	2.42×10^{-5}	2.30×10^{-7}	垂直方向为弱透水；水平方向为微透水
（8.0，10.0]		3.18×10^{-5}	$2.81\times10^{-8}\sim$ 2.08×10^{-5}	垂直方向为弱透水；水平方向为弱—极微透水
（10.0，12.0]		$2.89\times10^{-7}\sim$ 2.65×10^{-4}	$2.36\times10^{-7}\sim$ 3.33×10^{-5}	垂直方向为弱—微透水；水平方向多为微透水

弱膨胀土深度 10.0 m 以内垂直渗透系数为 $1.61\times10^{-5}\sim1.26\times10^{-3}$ cm/s，具有中等—弱透水性，水平渗透系数为 $2.81\times10^{-8}\sim2.94\times10^{-5}$ cm/s，多为弱—微透水，少量极微透水，垂直和水平透水性相差 1~2 个数量级。10.0 m 以下土体垂直和水平透水性多无差异，渗透系数在 $2.36\times10^{-7}\sim2.65\times10^{-4}$ cm/s，多为微透水，局部弱透水。

3）土体渗透性随深度的变化特征

中等膨胀土试验区土体水平方向渗透系数为 $1.30 \times 10^{-6} \sim 7.59 \times 10^{-5}$ cm/s，属于弱—微透水性，表层具中等透水性。土体垂直渗透性具有随深度增加透水性减弱的特点，深度 2.0 m 以内渗透系数为 1.84×10^{-4} cm/s，属于中等偏弱透水性；深度（2.0，6.0]m 渗透系数为 $2.91 \times 10^{-6} \sim 4.77 \times 10^{-4}$ cm/s，属于弱透水性；深度 6.0 m 以下渗透系数为 $1.19 \times 10^{-6} \sim 1.40 \times 10^{-4}$ cm/s，属于弱—微透水性。

弱膨胀土试验区土体深度 6.0 m 以内水平方向渗透系数为 $5.37 \times 10^{-6} \sim 2.94 \times 10^{-5}$ cm/s，属于弱—微透水性；深度 6.0 m 以下水平方向渗透系数为 $2.81 \times 10^{-8} \sim 3.33 \times 10^{-5}$ cm/s，属于弱—极微透水性，上部土体水平透水性略大于下部土体。土体垂直渗透性随深度增加而减弱，深度 4.0 m 以内渗透系数为 1.26×10^{-3} cm/s，属于中等偏弱透水性；深度（4.0，10.0]m 渗透系数为 $1.61 \times 10^{-5} \sim 6.18 \times 10^{-5}$ cm/s，属于中等—弱透水性；深度 10.0 m 以下渗透系数为 $2.89 \times 10^{-7} \sim 2.65 \times 10^{-4}$ cm/s，属于弱—微透水性。

浅层土体普遍发育陡倾张裂隙和近垂向孔洞，形成明显的垂向渗透性优势方向。随着深度的增大，孔洞和张裂隙的发育程度降低，垂直渗透性显著减小，与水平透水性逐步接近。继续向下，渗透性主要受控于缓倾角裂隙，土体渗透性总体微弱，水平方向略大于垂直方向。

7. 膨胀土地下水对渠坡稳定及衬砌结构的影响

1）地下水对渠坡稳定性的影响

地下水活动是导致膨胀土边（渠）坡破坏的关键外因[14]。南阳膨胀土试验段在开挖施工中发生的多处边坡变形及滑坡现象均与地下水有关。

首先，地下水使土体软弱结构面软化、强度降低。同时，土体吸水膨胀，产生膨胀力。随着渠道开挖，膨胀力促使土体沿结构面向临空面产生侧向变形，加剧地下水进入和结构面软化，因此膨胀土边坡变形发展具有与降雨对应的阶梯式发展特点。

中等膨胀土试验 VI 区左坡 2#变形体形成于开挖后 10 天左右（图 3.3.31），其间有零星小雨。前缘剪出口追踪到长大裂隙发育，裂隙面充填灰绿色黏土，厚度 2～10 mm，裂隙面平缓微起伏，倾角 5°～10°；滑坡体及后缘产生多条张裂缝。连续数天的观测发现，其每天向坡外滑移 10～20 mm。变形体清理后，揭露的滑面为一长大缓倾角裂隙，产状极其平缓，上游侧微倾坡外，下游侧微倾坡内。

根据含水率测试，变形土体含水率为 23.07%～25.06%，滑面附近土体含水率为 29.30%～32.29%，滑床以下土体含水率为 25.80%～26.52%。裂隙附近土体含水率升高，土体软化，抗剪强度降低，剪切试验得到的凝聚力最小仅为 2.8 kPa，内摩擦角为 8.7°。这类滑坡的发生与土体吸水膨胀产生的膨胀力也有很大关系。滑坡的发生经历了边坡卸荷裂隙张开、降雨入渗、土体含水率上升、裂隙面软化、土体膨胀向临空面变形，最后在静水压力和膨胀力推动下缓慢滑动的发展过程。

（a）正面拍摄的滑坡前缘剪出口　　　　　　　（b）清理出的缓倾角滑面

图 3.3.31　南阳膨胀土试验段中等膨胀土试验 VI 区左坡 2#变形体

试验段中等膨胀土试验 VII 区上游侧左边坡和中等膨胀土试验 IV 区左边坡，滑带均沿长大缓倾角裂隙面发育，埋深 6～8 m，下部土体开挖过程中未发生滑坡现象。

在各滑坡体前缘通过探坑或手摇钻取样测试获得了滑带附近土体含水率的变化，含水率突变部位与滑带位置基本一致，见图 3.3.32。

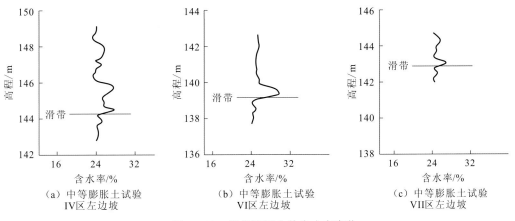

（a）中等膨胀土试验　　　（b）中等膨胀土试验　　　（c）中等膨胀土试验
　　IV区左边坡　　　　　　　　VII区左边坡　　　　　　　VII区左边坡

图 3.3.32　滑带附近土体含水率变化

超固结膨胀土开挖边坡在卸荷过程中，会在后缘产生拉裂缝，进而成为地下水的入渗通道和富集区。一旦遭遇强降雨，便会在拉裂缝形成较大的静水推力[15]，诱发变形体的短时较快滑移，这一机理与常见的水平滑坡相似，如三峡库区万州城区的大型水平滑坡、四川宣汉天台滑坡。

南阳膨胀土试验段中等膨胀土试验 II 区左侧 1 级马道附近分布一层棕色黏土，大孔隙及微裂隙发育，地下水富集，渠道开挖揭露后边坡持续渗水。后续施工用厚 1 m 的水泥改性土换填封闭，导致地下水排泄不畅，诱发 1 级马道以下边坡滑移变形，见图 3.3.33。变形体前缘呈舌状突出坡面，四周有多处渗流现象，滑面由多条裂隙组合而成，不规则，见图 3.3.34。

图 3.3.33 中等膨胀土试验 II 区左滑坡全貌

图 3.3.34 中等膨胀土试验 II 区左滑坡后缘裂缝

变形体前缘探坑开挖过程中，渗水严重，见图 3.3.35。变形体呈散粒状，含水率高，实测含水率为 23.79%～30.25%，由浅到深逐渐增大，滑带附近达到 34.8%，滑带以下土体含水率急剧减小到 23.7%～24.4%，如图 3.3.36 所示。

图 3.3.35 中等膨胀土试验 II 区左滑坡前缘探坑渗水

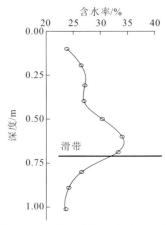

图 3.3.36 中等膨胀土试验 II 区左滑坡滑带附近土体含水率变化

试验段弱膨胀土试验 IV 区和中等膨胀土试验 VII 区人工降雨试验时引发了多处滑坡，见图 2.3.3、图 3.3.37，均与边坡长时期暴露，表层土体失水、裂隙张开，人工降雨沿孔隙、裂隙渗入，在表层土体富集，导致孔隙水压力增大、强度降低有关。

（a）坡脚渗水导致边坡变形开裂　　　　　（b）上层滞水在基坑形成积水

图 3.3.37　中等膨胀土试验 VII 区右坡肩的张裂缝和降雨后基坑积水

例如，淅川段二标桩号 TS8+494～TS8+600 段渠道走向为 45°，右侧坡顶高程为 165 m 左右，渠底高程为 137 m，设计坡比为 1∶2.5，设有 3 级马道，1～3 级马道高程分别为 147.5 m、153.8 m、159.8 m。渠道开挖至高程 145 m 左右时，右坡 1 级马道与 3 级马道间留有保护层，保护层厚 2～3 m，3 级马道至渠顶已开挖至设计断面。渠坡上部 Q^{dl} 粉质黏土，硬塑状，具弱膨胀性，底板高程为 159.7～161.8 m；下部 Q_2 粉质黏土具中等膨胀性，硬塑—坚硬状，裂隙发育，高程 151～158 m、146～148 m 处裂隙纵横交错，裂隙倾向以 0°～325° 为主，倾角为 35°～47°，裂隙面光滑，充填灰绿色黏土。

2012 年 7 月 28 日，该段右坡 3 级马道至渠顶削坡后，在桩号 TS8+525～TS8+575 段 3 级马道至高程 157 m 临时平台间渠坡发现变形现象，见数条拉裂缝。2012 年 8 月 19 日强降雨后，渠坡变形加剧，产生滑移，土体产生众多拉裂缝，裂缝大体顺渠道方向展布，平直或弯曲，近直立，略倾渠道，宽 5～30 cm 不等，延伸长 10 余米至 50 余米。滑体坡面破碎，局部积水，前缘剪出口见地下水渗出。

滑坡后缘抵坡顶附近（高程 165.3 m），前缘至高程 150 m 临时平台（1 级马道附近）。滑坡平面呈扇形，前缘宽约 100 m，垂直于渠道方向长约 47 m，滑体平均厚度约为 3 m，最大厚度为 4.8 m（设计断面以下约 3.3 m），总体积约为 $1×10^4$ m³，设计断面以下体积为 $5×10^3$～$6×10^3$ m³。

该渠坡 Q_2 土体裂隙发育，以倾向坡外为主，不利于渠坡稳定；Q^{dl} 土体孔洞发育，雨水易下渗。降雨和地表水入渗，致使软弱面恶化，土体强度大幅衰减，同时雨水下渗还产生了静、动水压力。众多不利因素的叠加使渠坡土体沿软弱面产生蠕变，进而形成滑坡。

又如，总干渠淅川段二标桩号 TS10+651～TS10+675 段，渠道走向为 70°，右侧坡顶高程为 175 m 左右，坡顶至宽马道间设计坡比为 1∶3，4 级马道（宽马道）高程为 165.724 m，4 级马道以下设计坡比为 1∶2.5。

边坡上部中更新统（Q_2）分三层：①粉质黏土，硬塑状，裂隙不甚发育，具中等膨胀性，底界高程为 158.1 m；②铁锰质富集层，为相对含水层，底部有地下水渗出，渗透系数较大，分布高程为 157.28～158.1 m；③粉质黏土，具中等—强膨胀性，为裂隙密集带，裂隙产状多变，分布高程为 156.58～157.28 m。边坡下部下更新统（Q_1）分两层：①粉质黏土，具强膨胀性，为裂隙密集带，裂隙产状多变，分布高程为 154.4～156.58 m；②钙质结核粉质黏土，硬—坚硬状，结核含量为 50%～60%，粒径为 2～7 cm，局部富集胶结，呈块状，顶界高程为 154.4 m。

渠道开挖过程中，Q_2 铁锰质富集层底部有地下水渗出，水量较丰，在坡面漫流，致使下部裂隙密集带呈饱水状态，Q_1 裂隙密集带底部尤为严重。2012 年 12 月 20 日降雨、雪后，渠坡发生变形，桩号 TS10+651～TS10+675 段 3 级边坡高程 156.2～157.8 m 处见数条拉裂缝，顺渠坡方向展布，略弯曲，近直立，倾向渠道，宽 5～10 cm，可见深度为 30～50 cm，延伸最大长度为 24 m。推测变形体最大厚度约为 3 m，体积约为 400 m³。富水带与裂隙密集带组合是该渠坡变形失稳的关键。

2）地下水引起的渠道衬砌顶托问题

该问题发生在地下水高于渠底板，渠坡及渠底分布有夹层状或透镜状含水带的渠段。在渠道完建期、渠道检修期和渠水位陡降时，若排水不畅，衬砌板下部透水体的水压力大于外部水压力，易导致衬砌板顶裂、变形。这类问题与渠道衬砌结构，特别是砂垫层和防渗土工膜设置也有较密切的关系。

安阳段、淅川段、方城段和南阳段等局部地下水较丰富的渠段在施工期均曾出现过渠道衬砌板被地下水顶裂、渠底衬砌向上抬升的现象，最后重新做排水系统后问题基本解决，见图 3.3.38 和图 3.3.39。

图 3.3.39　南阳段三标渠底板被顶托开裂　　　图 3.3.38　淅川段一标桩号 TS1+600 处
衬砌板顶托现象

第4章

膨胀土渠道重大工程地质技术

4.1 膨胀土渠道边坡破坏机理

4.1.1 膨胀土边坡变形失稳模式

自 20 世纪 80 年代以来,水利部长江水利委员会勘测单位调查了大量的膨胀土边坡,包括公路边坡、铁路边坡、渠道边坡、市政工程边坡、自然边坡,累计调查解剖的滑坡接近 300 个,不包括坍塌现象、块体失稳现象。涉及地区包括湖北、河南、广西、云南、四川、陕西、河北、安徽、江苏、新疆等。

在调查的膨胀土滑坡中,超过 95%的滑坡发生在膨胀土内部,只有少数几个案例的滑坡体由坡面换填处理层构成。根据滑坡的形态、机理可将其归纳为三类:浅表胀缩裂隙带蠕变型、受缓倾角结构面控制的水平滑动型、膨胀土边坡换填层滑坡型[18-20]。

1. 浅表胀缩裂隙带蠕变型

膨胀土开挖暴露于大气环境后,含水量发生往复式变化,干裂—膨胀反复进行,土体结构逐步破坏,并向深部发展。根据探坑揭露,南阳膨胀土大气剧烈影响深度在 1 m 左右,河北在 0.6~1.0 m,因此坡面土体强度大幅下降的深度也在 1 m 左右。根据现场观测,膨胀土开挖面一个月可以形成 10~20 cm 的干缩裂隙带,半年可以形成 0.5~1 m 的裂隙带,一年后可形成深度 0.6~1.0 m 的结构遭完全破坏的大气剧烈影响带。伴随土体结构破坏和强度丧失,在降雨入渗饱和作用下,裂隙带土体吸水膨胀软化,向坡下临空方向蠕变,外表呈现滑坡形态。在没有人工干预的情况下,变形不断发展,范围不断扩大,直至达到膨胀土大气剧烈影响带土体饱和抗剪强度条件下的自然稳定坡度(野外观察在 1∶6~1∶5)。

这类破坏外表具有滑坡形态,实质上属于边坡表部土体的坍塌变形。其特点是规模小,通常单个滑坡初次变形的体积仅为 100~300 m³,若不采取措施则会向后缘和两侧逐步发展。变形深度一般不超过 1 m，很少超过 2 m。没有底滑面，从坡面向坡内，变形逐步减小，呈现"哈腰弯曲"的变形特点，其变形速度缓慢，最大变形速率一般不超过 10 cm/d，降雨时发展，晴天停止，见图 4.1.1 和图 4.1.2。

图 4.1.1　淅川段桩号 TS17+850 处左岸边坡变形体

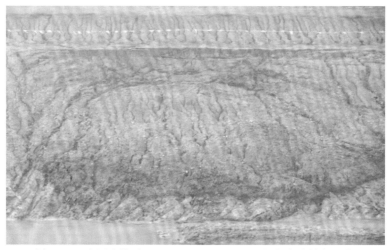

图 4.1.2　淅川段桩号 TS19+200～TS19+300 段左岸边坡变形体

　　浅表胀缩裂隙带蠕变型可以出现在各类膨胀岩土边坡，滞后时间多在开挖后半年以上，如南水北调中线工程施工期南阳段中等膨胀土开挖边坡破坏的滞后时间一般为 0.5～2 年，黄河北岸弱—中等膨胀黏土岩开挖边坡破坏的滞后时间为 2～3 年，河北磁县弱—中等膨胀岩土边坡破坏的滞后时间为 1～3 年。滞后时间与开挖坡面胀缩带的形成速度相对应，与边坡岩土体工程性质、气候条件、边坡坡度相关。

　　这类变形破坏的本质是坡面岩土因干湿循环而碎裂化、降雨入渗饱和后丧失强度，边坡稳定性随时间逐步下降，最终发生坍塌破坏。因此，任何陡于自然稳定坡度（大气剧烈影响后饱和抗剪强度条件下）的膨胀土开挖边坡，在没有保护措施时，其长期稳定性都处于欠稳定状态,存在发生浅表层蠕变破坏的可能。

2. 受缓倾角结构面控制的水平滑动型

该破坏类型与浅表胀缩裂隙带蠕变型的最大区别在于它有明确的缓倾角底滑面,底滑面后缘埋深一般大于 3 m,陶岔渠首受膨胀土与膨胀岩界面控制的滑面最深近 20 m。底滑面主要有两种类型:长大裂隙或裂隙密集带、地层岩性界面或膨胀性界面。

大裂隙和长大裂隙主要出现在中等、强膨胀土中,裂隙面多光滑,抗剪强度低,构成土体中的软弱面,是控制膨胀土边坡稳定的主要因素[18]。长大缓倾角结构面(延伸长度可达数十米至近百米)几乎都会发展成一定规模滑坡的滑动面。

滑坡在纵向断面形态上可分为后缘陡峻的拉裂面和近乎水平的底滑面两部分。不同类型的底滑面往往影响滑坡的规模和滑动滞后时间,由裂隙构成底滑面的滑坡规模较小,一般为数百立方米至数千立方米,滞后时间从数天到数年不等;由地层岩性界面构成底滑面的滑坡规模一般会达到数千立方米至数十万立方米,滞后时间从数月到数十年不等,往往形成大型滑坡。

分布这类结构面的边坡的稳定性受控于结构面强度和贯通性。裂隙面强度低于膨胀土的残余强度,凝聚力 c 仅为 5~10 kPa,内摩擦角 φ 仅为 7°~10°;地层岩性界面的 c 为 10~15 kPa,φ 为 10°~15°。因此,当边坡存在单条数十米长的缓倾角结构面时,一般会在边坡开挖时很快产生滑动;当潜在底滑面由多条尚未贯通的裂隙构成或由地层岩性界面构成时,边坡失稳会出现滞后现象。南阳膨胀土试验段中等膨胀土试验区滑坡一般滞后 2~3 个月,构成底滑面的裂隙连通率在 60%~65%;试验段弱膨胀土试验 I 区滑坡底滑面迁就地层岩性界面,滑坡滞后时间在 1 年左右。中线淅川段二标右岸滑坡底滑面迁就弱膨胀土中的中等膨胀土夹层,滑坡滞后时间约为 2 年。若坡体不存在可能构成底滑面的结构面,就不会出现结构面控制型滑坡,这时若坡面保护措施得当,边坡会维持长期稳定。

潜在滑动面的埋深和性状对滑坡滞后时间有重要影响,通常情况下,潜在滑动面埋深越小,滞后时间越短;缓倾角裂隙连通率越大,滞后时间越短。南阳段三标桩号 TS106 附近的左右岸滑坡均迁就中等膨胀土与强膨胀岩界面,埋深在 15 m 左右,2013 年渠道开挖尚未揭露该界面时,钻孔倾斜仪便监测到沿界面产生了明显剪切变形,后期开挖揭示该界面性状极差,不但界面光滑,而且两侧土体含水率高,天然状态下就呈可塑—软塑状态。2005 年发生的陶岔滑坡则是长时间滞后滑坡的代表,从边坡成型到滑动,滞后时间达 31 年。该滑坡的底滑面迁就膨胀土与膨胀岩界面,界面最大埋深达 19 m,后期勘察研究揭示,滑面附近软弱带厚度不足 1 cm,两侧岩土体基本没有受到扰动,该滑坡在滑动前经历了长时间的蠕变和滑面强度的缓慢衰减。

裂隙贯通速度或地层岩性界面强度衰减速度与边坡开挖卸荷作用、潜在滑动面的埋深、滑面附近岩性条件、气候条件等有关,但只要基本的内在条件具备,边坡就会由稳定向不稳定方向发展,直至最后失稳。

南阳膨胀土试验段中等膨胀土试验 VI 区左坡 2#变形体形成于开挖后 10 天左右,滑面追踪到一条长大裂隙,裂隙面充填灰绿色黏土,厚度 2~10 mm,裂隙面平缓微起伏,倾角为 5°～10°。滑体土实测含水率为 23.07%～25.06%，滑带（长大裂隙）附近土体含水率为 30.30%～32.29%，滑带以下土体含水率为 25.80%～26.52%。裂隙附近土体含水率升高，土体软化，抗剪强度降低。当膨胀土边坡内部分布大—长大裂隙时，渠道开挖产生的卸荷作用将诱发沿裂隙面的剪切位移，导致裂隙面向临空方向发展或相互贯通。膨胀土试验段施工期类似的边坡变形现象还有中等膨胀土试验 Ⅶ 区左边坡和中等膨胀土试验Ⅳ区左边坡。滑带均沿土体中的长大缓倾角裂隙面发育，距原始地面最大6～8 m。

3. 膨胀土边坡换填层滑坡型

这是一种很特殊的滑坡现象，滑坡的主体不是膨胀土，而是用于保护膨胀土的换填层。南水北调中线工程淅川段施工期就出现过数起水泥改性土换填层滑坡，黄河北渠道在建设期、运行期也曾出现过壤土换填层滑坡。

2009 年 8 月，正在换填和衬砌施工的黄河北渠道某段发生大范围的渠坡变形现象，粉质壤土换填处理层连同上覆的混凝土衬砌板一起向下变形，见图 4.1.3。变形的直接诱因是当年 7～8 月当地连下了几场暴雨，泥灰岩内地下水位升高至渠底板以上 2.5 m 左右，导致地下水位以下部分的换填层软化、变形失稳，进而带动衬砌板滑动拉裂。2010 年夏，这一变形现象再次在局部渠段出现。关于这一变形失稳现象的机理，一种观点认为是地下水位抬升后，泥灰岩与换填层界面软化、强度下降，进而产生滑动；另一种观点则认为是作为换填材料的粉质壤土在饱水后失去强度而变形失稳。通过对破坏特征的详细研究，认为后者的可能性更大。首先，换填层变形范围极其规则，其后缘高程与地下水位完全对应，即凡是饱和部分的换填层均出现了变形，而地下水位以上部分的换填层即使在下部换填层变形后仍处于稳定状态；其次，在泥灰岩与换填层之间没有明显的滑动迹象，如错动面、擦痕；再次，粉质壤土具有黄土的部分性质，对水敏感，其强度在由非饱和状态转为饱和状态时下降幅度大；最后，直接产生变形失稳的换填层前后高差仅 2.5 m，滑动力极其有限。因此，粉质壤土饱水软化是该渠段换填层失稳的关键，将粉质壤土作为膨胀土渠道换填层时应十分慎重，建议用于地下水位以上部位，或者掺水泥改性后再使用。

（a）渠坡变形破坏整体形象　　　　　　　　（b）换填土失稳特征

图 4.1.3　粉质壤土换填层局部破坏导致衬砌板下滑（摄影：蔡耀军）

2013 年 8 月，淅川段二标右岸 4 级马道下换填层出现开裂变形滑移现象，见图 4.1.4。滑坡现象出现后，开挖了两个探槽用于研究变形原因和机理。探槽揭示，裂缝深度向下终止于膨胀土表面，滑面位于膨胀土表面 10 cm 范围内，沿换填层与膨胀土界面有地下水流出现。同时，探槽两壁的换填层超过 50% 呈松散的粒状，下伏膨胀土也存在 50 cm 左右的风化带，微小裂隙密集。这表明这起滑坡与三个因素相关：一是在换填层填筑前，膨胀土开挖面暴露时间过长，已经形成胀缩裂隙带，填筑时没有清除；二是换填层填筑时正值 7 月炎热的夏季，土料失水快，换填层碾压时含水率偏低，改性土沙化现象严重，未能有效压实；三是由于换填层密实度低，雨水大量渗入，在膨胀土顶面形成集中渗流，软化膨胀土，进而发展成滑带。

图 4.1.4　淅川段二标桩号 TS11+760～TS11+904 段右岸 4 级马道下换填层变形

2016 年 7 月 18～20 日，河北境内遭遇暴雨，邯郸 SG1 标段右岸 2～3 级边坡、临城 SG12 标段左岸部分渠坡壤土换填层发生滑坡，这些滑坡有如下共同特点：坡顶地面积水，成为坡体地下水的稳定来源；换填层均为壤土，具有水敏性，强度随含水率增大而降低；换填层下分布透水带或透水层，暴雨期间成为入渗雨水的集中通道，并软化壤土换填层；滑面基本沿换填层与膨胀土界面。几个不利因素组合，是出现这类滑坡的诱因。

对于换填层滑坡，只要通过合理选择换填料、严控施工质量、做好地面防渗和地下排水，是完全可以避免的。

4.1.2　膨胀土边坡破坏控制因素

膨胀土边坡变形破坏的根本原因是其具有膨胀性、裂隙性和超固结性三个固有特性，具体则与降水、膨胀土内部结构面分布、开挖卸荷回弹、地下水活动性等有很大关系。大部分影响因素与常规边坡没有太大差别，但在膨胀土边坡中影响的方式和作用结果则差别甚大，且各影响因子对坡体的破坏作用相互促进，加上膨胀土的膨胀性、裂隙分布的不均一性和随机性，膨胀土开挖边坡变形破坏规律非常复杂。

1. 降雨因素

渠道开挖使得原来处于过渡带、非影响带的膨胀土暴露于大气环境下。在开挖卸荷、干湿循环作用下，坡体表层土逐渐裂隙化；坡体内部一定深度范围内的裂隙也会在卸荷及卸荷引发的剪切位移作用下发生不同程度的张开。这些变化使雨水更容易进入坡体，软化土体和结构面。一旦遭遇长时间降雨或高强度降雨，坡面碎裂化土体可能遭受冲刷形成雨淋沟，大气剧烈影响带土体可能因饱和而产生蠕变，深部长大缓倾角结构面因渗流和软化而产生滑动。具体破坏形式与边坡坡度、坡体土的膨胀性、坡体开挖后裸露时间、降雨强度和历时、坡体内结构面规模、地下水等因素有关。

1）直接引发雨淋沟及表层膨胀土变形蠕变

膨胀土微小裂隙发育，开挖边坡长期裸露于大气环境后会很快碎裂化，在降雨坡面流冲刷作用下易形成雨淋沟，见图 4.1.5。野外观测揭示，南阳盆地膨胀土开挖边坡经历一个水文年后，雨淋沟深度可达 5～10 cm，最大达 15～20 cm，河南淅川境内引丹总干渠 1974～2005 年形成的雨淋沟深度普遍达 0.3～0.5 m（阴坡）、1.0～1.5 m（阳坡），最深达 2 m。

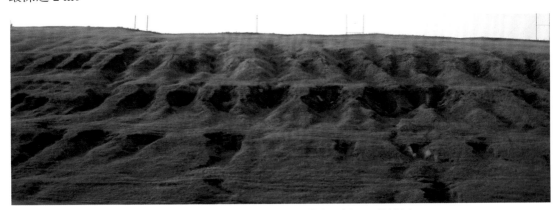

图 4.1.5 引丹总干渠左坡（阳坡）雨淋沟（摄影：蔡耀军）

边坡蠕变发生在大气剧烈影响带内，坡面除了形成雨淋沟外，一旦遭遇持续降雨或强降雨，裂隙带土体充分饱和、膨胀并崩解，强度急剧下降，就会发生短暂的快速蠕变，形成小规模的坍塌破坏。该类变形一般起始规模都很小，如果降雨持续，会逐步向上、向两侧发展，形成所谓的叠瓦式破坏，变形深度一般小于 1 m，没有明确的滑动面，见图 4.1.6。如果随后进入旱季，边坡变形也会相应停止，来年雨季来临后又会再度活跃起来。

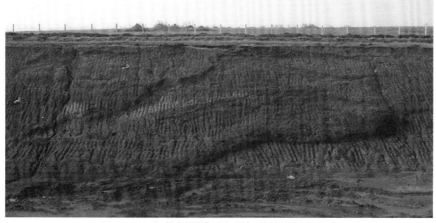

图 4.1.6　发育在渠道开挖期间的坡面蠕变现象

2）诱发水平滑坡

膨胀土滑坡受缓倾角结构面控制，宏观表现为水平滑坡或座滑（图 2.3.3 及图 2.3.4），表现为渐进性、推移式发展，以较大的水平位移区别于浅表层蠕变坍塌（表 4.1.1）。滑坡一般限于单级边坡内，也可能跨越马道，滑坡规模从数百立方米到数十万立方米不等。随着渠道挖深的增大，可能在不同深度揭露更多的缓倾角结构面，因而深挖方渠道发生滑坡的概率更高、规模更大。膨胀土水平滑坡离不开两个形成条件，一是坡体存在缓倾角结构面，二是雨水入渗或地表水入渗。南水北调中线膨胀土渠道施工期滑坡统计显示，膨胀土滑坡雏形可能形成于开挖后的不同时间，但其短暂快速滑动均发生在降雨期间，显示出雨水入渗形成的静水压力是推动土体滑动的主要动力。

表 4.1.1　膨胀土边坡破坏模式

破坏形式	原因及机理	特点
浅表层蠕变坍塌	（1）干湿循环破坏土体的结构性，使土体碎裂化； （2）持续降雨或强降雨使裂隙带土体充分饱和； （3）土体吸水膨胀软化、丧失强度	（1）浅表性：深度小于 1 m。 （2）滞后性：一般在开挖半年后出现。 （3）周期性：雨季反复蠕变，旱季基本停止。 （4）扩展性：初期规模小，但会向后缘及两侧不断扩展
水平滑坡	（1）坡体存在缓倾角结构面； （2）渠道开挖导致应力重分布，并在结构面位置产生应力集中和剪切变形，进而产生错动，并逐渐贯通； （3）雨水下渗进一步软化结构面，后缘拉裂缝产生静水压力	（1）随机性：滑面埋深有随机性，取决于渠道挖深和缓倾角结构面空间分布。 （2）水平性：滑动面往往平整规则，近于水平。 （3）滞后性：滞后时间变化大，短者数天，长者数十年。 （4）推移性：单次滑动具有推移式受力机制，空间发展具有向后牵引特点
坡脚坍塌	（1）基坑积水，边坡坡脚被水浸泡； （2）坡脚土体失去强度而发生坍塌； （3）坍塌向上部发展	（1）坍塌由坡脚向上发展； （2）主要发生在中等—强膨胀土边坡； （3）坡脚一旦变形，如不及时处理会进一步向周边发展； （4）避免膨胀土与水直接接触是保护渠坡的关键

通过对现场大量地质资料的分析，结合南阳膨胀土试验段的观测成果，从滑坡的滑动形式出发，在对挖方渠道 100 多处膨胀土滑坡分析的基础上，将膨胀土边坡的失稳形式分为浅表层蠕变坍塌、水平滑坡和受中—陡倾角裂隙控制的坡脚坍塌三种，见表 4.1.1。

2. 结构面因素

膨胀土为多裂隙土，且膨胀土内部不同部位分布有不同规模的结构面，结构面不仅控制了土体强度、为雨水入渗和地下水运动提供了重要载体，而且决定了膨胀土边坡的破坏形式。大气剧烈影响带是土体裂隙最密集的部位，陡倾，张开，是接受雨水入渗的通道，也是发生浅表层蠕变的主体。过渡带是缓倾角裂隙相对发育的部位，是上层滞水分布区，也是膨胀土开挖渠道大部分滑坡的滑面形成区域。非影响带的长大结构面分布具有随机性，一般由层面、膨胀性较强的夹层、膨胀性存在差异的岩性界面等演变而来，它们控制了开挖边坡深层滑动稳定和滑坡规模。

1）地层界面

地层界面是沉积间断、沉积水动力条件变化等留下的界面，如 Q^{dl}/Q_2、Q_3/Q_2、Q_2/Q_1、Q_1/N 界面。地层界面往往伴随两种岩性、膨胀性和透水性，在某些特定条件下，容易发展为软弱夹层，从南水北调中线工程渠道开挖过程中发生的滑坡来看，Q^{dl}/Q_2、Q_3/Q_2、Q_1/N 界面有可能形成滑面，它们有一个共同点，就是下部地层的膨胀性较上部强、渗透性较上部弱，导致界面附近地下水相对富集，土体软化。例如，2005 年 10 月发生在陶岔渠首（原引丹总干渠）桩号 TS1+000～TS1+300 段的滑坡，滑动面沿 Q_1 棕红色黏土与 N 黏土岩界面形成，见图 1.3.7 及图 4.1.7。Q_1 黏土具有中等—强膨胀性，陡倾角小—大裂隙发育，弱透水；N 黏土岩具有强膨胀性，微透水。

图 4.1.7　陶岔渠首桩号 TS1+000～TS1+300 段右岸深层水平滑坡后缘拉裂下沉

2）岩性界面

底滑面由同一地层不同的岩性界面构成，如粉质黏土与黏土界面、中等膨胀土与强膨胀土界面。岩性界面上下土层物理性质不一致，尤其是渗透性、膨胀性不一致，使其在土体自然演变及渠道开挖过程中，成为应力集中、地下水渗流的主要部位，容易发展成为天然的软弱面。可能构成滑动面的常见岩性界面为弱膨胀土与下伏的中等膨胀土（夹层）界面、中等膨胀土与下伏的强膨胀土（夹层）界面，下部土体膨胀性较强，因而裂隙相对发育，同时因黏粒含量更高、透水性更小，从而在界面上部形成地下水相对富集带。渠道开挖造成界面剪应力集中并产生剪切位移，地下水活动加剧，界面进一步软化，最终发育成滑动面。

3）长大裂隙或裂隙密集带

南水北调中线工程沿线不同地域、不同层位、不同膨胀性岩土的裂隙发育程度和规模存在较大差异。

地域差异：南阳膨胀土为我国典型的膨胀土，大—长大缓倾角裂隙发育；新近系膨胀岩中—陡倾角裂隙较发育。沙河—黄河南段膨胀土以残坡积、冲洪积成因为主，膨胀土不典型，长大裂隙不发育；新近系膨胀岩裂隙发育。黄河北—漳河南段残坡积膨胀土零星分布；新近系膨胀岩裂隙不甚发育。河北邯郸、邢台境内膨胀土以冰水成因为主，大—长大裂隙不发育。

层位差异：以南阳膨胀土为例，南阳盆地自白垩纪开始出现断块差异沉降，古近纪和新近纪沉积达到鼎盛，形成数百米厚的湖盆相沉积，其间出现多期沉积旋回，使黏土岩与砂岩交替堆积，其中黏土岩一般具有弱—中等膨胀潜势，局部具强膨胀潜势。早更新世出现沉积间断，气候炎热，仅在盆地西部与山区交接地带出现残坡积或冲洪积，形成具有红土特性的膨胀土，一般具有中等—强膨胀潜势，孔隙比较大，中—陡倾角裂隙发育，缓倾角裂隙较少。中更新世，南阳盆地再次接受大范围堆积，沉积厚度自西向东增大，形成我国典型的膨胀土，大裂隙发育，尤其是缓倾角裂隙发育，是开挖边坡产生变形失稳的主要层位。晚更新世后，南阳盆地结束大范围沉积，仅在局部低洼地带形成由粉质黏土、粉质壤土组成的弱膨胀土或非膨胀土堆积，在一些大的河流两岸形成具有二元结构的阶地堆积，黏性土膨胀性总体较弱，裂隙不甚发育，只要开挖边坡坡比合适，稳定问题不突出。全新世以来，南阳盆地总体进入剥蚀状态，除了局部残坡积土具有弱膨胀潜势外，近代河流堆积以粗粒土为主，不具膨胀性。

膨胀性差异：南阳盆地内第四系发育齐全，其中微小裂隙、大裂隙密度随膨胀性增强而增大，在 Q_2 强膨胀土中，小裂隙线密度达到 10 条/m 左右，然而大—长大裂隙主要发育在中等膨胀土地层，在弱膨胀土和强膨胀土中少见。

南阳典型膨胀土剖面上裂隙发育分布特征见图 4.1.8。在 Q_2 膨胀土分布区，地表下 1 m 往往呈现灰褐色，有机质含量高，属于耕植土，陡倾胀缩裂隙极其发育，开挖边坡在 1 年后基本形成大气剧烈影响带，是边坡浅层蠕变的主体。上层滞水带，大裂隙发育，容易发生裂隙作为底滑面的滑动破坏。再向下为典型的非饱和中等膨胀土，大裂隙发育，长大裂隙随机分布，可能发生由裂隙或裂隙密集带构成底滑面的滑坡。边坡下部，土体膨胀性增强，大裂隙增多，长大裂隙一般不发育，滑坡发生概率较小。

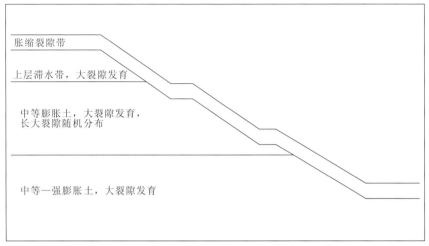

胀缩裂隙带

上层滞水带，大裂隙发育

中等膨胀土，大裂隙发育，
长大裂隙随机分布

中等—强膨胀土，大裂隙发育

图 4.1.8　南阳典型膨胀土剖面上裂隙发育分布特征

中线工程膨胀土段渠道规模及开挖边坡的高度都超出了国内外已建工程，使膨胀土开挖边坡的稳定问题成为工程建设及安全运行中最大的工程问题。

裂隙密集带的分布具有随机性，与局部土体膨胀性增强密切相关，可以反映土体物源或沉积环境发生的改变。裂隙密集带的单条裂隙较小，但数量多，产状多变，容易在开挖卸荷和地下水渗流作用下逐步贯通形成滑面。

3. 卸荷回弹因素

膨胀土属于超固结土，较一般土体积聚了更大的弹性应变能，渠道开挖后，应力重分布、局部应力集中及应力调整引发的位移更为显著。渠道开挖改变了原来地下的岩土体力学平衡，围压减小，应力释放，随之产生多方面的效应：一是岩土卸荷回弹，原来深埋的非饱和膨胀土土-水关系被打破，回弹—吸水—膨胀持续进行，宏观表现为开挖面整体抬升变形，岩土物理性质、水理性质随之发生变化，岩土力学强度发生不同程度的弱化；二是由于岩土内部存在结构面，卸荷回弹过程中，较大的结构面附近产生应力集中，并发生张开和剪切错动；三是随着结构面的剪切错动，地下水活动范围向深部发展，进一步弱化结构面，加剧边坡变形。

开挖卸荷导致膨胀土裂隙面发生错位变形的实例见图 4.1.9。

4. 地下水因素

尽管膨胀土黏粒含量高，总体透水性微弱，但在近地表的胀缩裂隙带，存在赋存于裂隙、孔洞中的上层滞水；在膨胀土内部，当钙质结核富集成层时，也会形成层间或透镜状含水层；在渠道开挖卸荷作用影响范围内，由于裂隙不同程度张开，也会分布脉状裂隙水。地下水对边坡失稳的影响主要表现在以下几个方面。

图 4.1.9　开挖卸荷导致膨胀土裂隙面发生错位变形（摄影：蔡耀军）

1）软化裂隙和土体，诱发浅部土体蠕变

近地表的胀缩裂隙带，是接受雨水入渗的主体，也是上层滞水向深部渗流的储水区。如果持续降雨或强降雨入渗使上层滞水水位接近地表，导致大气剧烈影响带土体完全饱和，则土体在饱水软化和膨胀力的双重影响下将发生蠕变失稳。

2）形成静水压力和膨胀力

在渠道开挖卸荷影响范围内，地下水通过裂隙网络向深部渗流，会在裂隙内形成静水压力。陡倾角裂隙中的静水压力构成对坡体土的水平推力，缓倾角裂隙中的地下水则构成扬压力，使坡体的稳定性下降。裂隙周边土体在饱和过程中产生体积膨胀，诱发向坡外的推力。

3）软化、崩解出渗点局部区域土体

渠道开挖揭露上层滞水或裂隙水后，地下水出渗，出渗点附近膨胀土在无荷条件下更易吸水膨胀软化，并可能成为边坡变形失稳的突破点。

4.1.3　膨胀土边坡"胀缩–滑动变形破坏机理"

膨胀土自然边坡或开挖边坡在没有防护措施的条件下，可能出现两种变形现象：一是浅表层的胀缩变形及坍塌，主要发生在以弱膨胀土为主的边坡；二是既有一定深度的滑动变形，又有浅表层胀缩变形和坍塌，主要发生在部分或全部分布中等—强膨胀土且缓倾角结构面较发育的边坡。

1. 土体胀缩作用与气候变化控制的大气剧烈影响带坍塌破坏

边坡浅表层的胀缩开裂受制于土体胀缩特性，当土体膨胀潜势达到弱膨胀及以上等

123

级时，在干湿循环作用下，土体吸湿膨胀挤压、失水干缩开裂，不仅会对上部建筑物造成破坏，土体自身也将逐步碎裂化，结构强度逐步丧失，此时，地表上往往能见到大量张口的裂缝，裂缝深度一般为 0.5～0.6 m，使边坡土体表部形成一个垂向渗透性达到强等级、水平方向渗透性达到中等—强等级的透水带，一旦遇到强降雨或持续降雨，该透水带便会饱和形成软弱带，在重力和膨胀力作用下向坡下蠕动，变形深度一般在 0.6～1.0 m。其内因是土体至少具有弱膨胀潜势，外因则取决于气候干湿变化程度，土体干湿循环越频繁、幅度越大，越有利于土体碎裂化，我国河南、河北的气候条件有利于膨胀土干湿循环，且阳坡表现得更充分，因此这一变形模式在没有做专门防护处理的膨胀土边坡中较为常见。

这类变形破坏的本质是土体在干湿循环作用下碎裂化，c 大幅下降，然后在降雨入渗饱和作用下，φ 进一步下降，从而使边坡浅表部形成一个软弱带而发生蠕动。由于边坡表部碎裂化土体向下呈逐步过渡特征，因此其底边界不规则，没有明确的底滑面，从而明显区别于滑坡。

膨胀土大气影响深度一般可以达到 2～3 m，但南阳膨胀土试验段含水量探头监测揭示，含水量周期性显著变化的深度在 0.5～0.6 m，在河南新乡及河北临城开挖的探坑揭示，张开裂隙密集带的发育深度也在 0.5～0.6 m，因此南水北调中线工程沿线膨胀土大气剧烈影响带深度在 0.6 m 左右。由于大气影响带土体垂直渗透性比水平渗透性大，降雨时节膨胀土地下水"易进难出"，加上大气剧烈影响带下部土体渗透性急剧减小形成相对不透水体，降雨入渗容易在膨胀土浅表部大气剧烈影响带或张开裂隙密集带形成饱水软弱带，土体强度与残余抗剪强度接近，$c=5～10$ kPa，$\varphi=15°～16°$。边坡变形初期，除了重力作用，膨胀力也起到了重要的推动作用，这一假设可以通过埋设在膨胀土边坡抗滑桩内的监测仪器得到验证，抗滑桩近地表 2 m 范围内普遍存在比下部大得多的推力。而软弱带土体一旦滑动，后期主要受重力作用控制，外观呈现坍塌或土溜特点。因此，膨胀土边坡表层变形破坏，内在条件是土体存在能够产生胀缩变形的蒙脱石、伊利石矿物，其膨胀潜势达到弱以上等级；外部条件是气候变化导致土体周期性饱和膨胀、失水干裂，进而形成一定厚度的裂隙密集带，致密块状土体逐渐演变为碎裂状结构散粒体，结构性强度持续下降；最后在一次强降雨或持续降雨触发下，吸水软化、崩解，土体强度进一步大幅下降，在重力驱使、膨胀力挤压作用下，向坡下蠕动，甚至部分转化为泥流，变形机理可概括为"碎裂化土体饱水蠕动"。

2. 缓倾角结构面与地下水控制的水平滑动破坏

膨胀土与非膨胀土的最大区别，除了胀缩性以外，就是膨胀土内部常常发育有缓倾角结构面，缓倾角结构面发育程度随膨胀潜势增强、土体固结程度增大而增大，大—长大缓倾角结构面强度甚至低于土体的残余强度，成为土体内部控制性软弱面，因此中等—强膨胀土边坡不但可以发生浅表层变形破坏，而且可以发生有一定深度的近水平滑动破坏。南阳 Q_3 冲积成因粉质黏土一般只具有弱膨胀性，缓倾角结构面不发育，因此只可能出现浅表层变形破坏；南阳 Q_2 冲湖积土一般具有弱—中等膨胀潜势，局部具有强膨胀潜势，超固结特征明显，缓倾角结构面发育，两种变形破坏均可能出现；南阳 Q_1 残积、坡洪积土一般具有中等—强膨胀潜势，但它同时具有红土的部分特征，裂隙以中—陡倾角为主，且很少直接出露地表，因此除了沿 Q_1 与下伏新近系界面产生滑动破坏外，一般不会在 Q_1 土体内部形成滑动面。河北磁县、临城、永年等地的 Q_1 膨胀土，虽然有时能达到中等—强膨胀等级，但土体超固结特征不明显，长大缓倾角结构面不发育，因而也不易产生近水平滑动。

膨胀土缓倾角结构面往往十分光滑、起伏小，抗剪强度低于土体的残余强度，其 $c=5\sim10$ kPa，$\varphi=7°\sim10°$，为土体内部控制性弱面，长大缓倾角结构面可以直接构成滑坡底滑面，裂隙密集带或多条大的缓倾角结构面可以逐步贯通形成底滑面。

由于膨胀土具有超固结性，边坡开挖后卸荷作用会比一般土质边坡表现得更为强烈，因而更容易追踪到中—陡倾角裂隙张拉，为地表水入渗创造有利条件。同时，卸荷作用也会使既有缓倾角结构面产生应力集中和剪切变形，进一步软化结构面，并使相邻的结构面逐步连通，缓倾角结构面连通率决定了开挖边坡滑动破坏滞后时间。

缓倾角结构面近水平产状特点和极低强度特点，决定了这类破坏的运动特点：一是边坡滑动不需要很大的推力，滑坡主要发生在降雨期间，后缘张裂缝上分布的静水压力和底滑面上的扬压力联合作用，就可以让结构面切割体产生滑动；二是滑动速度小，不会出现快速滑动。滑坡的动力主要源自水压力，一旦土体滑移，水压力很容易降低或消散，因此实际观测到的滑移速度普遍小于 20 cm/d。而且，在经过滑移变形后，如果后缘拉裂缝不再具备形成较高水压力的条件，滑坡体也不会继续滑动。因此，其变形破坏机理可概括为"缓倾角结构面切割块体水压力推移滑动"。

4.2　膨胀土抬升变形研究

膨胀土抬升变形包括渠道开挖超固结土引起的卸荷回弹变形和非饱和膨胀土在吸水后产生的膨胀变形，即抬升变形既有弹性变形成分，又有塑性变形成分。膨胀土渠道的卸荷回弹和吸水膨胀变形主要表现在渠底与渠坡向临空面的变形及由此引发的衬砌结构变形。抬升变形可能导致输水断面缩小、裂隙面错动、衬砌结构破坏。

4.2.1　渠底抬升变形特点

渠底抬升变形量值不大，但持续时间很长，在南阳膨胀土试验段及中线工程渠道开挖过程中实际观测到的最大抬升量为 30～73 mm，大部分形成于开挖期间，持续时间超过 5 年且仍未完全停止。

膨胀率试验显示，膨胀土的膨胀率与施加荷载之间呈现指数关系，当荷载小于 50 kPa 时，膨胀率随荷载的增加下降较快，荷载大于 50 kPa 后膨胀率下降较慢，即影响渠底膨胀变形的土体深度约为 3 m。根据膨胀率试验可以推算出渠道开挖后渠底膨胀土吸水膨胀范围（深度），见图 4.2.1，进而根据膨胀土在不同荷载下的浸水膨胀试验，估算出南阳中等膨胀土挖深 15 m 左右时渠底最终膨胀变形为 50～100 mm。

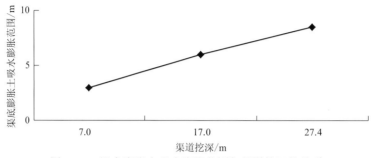

图 4.2.1 渠底膨胀土吸水膨胀范围与渠道挖深的关系

膨胀土为超固结土，天然含水率一般在 21%～24%，与塑限基本一致。渠道开挖后，土体卸荷，密实度下降，含水率逐步升高，含水率升高将伴随发生土体膨胀抬升。这一变形将一直持续到土体达到新的平衡，即土体密度、含水率与上部荷载相适应。由于吸水膨胀与卸荷回弹密切相关，而卸荷回弹具有明显的滞后效应，因此吸水膨胀延续时间较长。

4.2.2 卸荷回弹变形

南阳膨胀土挖方渠道最大挖深近 50 m，按照土体的湿重度 20 kN/m^3 计算，可近似得到 50 m 挖深最大卸荷量为 1 000 kN/m^2，10 m 挖深的卸荷量为 200 kN/m^2，因此可以根据开挖深度及上部荷载来计算卸荷回弹影响深度，并计算渠道在各种开挖深度下的卸荷回弹变形量。南阳膨胀土试验段膨胀土的压缩变形量试验成果见表 4.2.1，卸荷回弹变形量试验成果见表 4.2.2。

表 4.2.1 深挖方渠段膨胀土压缩变形量测试统计表

试验段编号	地层岩性	不同压力下的压缩变形量（试样高度 20 mm）/mm										
		0	50 kPa	100 kPa	200 kPa	300 kPa	400 kPa	600 kPa	800 kPa	1 200 kPa	1 600 kPa	2 400 kPa	3 200 kPa
桩号 TS11	Q$_1$ 粉质黏土	0	0.119	0.171	0.243	0.298	0.345	0.429	0.508	0.671	0.851	1.241	1.597
桩号 TS11	Q$_2$ 粉质黏土	0	0.137	0.194	0.268	0.33	0.382	0.484	0.578	0.764	0.949	1.33	1.702
桩号 TS42	Q$_2$ 粉质黏土	0	0.169	0.238	0.336	0.415	0.483	0.613	0.731	0.941	1.128	1.451	1.716
桩号 TS95	Q$_2$ 粉质黏土	0	0.138	0.20	0.30	0.394	0.485	0.654	0.812	1.087	1.322	1.722	2.065

表 4.2.2　深挖方渠段膨胀土卸荷回弹变形量测试统计表

试验段编号	地层岩性	统计项	不同压力下的卸荷回弹变形量（试样高度 20 mm）										
			2 400 kPa	1 600 kPa	1 200 kPa	800 kPa	600 kPa	400 kPa	300 kPa	200 kPa	100 kPa	50 kPa	0
桩号 TS11	Q_1 粉质黏土	回弹变形量/mm	1.566	1.496	1.442	1.364	1.315	1.252	1.213	1.164	1.088	1.034	0.918
		相对回弹量/mm	0.648	0.578	0.524	0.446	0.397	0.334	0.295	0.246	0.170	0.116	0
		回弹率/%	3.25	2.9	2.6	2.2	2	1.65	1.45	1.2	0.85	0.55	0
桩号 TS11	Q_2 粉质黏土	回弹变形量/mm	1.65	1.549	1.468	1.348	1.271	1.179	1.124	1.059	0.977	0.93	0.857
		相对回弹量/mm	0.793	0.692	0.611	0.491	0.414	0.322	0.267	0.202	0.120	0.073	0
		回弹率/%	3.95	3.45	3.05	2.45	2.05	1.6	1.3	1	0.6	0.35	0
桩号 TS42	Q_2 粉质黏土	回弹变形量/mm	1.677	1.587	1.514	1.402	1.332	1.242	1.189	1.126	1.045	0.991	0.939
		相对回弹量/mm	0.738	0.648	0.575	0.463	0.393	0.303	0.250	0.187	0.106	0.052	0
		回弹率/%	3.7	3.25	2.85	2.3	1.95	1.5	1.25	0.95	0.5	0.25	0
桩号 TS95	Q_2 粉质黏土	回弹变形量/mm	2.023	1.929	1.852	1.73	1.644	1.529	1.453	1.36	1.232	1.136	0.949
		相对回弹量/mm	1.074	0.980	0.903	0.781	0.695	0.580	0.504	0.411	0.283	0.187	0
		回弹率/%	5.35	4.9	4.5	3.9	3.45	2.9	2.5	2.05	1.4	0.95	0

　　深挖方渠段卸荷回弹变形量大，卸荷回弹变形量受地层岩性、挖深、坡比、渠底宽度的约束，同时由于土体存在侧向压力效应（主要受土体泊松比的控制），以及内摩擦作用等限制作用，因此找到上部土体重力作用下的压缩变形量总量与开挖卸荷回弹变形量总量相等的深度，就可以算出土体卸荷回弹变形总量。

　　通过表 4.2.1 和表 4.2.2 制作图 4.2.2，该图为桩号 TS11 渠段 Q_1 粉质黏土压缩变形量与卸荷回弹变形量的关系图。该渠段最大挖深约为 50 m，下部夹钙质结核层及 N 黏土岩，渠道底宽约为 13 m，坡比为 1∶3.5，考虑侧向应力及土体内摩擦力的相互作用，卸荷回弹变形量减压缩变形量等于零的深度位于渠底以下 6～8 m。卸荷回弹变形总量 $\Delta H = H \times \S \times 0.5$，其中 H 为影响深度，$\S$ 为开挖 50 m 深度下的回弹系数，取 2.4%，0.5 为卸荷回弹变形量的近三角形面积计算取值。因此，当渠坡全部为 Q_1 粉质黏土时，渠底中心部位卸荷回弹变形总量为 7.2～9.6 cm。

　　图 4.2.3 为桩号 TS11 渠段 Q_2 粉质黏土压缩变形量与卸荷回弹变形量的关系图，当渠坡全部为 Q_2 粉质黏土时，压缩变形量约等于卸荷回弹变形量，即回弹土体临界深度在渠底以下约 15 m 处。该渠段最大挖深约为 50 m，下部夹钙质结核层及 N 黏土岩，渠道底宽约为 13 m，坡比为 1∶3.5，考虑侧向应力及土体内摩擦力的相互作用，卸荷回弹变形量等于压缩变形量的位置位于渠底以下 5～7 m，计算出的渠底中心部位卸荷回弹变形总量为 8.3～11 cm。

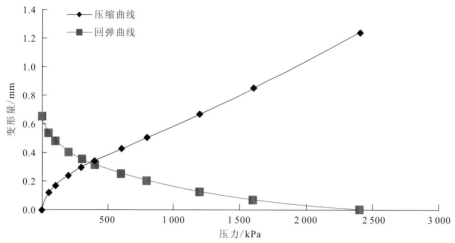

图 4.2.2　桩号 TS11 渠段 Q_1 粉质黏土压缩变形量与卸荷回弹变形量的关系图

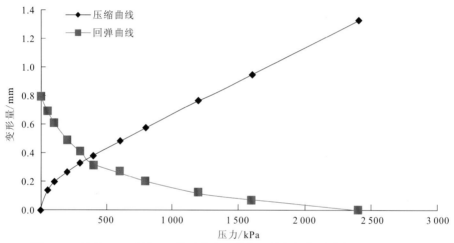

图 4.2.3　桩号 TS11 渠段 Q_2 粉质黏土压缩变形量与卸荷回弹变形量的关系图

图 4.2.4 为桩号 TS42 渠段 Q_2 粉质黏土压缩变形量与卸荷回弹变形量的关系图，当渠坡全部为 Q_2 粉质黏土时，回弹土体临界深度在渠底以下约 14 m 处。该渠段最大挖深约为 22 m，下部夹钙质结核层及 N 黏土岩，渠道底宽约为 16.5 m，坡比为 1∶3.25，考虑侧向应力及土体内摩擦力的相互作用，卸荷回弹变形量等于压缩变形量的位置位于渠底以下 4～5 m。挖深为 22 m 时，$\S$ 为 2.515%，计算出的渠底中心部位卸荷回弹变形总量为 5～6.3 cm。

图 4.2.5 为桩号 TS95 渠段 Q_2 粉质黏土压缩变形量与卸荷回弹变形量的关系，当渠坡全部为 Q_2 粉质黏土时，回弹土体临界深度在渠底以下约 25 m 处。该渠段最大挖深约为 20 m，下部夹钙质结核层及 N 黏土岩，渠道底宽约为 19 m，坡比为 1∶3.0，考虑侧向应力及土体内摩擦力的相互作用，卸荷回弹变形量等于压缩变形量的位置位于渠底以下 4～5 m。挖深为 20 m 时，$\S$ 为 4.2%，计算出的渠底中心部位卸荷回弹变形总量为 8.4～10.5 cm。

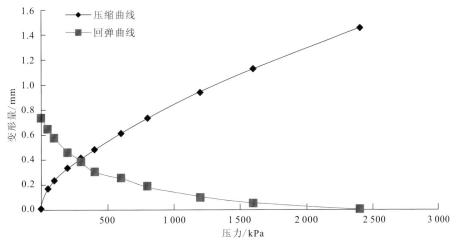

图 4.2.4　桩号 TS42 渠段 Q_2 粉质黏土压缩变形量与卸荷回弹变形量的关系图

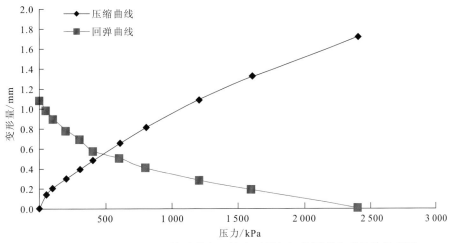

图 4.2.5　桩号 TS95 渠段 Q_2 粉质黏土压缩变形量与卸荷回弹变形量的关系图

上面计算的渠底中心部位卸荷回弹变形总量，是根据土体的压缩变形量和理论卸荷回弹变形量计算得到的，实际上，渠底受两侧边坡及渠底宽度的约束，卸荷回弹变形量会有所减小。监测数据揭示，土体的大部分卸荷回弹在渠道开挖过程完成，且大部分变形在开挖初期完成。开挖完成后渠底及渠坡剩余回弹变形量较小，但持续时间较长。

4.2.3　挖方渠道抬升变形观测

1. 南阳膨胀土试验段弱膨胀土试验 III 区

南阳膨胀土试验段弱膨胀土试验 III 区监测断面（桩号 TS101+603）各测点所在位置与分布见图 4.2.6，土建施工与试验进度见表 4.2.3。弱膨胀土试验 III 区渠坡处理措施为 30 cm 砂垫层+复合土工膜+衬砌。

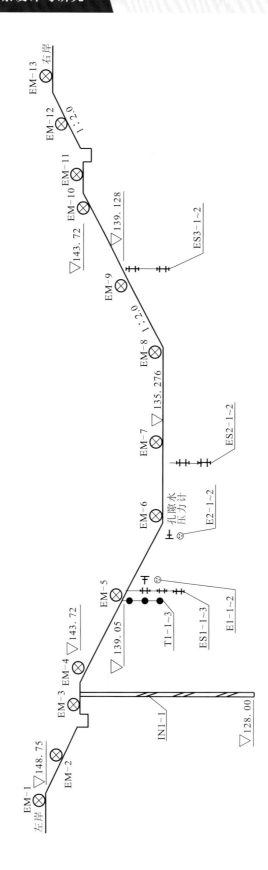

图 4.2.6 弱膨胀土试验Ⅲ区监测断面各测点所在位置与分布图（单位：m）

EM-1等表示水准观测点，E1-1~2等表示土压力计，ES1-1~3等表示土应变计，T1-1~3等表示温度计，IN1-1表示测斜孔

表 4.2.3　弱膨胀土试验 III 区土建施工与试验进度表

分区	项目	开始时间	完成时间
弱膨胀土试验 III 区	1 级马道以上土方开挖	2008 年 12 月 8 日	2008 年 12 月 21 日
	砌石联拱、菱形格构	2009 年 2 月 3 日	2009 年 3 月 15 日
	1 级马道以下土方开挖	2008 年 12 月 24 日	2009 年 2 月 7 日
	砂砾石垫层铺填	2009 年 2 月 22 日	2009 年 3 月 11 日
	混凝土衬砌浇筑	2009 年 3 月 20 日	2009 年 4 月 20 日
	第一次充水	2009 年 7 月 21 日	2009 年 7 月 29 日
	第一次退水	2009 年 8 月 15 日	2009 年 8 月 31 日
	第二次充水	2009 年 9 月 15 日	2009 年 9 月 30 日
	第二次退水	2009 年 11 月 15 日	2009 年 11 月 22 日
	第三次充水	2009 年 12 月 18 日	2009 年 12 月 30 日
	第三次退水	2010 年 1 月 18 日	2010 年 2 月 25 日
	渠坡面板破坏	2010 年 4 月 16 日	2010 年 4 月 19 日
	第四次充水	2010 年 4 月 19 日	2010 年 4 月 22 日
	第四次退水	2010 年 5 月 20 日	2010 年 5 月 24 日
	第五次充水	2010 年 6 月 27 日	2010 年 7 月 10 日

弱膨胀土试验 III 区监测断面左右岸渠坡不同高程共埋设了 13 个水准观测点，观测成果显示：左岸 1 级马道以上沉降变化不大，1 级马道以下渠坡最大上抬 6 mm；渠底板最大上抬 8.4 mm（中部）；右岸渠坡最大上抬 5.5 mm，1 级马道以上渠坡沉降在 2.1 mm以内。整体来看，弱膨胀土试验 III 区渠道面板变形较小，面板开裂现象极少，观测成果见表 4.2.4，变化过程线见图 4.2.7、图 4.2.8，变形示意图见图 4.2.9。上述水准观测点均在面板浇筑后开始布设，观测值仅代表渠道衬砌后的变形。

表 4.2.4　弱膨胀土试验 III 区监测断面水准位移观测成果表

观测点	EM-1	EM-2	EM-3	EM-4	EM-5	EM-6	EM-7
位移量/mm	0.2	4.9	-4.8	-3.0	-6.0	-6.1	-8.4
观测点	EM-8	EM-9	EM-10	EM-11	EM-12	EM-13	
位移量/mm	-6.7	-5.5	-2.5	-3.9	2.1	-0.6	

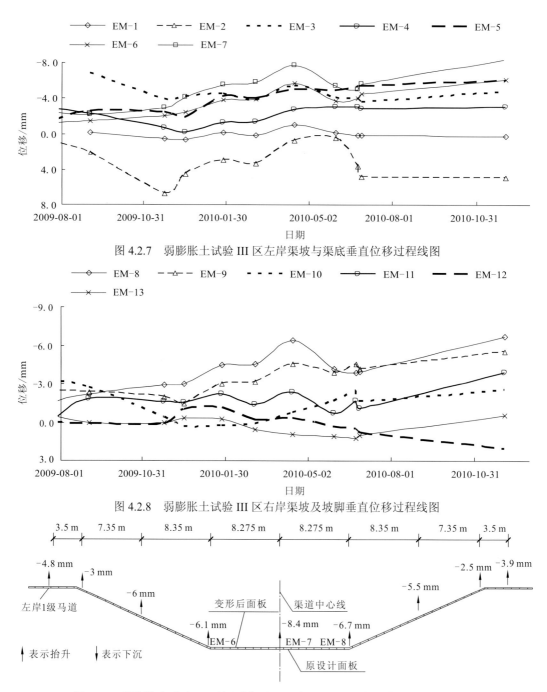

图 4.2.7　弱膨胀土试验 III 区左岸渠坡与渠底垂直位移过程线图

图 4.2.8　弱膨胀土试验 III 区右岸渠坡及坡脚垂直位移过程线图

图 4.2.9　弱膨胀土试验 III 区渠面截至 2010 年 12 月 4 日的垂直位移分布示意图

2. 南阳膨胀土试验段中等膨胀土试验 III 区

南阳膨胀土试验段中等膨胀土试验 III 区监测断面（桩号 TS102+160）各测点所在位置与分布见图 4.2.10。

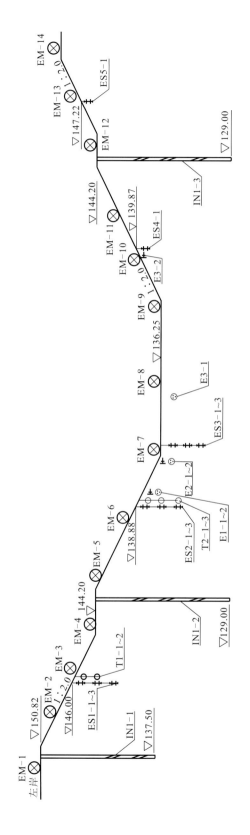

图 4.2.10 中等膨胀土试验III区监测断面各测点所在位置与分布图（单位：m）

133

1 级马道以上处理措施为土工袋 1.5 m+土袋植草；1 级马道以下处理措施为土工袋 1.5 m+20 cm 砂垫层+复合土工膜+衬砌。

现场施工和试验进度如表 4.2.5 所示。

表 4.2.5 中等膨胀土试验 III 区现场施工和试验进度表

分区	项目	开始时间	完成时间
中等膨胀土 试验 III 区	1 级马道以上土方开挖	2008 年 12 月 21 日	2009 年 2 月 4 日
	1 级马道以上土工袋换填	2009 年 2 月 16 日	2009 年 3 月 19 日
	1 级马道以下土方开挖	2009 年 2 月 14 日	2009 年 3 月 31 日
	1 级马道以下土工袋换填	2009 年 3 月 31 日	2009 年 4 月 25 日
	砂砾石垫层铺填	2009 年 4 月 25 日	2009 年 5 月 3 日
	混凝土衬砌浇筑	2009 年 5 月 4 日	2009 年 5 月 18 日
	第一次充水	2009 年 7 月 9 日	2009 年 7 月 12 日
	第一次退水	2009 年 8 月 5 日	2009 年 8 月 14 日
	第二次充水	2009 年 9 月 25 日	2009 年 10 月 4 日
	第二次退水	2009 年 11 月 18 日	2009 年 11 月 29 日
	第三次充水	2009 年 12 月 25 日	2010 年 1 月 2 日
	第三次退水	2010 年 1 月 18 日	2010 年 2 月 6 日
	第四次充水	2010 年 3 月 15 日	2010 年 3 月 20 日
	第四次退水	2010 年 5 月 4 日	2010 年 5 月 26 日
	第五次充水	2010 年 6 月 27 日	2010 年 7 月 17 日

试验段中等膨胀土试验 III 区监测断面左右岸渠坡不同高程共埋设了 14 个水准观测点，以左岸坡顶（工程红线旁）2#工作基点为起测点，按二等水准要求施测，观测周期视工况模拟运行情况而定。观测成果显示：左岸 1 级马道以上产生滑坡变形，1 级马道以下渠坡总体出现上抬变形，最大抬升部位出现在 1 级边坡坡顶（高程 143.9 m），抬升量为 45.7 mm；渠底抬升在 46.5 mm 内；右岸渠坡抬升在 32.1 mm 内，1 级马道上抬 18.1 mm，1 级马道以上边坡抬升变形不大，观测成果见表 4.2.6，变化过程线与变形示意图详见图 4.2.11~图 4.2.13。

表 4.2.6 中等膨胀土试验 III 区监测断面水准位移观测成果表

观测点	EM-1	EM-2	EM-3	EM-4	EM-5	EM-6	EM-7
位移量/mm	—	—	—	—	-45.7	-27.4	-11.8
观测点	EM-8	EM-9	EM-10	EM-11	EM-12	EM-13	EM-14
位移量/mm	-41.1	-46.5	-32.1	-31.1	-18.1	0.2	-6.5

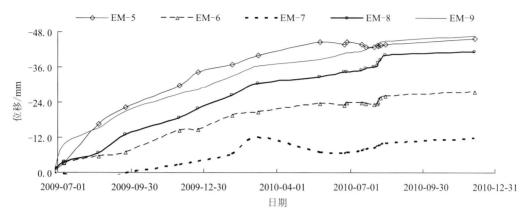

图 4.2.11　中等膨胀土试验 III 区左岸渠坡、渠底垂直位移过程线图

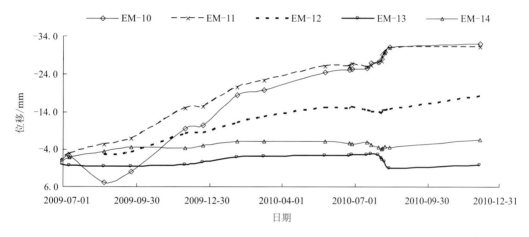

图 4.2.12　中等膨胀土试验 III 区右岸渠坡垂直位移过程线图

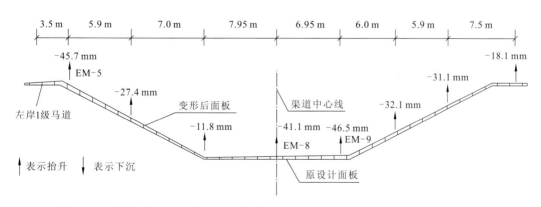

图 4.2.13　中等膨胀土试验 III 区渠道截至 2010 年 12 月 5 日的垂直位移分布示意图

4.2.4　膨胀土吸水膨胀变形

膨胀土的膨胀变形量受土体上部压力的影响，上部压力越大，其膨胀量越小，南阳膨胀土的膨胀率随上部压力变化的测试结果见表 4.2.7。

表 4.2.7　南阳膨胀土在各级压力下的膨胀率

桩号	地层岩性	统计项	自由膨胀率 δ_{ef}/%	无荷膨胀率 δ_e/%	不同压力下的膨胀率 δ_{ep}/%					膨胀力 p_e/kPa
					25 kPa	50 kPa	100 kPa	150 kPa	200 kPa	
TS10~TS12	Q_1 粉质黏土（中等）	平均值	80	2.3	-0.2	-0.4	-0.7	-1	-1.4	14.5
	Q_2 粉质黏土（强）	平均值	96	3.9	-0.3	-0.8	-1.1	-1.5	-1.8	20.8
TS42	Q_2 粉质黏土（中等）	平均值	75	3.3	0	-0.3	-0.6	-0.8	-1	33.9
TS94~TS95	Q_2 粉质黏土（弱）	平均值	44	1.6	0	-0.4	-0.8	-1.2	-1.6	16
	Q_2 粉质黏土（强）	平均值	94	5.5	0.4	0	-0.5	-0.8	-1.3	71.6

中线桩号 TS11 渠段土体在压力大于 25 kPa 时，已经处于压缩状态，也就是说，土体埋深大于 1.25 m 时，下部土体一般不会由于吸水而膨胀变形，其他渠段土体在埋深大于 2.5 m 时，下部土体一般不会产生膨胀变形。由于取样过程中土体围压得到释放，因此实际深度可能比试验确定值要大一些。据此可近似地计算渠道开挖后由于土体吸水膨胀而产生的变形量，采用倒三角形来近似计算，同时考虑土体膨胀力的影响，计算成果见表 4.2.8。

表 4.2.8　膨胀土试验渠底及边坡土体吸水膨胀量计算成果表

桩号	地层岩性	统计项	无荷膨胀率 δ_e/%	不同压力下的膨胀率 δ_{ep}/%		膨胀力 p_e/kPa	吸水膨胀深度/m	渠底吸水膨胀抬升量/cm
				25 kPa	50 kPa			
TS10~TS12	Q_1 粉质黏土（中等）	平均值	2.3	-0.2	-0.4	14.5	1.00	1.15
	Q_2 粉质黏土（强）	平均值	3.9	-0.3	-0.8	20.8	1.25	2.44
TS42	Q_2 粉质黏土（中等）	平均值	3.3	0	-0.3	33.9	1.50	2.48
TS94~TS95	Q_2 粉质黏土（弱）	平均值	1.6	0	-0.4	16	1.00	0.80
	Q_2 粉质黏土（强）	平均值	5.5	0.4	0	71.6	3.00	8.25

计算结果显示，弱膨胀土的吸水膨胀抬升量最小，不足 1 cm。Q_2 中等膨胀土的吸水膨胀抬升量约为 2.5 cm，Q_1 中等膨胀土的吸水膨胀抬升量约为 1.2 cm，Q_2 强膨胀土吸水膨胀抬升最大为 8.25 cm。

挖方渠段由于土体膨胀的不均一性，在土体吸水过程中，产生了较大的变形差异，由于土体抗拉强度很低，其屈服变形量很小，因此，土体结构在吸水膨胀变形过程中极易产生破坏，形成新的裂隙，并使土体原有的裂隙贯通，在重力、静水压力和膨胀力的作用下产生滑动，并可能导致衬砌结构破坏。

处理方法可以是适当超挖换填、提前浸湿使土体吸水膨胀，减少渠道衬砌或封闭后吸水膨胀带来的不利影响。

4.2.5　渠道开挖抬升变形实测值与理论计算对比

渠道开挖产生的抬升变形由渠基土体卸荷回弹和吸水膨胀两部分组成。卸荷回弹深度受土体本身力学性质及渠道几何形态的影响，卸荷回弹深度一般小于 10 m。吸水膨胀影响深度一般小于 3 m。

理论计算得到的南阳挖方渠道卸荷回弹变形量不超过 11 cm，弱—中等膨胀土吸水膨胀总量一般小于 3 cm，强膨胀土最大约为 8 cm。

预埋仪器观测表明，渠道在开挖过程中，卸荷回弹变形已经开始，渠道开挖结束时卸荷回弹变形总量的 60%～80%已经完成，回弹观测值与开挖速度有关。强膨胀土回弹观测值不超过 15 cm，一般在 5～9 cm。

开挖渠道膨胀土吸水膨胀变形量取决于土体的膨胀性和天然含水率及后续土体能够达到的饱和程度，本质是膨胀土在渠道开挖后由天然的土-水平衡实现新的土-水平衡过程中，能吸入多少水分和产生多大的膨胀，它与卸荷回弹相辅相成，卸荷回弹引起土体围压改变，进而打破土-水平衡，使膨胀土处于"欠水"状态，从而产生吸湿膨胀，而吸湿膨胀又会促进卸荷回弹发展，加快卸荷回弹进程。因此，只要膨胀土围压减小，均会产生吸湿膨胀效应。

根据 2014～2018 年沿渠道 1 级马道的水准观测，挖方渠道普遍观测到数毫米至十余毫米的抬升变形，局部最大达二十余毫米，显示出膨胀土抬升变形尽管量级不大，但会滞后较长时间。

4.3　岩土膨胀等级野外快速鉴定

中线工程膨胀土等级主要依据自由膨胀率指标确定。但按自由膨胀率指标复核现场开挖土体膨胀等级时费工费时，不能满足现场快速、直接判别膨胀等级的要求。从大量的膨胀性指标测试数据和现场地质鉴别经验发现，在同一地区，不同膨胀等级的膨胀土与土体的颜色、黏粒含量、裂隙发育程度等宏观特征存在一定的关系。"十一五"和"十二五"国家科技支撑计划项目研究期间，对现场快速判别膨胀等级的方法进行了探索，并在中线工程建设期进行了实践检验，取得了很好的效果。

4.3.1　地质年代与岩土膨胀等级

在颗粒组成基本相同的情况下，不同地质年代土体的膨胀性顺序为 $N > Q_1 > Q_2 > Q_3$

$>Q_4$。不同岩性的岩土膨胀性顺序为：黏土岩>砂质黏土岩；黏土>粉质黏土>粉质壤土>壤土>泥质粉砂。

南阳 Q_1 粉质壤土一般为非膨胀土，局部为弱膨胀土，粉质黏土一般为弱—中等膨胀土，黏土一般为中等—强膨胀土，重黏土为强膨胀土。Q_2 粉质壤土一般为非膨胀土，局部为弱膨胀土，粉质黏土一般为弱—中等膨胀土，黏土一般为中等—强膨胀土，重黏土为强膨胀土。Q_3 粉质壤土一般为非膨胀土，局部为弱膨胀土，粉质黏土一般为弱膨胀土，黏土一般为中等膨胀土。Q^{dl} 粉质黏土一般为弱膨胀土。

4.3.2 岩土颜色与膨胀等级

N 黏土岩的自由膨胀率与颜色的关系可表示为黄色＜棕色＜棕红色＜灰绿色（灰白色）。南阳 Q_1 土体自由膨胀率与颜色的关系可表示为棕红黄色＜砖红色＜砖红色夹灰白色团块＜紫红色。Q_2 土体具有颜色由深到浅，土体膨胀性越来越强的特点，一般规律为灰黑色＜灰褐色＜褐色＜黄褐色＜棕黄色＜橘黄色＜灰绿色＜灰白色。Q_3 土体颜色较浅的自由膨胀率较小，颜色较重的自由膨胀率较高，表现为浅土黄色＜灰褐色＜褐色＜深黄色＜棕黄色。

Q^{dl} 灰褐色、褐色、灰黄色粉质黏土一般呈弱膨胀性。

Q_3 浅黄色、土黄色、灰黄色土体一般为弱膨胀土，灰黑色、灰褐色黏土一般为弱—中等膨胀土，棕黄色夹灰白色土体一般为中等膨胀土。

Q_2 灰褐色、黄褐色、灰色粉质黏土一般呈弱膨胀性，黄色、姜黄色、棕黄色、褐黄色土体一般为中等膨胀土，灰白色、灰绿色土体一般为中等—强膨胀土。

Q_1 棕红色、浅砖红色夹灰白色条带土体一般为弱—中等膨胀土，红色、紫红色土体一般为中等—强膨胀土。

在开挖现场，部分层位的土体可以直接判定其膨胀性，如 Q_4 黏性土或一级阶地粉质黏土可直接判定为非膨胀土，Q_3 粉质壤土可直接判定为非膨胀土，Q_2 灰褐色粉质黏土可直接判定为弱膨胀土，南阳 Q_1 或 Q_2 青灰色或灰绿色黏土可直接判定为中等—强膨胀土。棕红色黏土岩可直接判定为弱膨胀岩，灰绿色或青灰色黏土岩可直接判定为中等—强膨胀岩。黄河北成岩好的泥灰岩可直接判定为非膨胀岩，带灰绿色或土黄色的泥灰岩可直接判定为弱膨胀岩。

河北境内 Q_1 冰水成因黏性土，虽然常呈灰绿色，但膨胀性以弱为主。

4.3.3 岩土裂隙与膨胀等级

弱膨胀岩土：大—长大裂隙一般不发育，微裂隙较发育，土体干裂后破碎成直径为数厘米的小土块，小于 45° 的棱角不太发育。一般切面平整光滑，少见裂隙。渠道开挖平整较容易，不易见到大的光滑裂隙面。

中等膨胀岩土：裂隙发育，裂隙面常充填灰绿色和灰白色黏土、钙质结核、铁锰质薄膜等，裂隙面光滑，或呈镜面，裂隙随机发育，渠道开挖面见大量密集的裂隙及裂隙面，且坡面凹凸不平。土体失水干裂后破碎成直径为数十厘米的土块。

强膨胀岩土：整体呈灰绿色及灰白色。裂隙发育，裂隙面常充填灰绿色、灰白色黏土，常被裂隙分割成较规则的块体，裂隙面极光滑，裂隙发育线密度一般大于 10 条/m。失水干裂后破碎成较大块体。

4.3.4　开挖坡面形态与膨胀等级

开挖坡面的平整性与裂隙发育程度相关，是判别岩土膨胀等级的重要标志。

强膨胀岩土由于裂隙极发育，开挖时坡面形态受裂隙分布制约，坡面多由裂隙面组成，呈现凹凸不平的特征。开挖的渣土多呈棱角分明的块体，见图 4.3.1。

图 4.3.1　桩号 SH68+050 处强膨胀岩开挖渣土形态

中等膨胀岩土由于裂隙发育，渠坡开挖时，开挖面常迁就裂隙面，坡面多呈现由光滑裂隙面相互交割的形态，坡面凹凸不平，局部有沿裂隙面滑出的微小滑坡。渣土呈现碎屑土与块体混杂特征，土块表面可以看到光滑面。

弱膨胀岩土由于大—长大裂隙不太发育，仅微裂隙发育，且土体粉粒、砂粒含量较高，渠坡开挖面较为平整规则，受裂隙控制的凹凸起伏较少。开挖的渣土多呈碎屑状，块体较少，且在块体表面少见光滑面。

根据现场开挖渣土初步统计，强膨胀岩土开挖渣土直径大于 20 cm 的土块所占比例超过 50%，中等膨胀岩土开挖渣土直径大于 10 cm 的土块所占比例达到 30%～50%，弱膨胀岩土开挖渣土一般呈散粒状。

4.3.5　膨胀岩土膨胀等级综合辨识

现场鉴别膨胀土等级按照从宏观到微观、从特征明显指标到其他指标的顺序，并根据地区、地层差异选择合适的指标和标准。当不同指标判别结果存在矛盾时，按照直接指标优先的原则进行综合判别。例如：按颜色判定为中等—强，按物质成分或颗粒组成判定为弱时，应优先按物质成分或颗粒组成进行判别；按颜色判定为弱—中等，按裂隙发育特征判定为中等—强时，应优先按裂隙发育特征进行判别，并进一步根据物质成分、颗粒组成做详细判别。新近系分布的裂隙，成因较复杂，其中存在构造作用形成的中陡倾角裂隙，这些裂隙与岩土膨胀性关系不大，因此产状特别有规律的裂隙、呈共轭形态分布的裂隙，不应作为判别膨胀性的因素。膨胀土等级现场判别流程见图 4.3.2，膨胀岩等级现场判别流程见图 4.3.3。

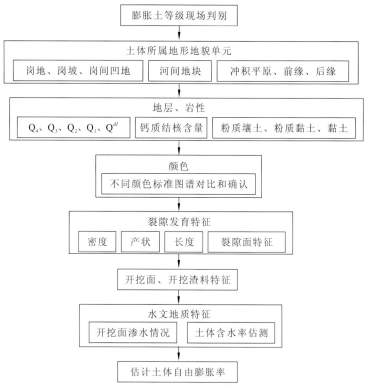

图 4.3.2　膨胀土等级现场判别流程

具体应用时，不要求走完全部流程，只要能用部分指标明确判别，就可以不再继续判别。从实际应用情况看，多数情况下，只需要 3~4 个指标就可以判定岩土的膨胀性，如地层时代、岩性、颜色、裂隙发育特征。少数情况下，才需要借助其他指标及水文地质特征进行综合判断。

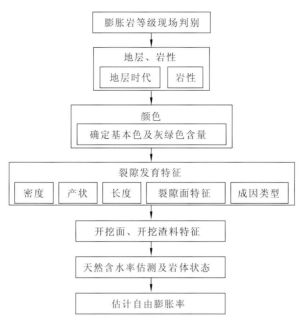

图 4.3.3 膨胀岩等级现场判别流程

当单个指标的判定结果存在差异时，可采用量化标准予以综合判定。陶岔—沙河南段膨胀岩土根据分布特征、岩性、结构、裂隙、颜色及开挖渣土特征，快速判别膨胀等级的参考指标见表 4.3.1。

表 4.3.1 陶岔—沙河南段膨胀岩土等级现场快速判别表

项目	分项	膨胀等级		
		弱	中等	强
裂隙面密度 /（条/m²）	小裂隙	<30	$\dfrac{31\sim49}{40}$	>45
	大裂隙	$\dfrac{0.45\sim0.80}{0.70}$	$\dfrac{0.99\sim2.60}{1.65}$	>2.5
	长大裂隙	$\dfrac{0.0057\sim0.035}{0.015}$	$\dfrac{0.031\sim0.075}{0.056}$	>0.07
可见裂隙线密度 /（条/m）		<10	10～30	>30
岩性、颜色、裂隙发育特征、结核分布特征	Q_3	褐黄色、褐色粉质黏土、粉质壤土，微裂隙发育，分布在河流二级阶地	黄色、黑褐色粉质黏土、黏土，裂隙发育，充填灰白色黏土，含钙质结核，多分布在河间平原	
	Q_2	黄褐色、棕褐色粉质壤土、粉质黏土，多分布在岗顶表层、岗坡	棕黄色、橘黄色、褐黄色粉质黏土、黏土，裂隙较发育，光滑，常充填青灰色黏土或铁锰质薄膜，夹钙质结核或富集层，位于岗顶下部	棕黄色、灰白色黏土，长大裂隙发育，充填灰白—灰绿色黏土

项目	分项	膨胀等级		
		弱	中等	强
岩性、颜色、裂隙发育特征、结核分布特征	Q_1	棕红黄色粉质壤土，裂隙、孔隙较发育	棕红色粉质黏土、黏土，大裂隙发育，充填灰白色黏土，夹钙质结核或成层分布	紫红色夹灰白色黏土，裂隙发育，含钙质结核
	地表 Q^{dl}	坡积，灰褐色粉质黏土，多分布在岗坡洼地	黄色粉质壤土、黏土，大裂隙发育，充填灰白色黏土，多分布在岗顶低凹处	
	N	砂质黏土岩，棕红色、棕黄色黏土岩，裂隙不发育，局部含钙质结核	灰白色、灰绿色、棕红色、浅棕黄色黏土岩、泥灰质黏土岩，大裂隙发育，长大裂隙较发育，裂隙面光滑，局部含较多钙质团块	灰白色、灰绿色、棕红色，大一长大裂隙极发育，光滑，充填灰白色黏土
天然含水率下的现场崩解特征	膨胀土	干燥时崩解较快，表面粗糙；湿润时崩解缓慢	土体崩解快，沿裂隙面崩解，裂隙面光滑，呈大片状或小颗粒状	沿裂隙面崩解快，呈薄片状或细颗粒状
	膨胀岩	崩解较慢，含砂粒时甚至不崩解	崩解较快，含砂粒时崩解较慢，一般呈片状或小块状沿裂隙面崩解	崩解快，呈片状或细粒状沿裂隙面崩解

注：分式形式数据分子表示区间值，分母表示平均值。

还可进一步借助现场崩解试验辅助确定岩土的膨胀性。由于崩解速度受含水率的影响太大，现场难以控制和快速测试含水率，所以现场进行崩解试验时，试验结果会产生一定偏差，可能造成误判。可将崩解试验结果作为辅助判别指标，崩解性判别方法见表 4.3.2。

表 4.3.2　陶岔—沙河南段膨胀岩土崩解性

项目	膨胀等级		
	弱	中等	强
干裂特征	失水干裂成直径大于 5 cm 的块状	失水后开裂严重，破碎成直径为 1～5 cm 的小碎块	失水后开裂严重，破碎成直径为 1 cm 左右的小碎块
裂隙发育特征	延展长度大于 0.5 m 的裂隙很少发育，发育频度一般小于 1 条/m	延展长度大于 0.5 m 的裂隙一般发育，发育频度为 1～5 条/m	延展长度大于 0.5 m 的裂隙很发育，发育频度大于 5 条/m
崩解特征	泡水后，有少量剥落，数小时后开裂成直径为数厘米的较硬碎块或片状，重量增加 10% 以上	泡水后，1～2h 崩解为散土状碎片，碎片较软，重量增加 30%～50%	泡水后，即刻剧烈崩解，约 0.5 h 后软化成泥糊状，水浑

4.4　膨胀土渠道工程地质分类及评价方法

4.4.1　膨胀土渠道的分类

根据渠道开挖深度和填方高度，南水北调中线总干渠分为填方渠道、半填半挖渠道、挖方渠道三类。

　　在挖方渠道，膨胀岩与膨胀土相互组合、膨胀岩土与非膨胀岩土相互组合，可以构成一系列不同类型的地质结构。地质结构不同，渠坡稳定性及工程处理措施也不同，因此渠道工程地质可按膨胀岩土地质结构进行分类，并依据岩土膨胀等级分出不同的亚类。

　　在此基础上，按膨胀土渠坡稳定性分为稳定、稳定性较好、稳定性较差及稳定性差四类。各类型的边坡高度、稳定问题的严重程度、开挖卸荷程度、关注的重点等不同，需要采取的措施也不同。

4.4.2　与挖填深度（高度）相关的工程地质评价

　　填方渠道：主要分布在一些大型河流的两侧和一些低洼地带，分为一般填方渠道（填方高度小于 10 m）和高填方渠道（填方高度大于等于 10 m）两类。填方渠道涉及的工程地质问题包括：地基承载力、膨胀土地基泡水软化后可能引发的滑动问题、填筑层面渗透性、填筑密实度及后期沉降量、渠堤外坡抗冲刷问题。此外，要关注穿渠建筑物部位的渗漏、渗透稳定和不均匀沉积问题。

　　半填半挖渠道：主要分布在一些河流两侧的冲积平原上，在地貌上多属二级阶地或冲洪积平原的后缘地带，其次分布在岗坡的坡脚部位。渠道开挖深度不大，边坡问题一般不突出，但渠坡下部或渠底分布有中等、强膨胀土和挖深大于 5 m 的半填半挖渠段，可能存在渠坡稳定问题，可通过增加换填厚度及局部抗滑桩来保证渠坡的稳定性。

　　挖方渠道：分为一般挖方渠道（挖方深度小于 15 m）、深挖方渠道（挖方深度为15～30 m）、超深挖方渠道（挖方深度大于 30 m）三类。从膨胀土边坡失稳案例来看，挖深超过 5 m 后便可能出现滑坡问题，挖深超过 8 m 后滑坡现象明显增多，挖深超过 15 m后滑坡规模明显增大。这一现象与膨胀土裂隙发育密度随深度的变化规律有较好的吻合性，统计揭示，均一结构膨胀土中长度大于 0.5 m 的裂隙在地面下 6～10 m 最为发育。同时，挖深超过 10 m 后，开挖基坑卸荷作用及渠基抬升变形显著增强。因此，对挖方渠道需要关注边坡稳定问题、开挖卸荷引发的不利影响、渠道封闭后的抬升变形问题。

　　根据渠道设计方案，陶岔—沙河南段渠道设计水深渠首为 8 m，沙河为 7 m，沙河—黄河段渠道设计水深为 7 m，黄河—漳河段渠道设计水深为 7 m，漳河以北到滹沱河为6 m，滹沱河以北为 4.5～5 m。

　　渠道挖深小于 15 m 时，一般只布置 1 级马道，1 级马道以上坡高不超过 8 m。为了保持渠坡的稳定性，除换填措施外，一般根据地质判断，在必要时布置一排抗滑桩来保证渠坡的稳定性，且为了优先确保 1 级马道以下渠坡的安全，1 级马道以下一般布置有抗滑桩，中等—强膨胀土渠段局部加坡面支撑梁结构。

　　由于膨胀土滑坡深度大多小于 6 m，因此从膨胀土的破坏模式出发，兼顾工程量，为控制边坡失稳规模和便于后期处理，渠道挖深大于 15 m 时，1 级马道以上渠坡每 6 m增设一级马道。渠道挖深为 15～30 m 时，渠坡一般有 3～4 级边坡。1 级马道以下一般布置一排抗滑桩，当渠坡为中等、强膨胀土时，加坡面支撑梁结构。综合考虑工程投资、渠道通水安全等因素，1 级马道以上边坡根据土体裂隙发育情况、膨胀性及坡高，在合适部位也布置一排抗滑桩。

深挖方渠道可能揭示更多的潜在滑动面，土体膨胀性向深部也有增加的趋势，揭示长大裂隙、裂隙密集带、缓倾角软弱沉积界面的可能性增大，因此，渠道挖深大于 30 m 时，在 4 级马道一般设有宽平台，达到分割上下边坡、控制边坡失稳规模、上部滑坡不影响下部边坡的目的，并为后期处理创造施工条件。为了保证渠道过水断面的安全，提高 1 级马道以上渠坡的安全性，综合考虑节省投资、渠道通水安全等因素，一般在 3 级渠坡布置一排抗滑桩，同时根据 5～7 级边坡的裂隙发育情况、土体的膨胀性，必要时在 5 级边坡或 6 级边坡增加一排抗滑桩，形成多排抗滑桩稳定体系。

4.4.3 渠坡稳定性评价

中线工程膨胀土渠道开挖期间，陶岔—沙河南段共出现 110 个滑坡，沙河—黄河段出现 10 个滑坡，邯郸—邢台段出现 10 个滑坡，滑坡存在明显的地域性，规律性较强。影响渠坡稳定的主要因素有：结构面发育程度、结构面产状、岩性组合特征、土体膨胀性、渠坡坡比、边坡高度、地下水活动性、地表水汇集条件、施工方式和排水情况、水文气象条件等。

渠坡变形破坏有三种主要类型：

一是发生在膨胀土边坡浅表层的蠕动破坏，施工期由于边坡暴露时间短、胀缩作用不充分，这类破坏数量较少，但如果坡面没有采取有效防护措施，它将是渠道建成后的主要破坏类型；

二是受软弱地层岩性界面控制的滑动破坏，只要坡体存在此类界面，若不采取抗滑处理，迟早会发生滑坡；

三是受缓倾角长大裂隙、裂隙密集带控制的滑动破坏。

开挖边坡稳定性与渠坡高度的关系见表 4.4.1。弱膨胀土边坡稳定性总体上较好，除非出现中等—强膨胀土夹层或长大裂隙，否则一般不会出现结构面控制型滑坡。中等膨胀土边坡在高度超过 5 m 后就可能产生滑坡，是否滑动则取决于缓倾角结构面的发育程度。

表 4.4.1　开挖边坡稳定性与渠坡高度的一般对应关系

渠坡高度/m	膨胀等级		
	弱	中等	强
<5	好	较好	较差
[5, 10)	较好	较差	差
[10, 15]	一般	差	
>15	较差		
>30	差		

按照上述原则，前期勘察阶段，根据渠段土体膨胀性、渠坡高度，对渠道边坡的稳定性进行分类和分段，将膨胀土渠坡的稳定性分为四个等级（即渠坡稳定性好、渠坡稳定性较好——一般、渠坡稳定性较差、渠坡稳定性差），提前对边坡稳定性进行预测，以利于渠道设计。开挖过程中，再根据结构面发育特征、水文地质条件，对上述稳定性分类和分段结果进行修正。

4.4.4　基于渠坡稳定性评价的膨胀土渠道施工分段

膨胀土在开挖过程中会失水干裂，雨水或地表水入渗后会吸水膨胀。渠道从开挖到竣工一般要经历数年时间，在这一相当长的时间段内，大气环境及地表水文环境控制的坡体水文地质条件将发生变化。挖方渠段开挖后，土体将产生卸荷回弹变形、土-水再平衡引起的吸湿膨胀变形、浅表干湿循环引起的胀缩变形，局部地段可能受内因和外因影响而产生滑坡。

针对膨胀土对环境的敏感性特点，为减少大气环境对膨胀土结构的破坏，避免形成新的大气影响带，从而对膨胀土渠坡造成不良影响，需要根据施工单位的施工能力，对开挖方案进行合理规划。为此，需要科学划分工程地质单元及工程分段，每个单元内地质条件基本一致，边坡稳定性基本相同，单元长度与施工能力相匹配，既可以保证施工达到一定的工效，又不至于让开挖面暴露过长时间。据此提出，渠道工程分段最小长度应控制在 100 m 左右，首先考虑膨胀土渠道的地质结构，其次考虑渠道挖深，挖深大时，出于工作面需要，单元长度宜适当加大。在施工图设计阶段，地质人员需要根据渠道地质条件、开挖深度、潜在滑坡发生的可能性，结合施工单位的综合施工能力，提出施工分段建议。施工期间，地质人员需要根据开挖揭露的地层岩性、渠坡高度、地下水分布特征、裂隙发育情况、中等—强膨胀土夹层和裂隙密集带的分布情况、裂隙优势产状，结合施工形象及工程处理措施，对施工分段、开挖支护及防护方案做必要的细化、微观调整。

4.5　膨胀土渠道施工地质方法

4.5.1　膨胀土渠道施工地质内容

膨胀土渠道工程属线性工程，不同于一般的水利工程，具有面广、线路长、层位岩性多变、水文地质条件复杂、岩土对环境敏感、容易产生滑坡等特点[21]。它也不同于一般土体上的渠道工程，膨胀土裂隙发育，对土体强度和开挖边坡稳定性具有控制作用。膨胀土问题是中线渠道最难解决的工程地质问题之一。因此，膨胀土渠道施工地质除遵循一般水利工程施工地质工作内容和工作方法外，还必须针对膨胀土特殊性制定相应的技术要求。膨胀土引起的主要工程地质问题包括渠坡稳定问题、胀缩作用引起的渠道衬砌变形问题、饱水软化引发的地基强度不足问题、地下水引发的顶托或抗浮问题等，对渠道工程投资、建设工期和安全运行具有重要影响。在一般的水利工程施工中，土质边坡很少进行详细的施工地质工作，但由于中线工程的特殊地位及膨胀土的特殊性，施工地质变得十分重要，为工程建设不可或缺的一环。

1. 膨胀土渠道施工地质信息收集

膨胀土渠道施工地质应充分收集各种相关信息，全面掌握和了解所在渠段的工程特征、设计方案、前期勘测结论、渠道工程地质条件和水文地质条件、施工方案及临时保护措施、边坡变形破坏发展过程、边坡处理方案及处理过程、气象水文信息等，从影响渠道稳定的内在要素到外部触发要素，信息收集尽可能完备，以便分析评价和预测时有的放矢，抓住关键和主要矛盾。

1）设计信息收集

收集内容包括占地图、设计布置平面和剖面图、施工方案，了解渠段的设计方案、施工组织设计等，了解渠道设计坡比、渠道挖深、渠底板设计高程、各级马道宽度、边坡高度、膨胀土处理方案、换填厚度、抗滑桩设计参数、地下水及地表水处理措施等，分析各种地质问题处理的合理性，针对性提出地质处理建议。

2）前期勘察成果及相关研究成果收集

中线工程从 20 世纪 50 年代初开始勘测到 2011 年正式开工，前后经历 50 多年，完成了大量的勘测试验研究。"十一五"国家科技支撑计划研究期间，又在南阳及新乡潞王坟两个试验段开展了大量的原型试验，取得了一批研究成果。同时，国内其他行业在膨胀土分布区进行公路、铁路及其他工程建设时，也对膨胀土开展了一些研究，积累了大量的科研成果。收集分析上述资料、吸收前人的科研成果及工程处理的成功经验，对科学客观分析中线工程膨胀土工程地质条件、预测存在的地质问题、提出工程处理建议，有着重要的参考和借鉴作用。收集的资料包括如下内容。

（1）勘测类报告：以往各勘测设计阶段的工程地质勘察报告、针对膨胀土的专题报告，梳理与膨胀土相关的各类地质问题的分布范围、性质，为施工期地质复核做好铺垫。

（2）国内外有关膨胀土研究及工程治理的论文和著作，了解国内外对膨胀土的研究成果和处理方法，为渠道施工期间专门问题的研究做好技术准备。

3）施工过程相关信息收集

中线工程开工前，相继颁布了《南水北调中线一期工程总干渠渠道膨胀土处理施工技术要求》（NSBD-ZXJ-2-01）、《南水北调中线一期工程总干渠渠道膨胀岩处理施工技术要求》（NSBD-ZXJ-2-02）、《南水北调中线一期工程总干渠渠道膨胀土处理施工工法》（NSBD-ZXJ-4-01）等一系列技术标准。但施工过程中，地质条件可能发生变化，施工环境及社会环境也可能导致施工程序偏离既定安排，地质因素、施工因素、气候水文因素，甚至设计因素等，都可能导致渠道边坡变形失稳、土体性状恶化，进而引起设计方案变化、施工工序变化、工期及投资变化。因此，施工地质工作必须掌握第一手资料，全面掌握施工期的各种信息，及时预测开挖边坡的稳定性，分析渠坡变形失稳的原因和边界条件，发现对渠坡稳定不利的因素，为设计方案优化、渠坡及时处理提供地质支撑。

（1）紧随渠道开挖，及时收集渠道开挖揭露的地层岩性、地质结构、水文地质、土体膨胀性、结构面发育程度及特征等。

（2）收集与边坡稳定相关的环境信息，包括天气（降水强度、持续时间、气温）、地表积水及基坑积水情况、开挖过程信息、开挖面保护措施、开挖面风化冲刷信息、预留保护层设置及开挖信息、建基面开挖清理信息、换填施工信息、填筑料质量信息、抗滑措施施工信息等。

（3）收集渠坡土体性状及渠坡变形破坏方面的信息，包括开挖面土体吸水膨胀和失水干裂信息（风化速度、风化厚度、干裂程度）、滑坡信息（边坡地质结构、发展过程、形态、成因、底滑面特征、渗流特征、触发因素、处理方案及处理过程）。

（4）其他地质现象，如扬压力问题、换填层变形失稳问题、衬砌板开裂问题等。记录发生时间、过程、表现特征，分析原因。

2. 施工期水文地质工程地质条件复核

南水北调中线工程初步设计阶段，渠道勘探按 500 m 一个地质剖面进行布置，建筑物一般按 30～50 m 间距或按建筑物部位和桩基位置布置钻孔。因地质条件复杂，局部地段土体性状变化大，特别是膨胀土受沉积环境及微地貌的影响，颗粒成分及矿物成分变化大，膨胀性空间变化大，裂隙发育程度及地下水分布情况变化频繁，夹层及裂隙情况不可能在前期探明，因此，在渠道开挖期间，必须对开挖面的水文地质工程地质条件进行复核，并依据复核结果和揭露的工程地质问题做出地质预报，提出工程处理的地质建议。工作内容包括：

（1）复核、修正土体物理力学参数，包括抗剪强度、地基承载力、结构面强度等。

（2）复核土体的膨胀性及膨胀等级、裂隙发育程度、结构面对渠坡稳定的影响、地基膨胀变形对建筑物的影响等。采用土体膨胀性现场快速鉴别技术和少量试验，判断土体的膨胀等级，重点观测渠坡裂隙分布特征并分不同层次做详细裂隙编录，分析预测受裂隙控制的潜在不稳定地质体的规模和边界。

（3）复核水文地质条件，校核水文地质参数，针对渗控设计方案提出处理建议。

3. 不良工程地质问题预测

膨胀土分布渠段的不良地质问题主要有四类：水文地质类、边坡稳定类、膨胀变形类、土体强度类。

1）水文地质类

水文地质类问题包括强透水层涌水问题、相对透水层持续渗流问题、极端气候条件下地下水位抬升问题、基坑积水问题、底板下含水层向上越流补给问题、雨季开挖面保护问题、渠水位快速消落时的衬砌结构抗浮问题等。需要根据渠道地质结构、水文地质参数、水文气象条件及衬砌结构，对问题类型、成因、影响后果进行分析，提出处理建议。

2）边坡稳定类

对潜在不稳定边坡进行预测，包括范围、类型、控制因素、危害。施工期膨胀土边坡破坏类型主要有缓倾角结构面控制的滑坡、浅表层变形蠕变、块体破坏（受开挖坡比和1~2组中—陡倾角裂隙控制）、坡脚浸泡软化坍塌。

根据前期勘察成果及渠道施工期间的超前探槽、探坑和边坡揭露情况，对潜在的边坡稳定问题进行预测，并提出处理建议。

3）膨胀变形类

一方面要根据开挖揭露情况及时复核土体膨胀性，及时发现膨胀等级增强的地段并通知设计人员；另一方面对于局部分布的较强膨胀土，需要评估渠道建成后膨胀变形差异性可能造成的安全隐患，包括地基抬升变形、衬砌板变形等。

4）土体强度类

膨胀土强度对含水率十分敏感。非饱和膨胀土的强度较高，而一旦吸水饱和，强度就会大幅度下降。若建基面存在积水或下方含水层越流补给，无荷膨胀土便会充分吸水膨胀软化，表部甚至会完全丧失强度。

4. 施工地质编录

渠道工程线路长，施工面积大，鉴于膨胀土的特殊性和边坡问题的重要性，膨胀土渠道施工地质编录是一项十分繁重而又十分重要的工作。施工地质编录一般采用施工地质综合描述卡进行开挖面地质特征描述，采用厘米纸进行开挖面编录。编录内容包括地层结构、岩性、膨胀性、土体状态、边坡高度、坡比、渠段所在微地貌特征；记录滑坡体、失稳块体、坍塌体、边坡渗水、渠底板渗水涌水等不良地质现象及其分布范围，分析边坡失稳的原因和机理；记录边坡保护和处理方法及施工过程，观察坡面土体变化；记录取样点、试验点、监测点的位置。

施工地质编录时，首先进行岩性复核并做地层岩性分层，然后根据土体颜色分出亚层，再根据土体的膨胀性分小层。影响渠坡稳定的长大结构面及裂隙密集带应单独编录上图。一般分层厚度宜大于 2 m，对于膨胀土中的透水层、膨胀性较强的夹层或透镜体应专门描述和上图。

根据土体的膨胀性、裂隙发育程度，对所编录渠段土体进行膨胀等级判别。

根据编录结果，对可能出现的工程地质问题及渠坡稳定性做出预测，当渠道边坡稳定性与前期判断或与相邻渠段不同时，应以地质简报等形式通报给工程建设各参与方，提出处理建议。

地层岩性编录内容：地层时代、岩性、膨胀性、含水率（估测）或状态。当膨胀性与初步设计阶段勘察结论有差异时，需根据开挖揭露的地质信息，做进一步复核。

结构面编录内容：类型、产状、分布、发育程度、延伸长度、张开性、光滑性、充填状况、组合关系、力学性状、渗流状况、上下岩性、与边坡组合关系。分析对边坡稳定的影响，预测潜在滑动面的分布位置及失稳规模，提出处理建议。当多条大裂隙可能组合发展为潜在滑动面时，还应分析计算裂隙连通率。了解设计处理方案及实施过程。

水文地质编录内容：出水点分布、出水量、地下水浸润线高程、地下水类型、渗流动态、对土体强度的影响，提出渗控处理建议。了解设计方案及施工处理过程。

滑坡编录内容：分布桩号、剪出口高程、后缘高程、滑坡形态、底滑面形态及成因、发展过程、土体膨胀性、渗流情况。一旦出现滑坡，应通过探槽查明底滑面特征，分析滑坡成因，提出处理建议。

施工地质编录时还应对特殊地质现象进行摄影、录像，并做好比例、实物标记，编写说明，说明应包括编号、位置、方向、日期及地质内容等，具有重要意义的照片宜附上相对应的素描图。

5. 地质巡视与观测

膨胀土渠道施工工序多，工艺复杂，工期长，在这个过程中，膨胀土开挖面难免要产生风化、冲刷，出现边坡失稳等问题，地质巡视就是为了能及时发现渠道开挖揭露的地质条件变化、地质异常现象、潜在工程地质问题、滑坡迹象。在地质条件特殊、问题较严重时，还应开展地质观测。

1）地质巡视

边坡地质巡视侧重以下几个方面：施工进度、形象进度、施工程序、施工方法、施工工艺及其对边坡稳定的影响；岩性及其变化；膨胀土裂隙发育程度；初判土体膨胀等级；了解换填处理厚度；评价工程处理措施的合理性；结构面分布与发育程度、性状，特别是缓倾角长大结构面的展布，初步分析判断边坡可能失稳的部位及规模；含水层分布、渗流、渗透性对施工及土体强度的影响；暴雨、久雨、冻融对边坡稳定的影响；边坡土体含水率；边坡变形现象，裂缝位置、发展动态、与地质结构及降雨等的关系、成因及控制因素；坡面干裂、崩解、冲刷情况；边坡临时及永久处理措施的实施情况；截排水措施情况；换填土性状、压实效果。

2）地质观测

施工期间需要观测开挖边坡土体风化及干裂崩解现象，对边坡变形提出监测建议；

观测滑坡、坍塌、鼓包、蠕滑、涌水、土体软化等变化；观测开挖面渗流变化、渠道周边地下水位变化、土体含水率变化，以及其他异常情况。

6. 补充工程地质勘察

当出现以下情况时，宜开展补充工程地质勘察或专项勘察：岩性出现重大变化，对边坡稳定、设计方案、施工工艺、工程投资产生重大影响；渠道开挖范围出现坚硬岩石（包括下伏基岩面升高、局部钙质胶结成岩），且硬岩面起伏变化大；水文地质条件复杂，严重影响施工或设计方案的实施；土体膨胀性现场难以确定；出现较大规模边坡失稳迹象；渠道施工引起周边环境地质问题；设计方案变更。

勘察方法可根据问题类型选择，包括钻探、探槽、探坑、取样试验、水文地质观测、变形观测、水质分析、土体物理力学试验等。勘察精度应满足施工图设计要求。

7. 工程验收地质工作

施工过程中应综合利用各种勘察资料，根据开挖揭露的地质条件、施工处理和观测资料，不断深化对工程边坡地质条件的认识，完善边坡稳定性评价，提出地质结论意见。

工程边坡总体或分段（块、验收单元）工程地质评价包括下列内容：边坡高度、几何形态和工程地质条件；整体稳定性与局部稳定性及变形监测资料分析；失稳土体的位置、范围、规模及破坏机制；不良地质问题处理建议及工程处理是否满足要求；需进行后续处理的地质问题和运行期的监测项目。

分段（块）验收时应准备下列内容：工程边坡的各种地质图和地质编录、观测资料；工程边坡起止位置桩号、地质结构、水文地质特征；边坡形态、超（欠）挖情况；边坡工程处理措施（减载、加固、截排水、抗滑桩、排水盲沟、换填水泥改性土等）实施情况。

8. 施工地质技术成果

由于渠道线路长，地质条件和水文地质条件变化频繁，地质编录成果应及时提交给设计方，提交形式一般为互提资料单，对滑坡等不良地质现象采用地质简报（专报）形式，以引起建管、设计、监理、施工方的重视。对重大工程地质问题、补充勘察、专项勘察，还应提交专门的工程地质勘察报告及附图。

此外，根据施工建设需要，还需要准备阶段验收工程地质报告及附图、安全鉴定工程地质自检报告及附图、工程（设计单元或单项建筑物）竣工工程地质（施工地质）报告及附图、工程地质勘察技术总结等。

4.5.2　施工地质工作方法

施工地质工作前，应做好工作计划，安排好技术力量，对地质人员进行必要的培训，特别是膨胀土快速判别，必须进行专业培训。建立健全岗位责任制，编制施工地质技术要求，强调膨胀土问题的复杂性和重要性，把好质量关，确保各项工作严格按质量管理办法得到有效控制。

1. 编制施工地质技术要求

施工地质技术要求是开展施工地质工作必须遵循的指导性文件，编制施工地质技术要求对于统一渠道地质工作内容、提供合格的产品（成果）非常有必要。

膨胀土渠道施工地质技术要求一般包括渠段基本地质条件、施工地质主要任务、执行的规程规范、工作内容及工作方法、工作精度、重点关注的工程地质问题等内容。

由于不同渠段和建筑物的地质条件不同，工作内容也有差异，工作精度和图件比例尺不同，需要结合渠道特点和设计方案，提出合适的技术指标。

2. 地质巡视

在施工地质巡视前，制订巡视计划，携带巡视记录卡片和必要的工具。

地质巡视记录如下内容：开挖面地质条件，并侧重开挖进度，施工程序、方法、工艺及其对边坡稳定的影响；结构面（裂隙面、软弱层）的组合特征及其与边坡坡面的关系，特别是顺坡向长大结构面的展布，初步分析判断边坡可能失稳的部位和规模；土体性状、分布情况及相变，不同土层界面的位置及特征；含水层分布、干湿状态、钙质结核或胶结情况、渗透性、砂层含泥量等；地下水出露位置、出露形式，流量、管涌、流土等情况，气候环境对地下水动态和边坡稳定的影响；边坡土体含水率变化及其对土体强度的影响；裂缝位置、展布特征及变形特征、失稳模式；坡面冲刷情况；边坡临时及永久处理措施的实施情况。

抗滑桩施工地质巡视记录：桩基施工进度、程序、方法、工艺；桩型、桩距、排距、桩径及桩长；成桩造孔深度、台班进尺、换层深度、孔底土体性质；桩体周边土体物理力学性质。

3. 地质取样、试验及专项勘察

当现场膨胀等级判别与初步设计阶段勘察结论有差别时，应取样进行自由膨胀率等试验，以最终确定边坡土体的膨胀等级。对膨胀性较强的夹层也应取样进行试验，以优化设计，保证工程安全。取样时应注意土样的代表性，注明取样时间、地点桩号、高程、岸别、土体性状。

根据需要开展原位测试或取样以进行室内物理力学性质、膨胀性试验。试样应填写送样单，采取密封和保护措施后及时送样，在规定时间内完成试验。

当出现较大规模边坡失稳时，需要查明失稳机制、范围；边坡设计方案发生变更需要重新核定；施工引发较严重环境地质问题时需要查明原因；地质条件出现重大变化、需要开展专项勘察时，应编制勘察大纲或勘察技术要求。勘察、试验单位应具有相应的资质，以保证施工地质成果质量。

4. 地质编录方法

地质编录应紧随施工进度，按开挖顺序进行。

为了顺利开展施工地质编录，地质人员应与施工方建立起良好的沟通联系机制，当渠道开挖接近设计开挖面时，施工或监理单位应提前1~2天通知地质人员，告知合适的地质编录时间，并标明地质编录的渠段桩号、部位、岸别等。施工单位应保证待编录渠坡平整，无浮土，满足地质编录条件。地质编录时不少于两人，并做好必要的安全防范措施。

渠道地质测绘一般由施工单位提供测量人员，渠系建筑物基坑则由地质人员用米尺进行量测。测量精度应满足地质编录要求，并尽快成图。测绘内容包括：

（1）岩土层分界线、岩体风化分带界线、夹层、特殊土层（如裂隙密集带）的分布位置（坐标、高程和范围）；

（2）变形体、滑坡体范围（桩号、高程），裂缝位置；

（3）地下水溢出点位置（坐标、高程）；

（4）各项工程处理措施的位置。

边坡地质编录应填写施工地质编录综合描述卡，编制边坡工程地质图或剖面展示图，边坡典型工程地质纵、横剖面图，边坡重点处理地段地质图或展示图、素描图。

坡度小于30°的边坡实测地质平面图；坡度大于30°的边坡实测地质展示图，其地质平面图可根据地质展示图编制。

渠道地质编录比例尺要求见表4.5.1。展示图需要标注长度2m以上的裂隙，因此比例尺不能小于1：500。综合考虑到渠道规模、剖面长度、精度的要求，平面图、剖面图比例尺以1：1000较合适。

表 4.5.1　渠道地质编录比例尺要求

名称	比例尺
渠道编录展示图（纵、横）	1：500
工程地质图	1：1000
典型工程地质纵、横剖面图	1：1000~1：200
边坡重点处理地段地质图、展示图	1：1000~1：500

膨胀土渠段存在的主要问题是边坡稳定问题，而边坡稳定主要受结构面控制，裂隙编录是渠道开挖期间地质编录的重点内容。由于南水北调中线工程膨胀土渠段长、结构面编录工作量巨大，而渠道施工要求快速开挖、快速覆盖，施工压力大，留给地质编录的时间十分有限。为了解决施工进度与地质编录的矛盾，尽可能快地为设计提供膨胀土渠段优化设计依据，地质编录推荐采用点、面结合的工作方法，即在整个开挖面上对长大结构面进行编录，每隔一定距离或根据地质条件变化，进行一次点上的详细编录，以掌握膨胀土完整的地质信息。点编录可采用两种形式，一是2m×2m露头裂隙测量，二是地质窗口编录。

1）渠道开挖面裂隙编录（面上编录）

对于渠道整个开挖面，除了编录膨胀土的性状、地层界线、膨胀等级、水文地质现象外，还应对长度大于 2 m 的结构面、裂隙密集带范围进行编录。

大于 2 m 的结构面应编录其产状，明确是岩性界面还是裂隙，记录结构面的长度、壁面特征、充填物类型、张开度、充填宽度、渗水现象、结构面上下层岩性、结核分布情况等。

2）裂隙点统计

对于长度为 0.1～2 m 的裂隙，选取不同层位代表部位测量裂隙面密度或线密度，面密度测量范围一般为 2 m×2 m，线密度测量宜垂直层面或优势裂隙的走向，如图 4.5.1 所示。

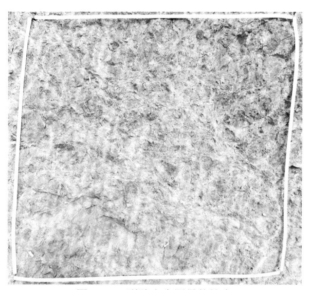

图 4.5.1　裂隙密度测量统计点

裂隙密集带编录时，应测量编录其范围、岩性、厚度、裂隙密度、与上下层的关系等。宽度较小的裂隙密集带可放大表示。

3）地质窗口或探坑裂隙编录

为掌握膨胀土裂隙沿线发育程度的变化，采用地质窗口、探坑、探槽的方法进行地质编录。地质窗口开挖随渠道开挖基本同步进行。中线单元工程的划分长度一般为 100 m，因此，一般每隔 100 m 左右在渠道两侧进行地质窗口开挖，或者间隔 100～200 m 在渠道中心开挖探坑或探槽进行裂隙编录。

当膨胀性相同的渠段比较长时，地质窗口间距可适当延长至 200 m 左右，左右岸错开布置。如果岩性及膨胀等级变化频繁，则应缩小地质窗口间距。

当渠道分级开挖到设计预留保护层断面时，由地质人员确定位置，施工单位负责地质窗口开挖。地质窗口布置在上下两级马道之间，宽 2～5 m，挖深 10 cm 左右，机械削平、人工清理，坡面平整无浮土，见图 4.5.2。

图 4.5.2　地质窗口编录

当渠道开挖至马道高程时，为了提前了解下一级边坡土体的结构面发育情况，可在渠道中心布置坑槽，坑槽底部长、宽应大于 2 m，开挖坡比不陡于 1∶1.5。当根据前期勘探资料或相邻段地质资料需要对开挖底板下方地质结构做预先研判时，也可以在渠道中心进行抽槽。坑槽开挖及编录工作应做好安全应急预案，并做好安全防护预警标志。

地质窗口、坑槽开挖完成后应及时进行地质编录，施工单位配合开展测量工作。

对每个地质窗口及坑槽，应测量记录岸别、位置桩号、顶部高程、底部高程、地层岩性等。地质窗口编录一般在厘米纸上进行，比例尺为 1∶50，裂隙长度大于 50 cm 的均应上图，并对裂隙统一进行编号，测量裂隙的基本要素产状、长度、充填物、裂隙宽度、裂隙的渗流情况等。地质窗口编录图为正射投影图，坑槽编录图为壁面展示图。

当出现滑坡及变形现象时，应了解并记录滑坡和变形体产生前后的天气及降雨情况。地质编录时，首先应确定滑坡的边界，记录前后缘、拉裂缝、鼓胀裂缝、各种地质界线、水文地质点等。

为查明滑坡的形成机理，对滑坡进行抽槽勘察。抽槽放坡必须符合安全要求，做到快速开挖、快速编录，查明地层岩性、裂隙分布、滑面位置和滑带性质，必要时对滑带土的膨胀性和力学性质通过取样试验进行确定。

5. 地质预报或施工地质简报

根据施工地质获取的资料，预测渠坡将产生变形、渠道实际地质条件与原设计所依据的地质成果有出入而需要修改设计、出现新的不利地质因素而影响渠道安全时，应及时进行地质预报，编发施工地质成果说明或施工地质简报，提出处理的地质建议。

6. 与工程验收相关的地质工作

渠道工程一般 100 m 长划分为一个工程单元，深挖方渠段实行分级开挖、分级验收制度，划分的单元越多，验收工程量越大。施工地质单位收到施工单位编制、监理单位签发的四方联合验收单后，派地质工程师参与验收工作。

1）边坡工程

应综合利用各种勘察资料，根据开挖揭露的地质情况、施工处理和观测资料，对工程边坡稳定性做出地质评价。验收时填写地质结论意见，工程地质评价包括下列内容。

（1）边坡的高度、几何形态和工程地质条件。

（2）整体稳定性与局部稳定性及变形监测资料分析。

（3）失稳土体的位置、范围、规模及破坏机制。

（4）不良地质问题工程处理是否满足要求。

（5）需进行后续处理的地质问题和运行期的监测项目。

2）段（块）边坡验收

段（块）边坡验收时，应准备、检查下列内容。

（1）工程边坡的各种地质图和地质编录、观测资料。

（2）工程边坡起讫位置桩号、地质结构、水文地质条件。

（3）边坡形态、超（欠）挖情况。

（4）边坡工程处理措施（减载、加固、截排水等）实施情况。

3）建筑物地基工程地质评价

建筑物地基工程地质评价包括下列内容。

（1）地基土体性状、物理力学参数、渗透性与渗透稳定性。

（2）地基土体的性状是否满足承载与变形要求。

（3）可能的整体或局部滑移形式及其相应的边界条件，滑移面力学参数。

（4）不良地质问题的工程处理是否满足要求。

（5）需进行后续处理的地质问题和运行期的监测项目。

验收段（块）建基面时应检查下列内容。

（1）建基面的形态、高程，超（欠）挖情况。

（2）建基面土体性状。

（3）地下水的引、排、封、堵情况。

（4）不良地质问题的处理情况。

（5）周边地段施工对验收段（块）土体的影响。

（6）地基变形、渗透等项目观测仪器的埋设情况。

7. 资料整理与技术成果编制方法

1）资料整理

施工地质资料应及时进行分类整编，包括施工期间资料整理和工程竣工后资料整理。

155

（1）施工过程中，施工地质成果提交要紧跟工程进度。通过施工地质简报，就本月施工地质编录情况和工程实施中的地质问题进行说明与汇总，并对下一步工作提出意见、建议。

（2）在施工中出现与地质相关的问题时，应在较短时间内提出地质说明和处理建议、意见，并及时送交业主和有关单位。

（3）施工期间，当天所做的外业地质记录（边坡展示图、描述记录卡片、照片等）及时进行上图、上墨，并整理归类。同时，要及时分析、判断，尽早发现问题、隐患。

（4）地质简报校核审查后，有关记录、表格、图纸及计算成果等一起归档，并及时将地质简报发送参建有关单位。

（5）渠道开挖或建筑物基坑开挖出现地质条件变化，发现滑坡迹象、软弱地基等不良地质现象时，以互提资料单的形式，提交给设计方，提醒设计方注意，主要内容包括地质情况说明（包括渠道桩号、建筑物部位、裂隙发育情况、地下水情况、土体物理力学性质、膨胀等级、渗透性等），地质平面图、剖面图、展示图等。

（6）进行专项勘察需要业主、监理或施工单位配合开展相关工作时，通过工作联系单的形式提请相关单位予以配合。

工程竣工资料整理一般按标段或工程单元进行。应分类整理施工地质日志、地质巡视卡、地质编录成果、测量成果，以及各类原始图件、记录卡片。

分标段整理地质预报书面材料；验收段（块）施工地质说明及附图和验收文件；施工期间地质观测、试验资料；工程监理、安全监测、施工开挖和处理中与地质有关的资料；照片、录像；文件、会议纪要、专家咨询意见、鉴定报告；与建设、监理、施工单位的往来文件及图纸；补充勘察成果。

2）技术成果编制

根据验收要求提交相应的地质报告或其他报告的地质内容。工程验收阶段不同，需要编制的地质技术成果的深度、侧重点不一样。施工地质技术成果可能包括以下内容。

（1）阶段验收工程地质报告及附图。

（2）安全鉴定工程地质自检报告及附图。

（3）专题工程地质报告及附图。

（4）工程（设计单元或单项建筑物）竣工工程地质（施工地质）报告及附图。

（5）工程地质勘察技术总结。

工程竣工工程地质报告按施工标段进行编写，宜首先形成竣工地质报告范本，再编写各标段的工程地质报告。

4.5.3　数字地质编录技术

传统的地质编录以人工编录为主，依靠地质人员现场勘测，画出地质迹线，量测结构面产状。这种作业方式工作量大、工作强度高、受施工干扰大，编录的几何精度低、信息反馈慢，编录成果以纸质形式呈现，要完成数字化还需要进行大量内业作业，而且会对施工产生一定的干扰，不能满足快捷高效、信息化、施工反馈应用的需求。

近十余年来，国内外数字技术已应用于工程边坡岩体裂隙研究和地质编录，也出现了一些研究成果和产品，主要有两条技术思路：一是用普通的数码相机作为边坡影像采集手段，基于摄影测量原理，开发专用软件对影像进行数字分析和处理，获得边坡裂隙和结构面的三维几何信息，完成数字化地质编录；二是运用激光扫描设备，对工程边坡进行扫描，通过激光扫描仪的专用软件系统，获取边坡裂隙和结构面的三维几何信息[4]。

河海大学研究开发的 EgoInfo 系统，以数字近景摄影测量、数字图像处理和地理信息系统技术为手段，以地质数据的采集、管理、分析处理和图表输出为基本功能，以多技术集成应用为特色，实现了在计算机上完成地质编录的构造线素描、产状量测、岩层产状属性数据和图形图像数据的数据库查询、AutoCAD 成图及模型的三维显示和三维查询等功能。EgoInfo 针对地质编录而开发，与其匹配的是单机成像技术。

国外比较有代表性的软件是 3DM 系列软件。3DM 系列软件是澳大利亚 AMAD 公司开发的摄影测量系统，主要模块包括：3DM Analyst 照片的三维合成、处理和地质素描，DTM Generator 数据化地形模型生成器，Custom 3DM Systems 定制三维动态量测系统。国内有勘测设计院基于 3DM 系列软件，通过二次开发，实现了水利工程边坡三维数字地质编录。

为避免对既有平台的依赖，突破未来功能升级与推广应用的局限性，立足自主研发"工程边坡实时数字地质编录软件系统"的目标，形成一套经济实用、先进、拥有自主知识产权的数字化地质编录系统。数码相机是一种比较廉价、分辨率有保证的成像设备，配合开发的针对地质编录的软件，完全可以满足地质编录的精度要求，是实现工程边坡快速地质编录的具有高性价比的选择。国内外以往技术都采用单机成像，通过改变机位获取像对，其工作效率不高，像对处理难度大，不便于对成像质量进行把控。因此，在 2008～2010 年研发了"计算机控制的双数码相机成像+结构面提取"的数字实时编录技术，现场数据采集时间缩短 50%～70%，像对质量大幅提高，为实现高效、精准地质编录创造了条件。

1. 工程边坡实时数字地质编录关键技术

1）三维地质摄影成像与纠偏

（1）相机畸变校正。

数码相机在加工、安装过程中都存在一定的残余误差，这一误差会引起图像畸变。普通数码相机像幅为 1 800 像素×1 200 像素左右的中等分辨率影像，其周边的畸变差一般达到 20～25 个像元（当镜头张角为 40° 左右，拍摄距离为 10 m 时拍摄对象的实际误差可达到 10 cm 左右），像幅为 640 像素×480 像素的影像，其周边的畸变差一般达到 10～15 个像元。

畸变差分为轴对称像差与非对称像差两大类，需要通过专业的相机参数校验场得到数码相机在不同焦距下的畸变参数，在程序中实现相机畸变校正。

（2）外方位元素计算。

影像外方位元素指拍摄时的相机位置、相机空间姿态等参数。计算外方位元素是影像解析的第一步，是获得物方坐标的必要条件。通常采用空间后方交会算法，计算影像中控制点的物方空间大地坐标。外方位元素计算分两步，首先采用角锥法计算影像外方位元素近似值，再应用共线方程解法迭代计算影像外方位元素精确值。

（3）基于尺度不变特征变换（scale invariant feature transform,SIFT）算子的影像自动匹配。

基于尺度空间，对图像缩放、旋转甚至仿射变换保持不变性的图像局部特征进行描述的算子——SIFT 算子，是目前图像匹配算法中性能较好的算子，基于 SIFT 算子的特征图像配准可大致分为特征的检测、描述和匹配。首先生成图像尺度空间，然后检测尺度空间中的局部极值点，通过剔除低对比度点和边缘响应点对局部极值点进行精确定位；特征描述时，先计算每个极值点的主方向，对以极值点为中心的区域进行直方图梯度方向统计，生成特征描述算子；最后，通过特征描述算子寻找匹配的特征，建立图像之间的联系。

（4）物方坐标计算。

由立体像对左右两幅图像的内、外方位元素和同名像点的图像坐标量测值确定该点的物方空间大地坐标，称作立体像对的空间前方交会。用空间前方交会算法计算出结构面 3 个或 3 个以上点的物方坐标，得到结构面上量测像点对应的物方坐标，从而获得结构面产状信息。空间前方交会算法有点投影系数法、光束法、线性法等，本系统使用线性法。

2）利用辅助标识板的裂隙结构面产状计算

（1）产状计算的一般方法。

裂隙产状与岩层产状一样有三要素：走向、倾向、倾角。因为走向与倾向垂直，在地质编录中一般用倾向和倾角表示结构面的产状。计算步骤是：①确定结构面；②在立体像对中选择 3 个或 3 个以上的同名像点；③用空间前方交会算法计算结构面上同名像点的物方坐标；④由结构面上同名像点的物方坐标计算结构面的空间形态（结构面方程），从而计算裂隙的产状。

产状计算按照物方空间至少 3 点拟合确定一个平面的原理来实现。确定结构面上 $n(n>3)$ 个点，设平面方程 $Z=AX+BY+CI$（Z 为垂向坐标，X、Y 为平面坐标，A、B、C 为法向系数，I 为单位向量），可列出方程：

$$\begin{bmatrix} x_1 & y_1 & 1 \\ x_2 & y_2 & 1 \\ x_3 & y_3 & 1 \\ \vdots & \vdots & \vdots \\ x_n & y_n & 1 \end{bmatrix} \cdot \begin{bmatrix} A \\ B \\ C \end{bmatrix} = \begin{bmatrix} z_1 \\ z_2 \\ z_3 \\ \vdots \\ z_n \end{bmatrix} \qquad (4.5.1)$$

由式（4.5.1）可解出 A、B、C，计算出平面方程的法向量 $\boldsymbol{n}(A, B, C)$，由法向量 $\boldsymbol{n}$ 便可计算出倾向 β 和倾角 α：

$$\tan\beta = \frac{B}{A}, \qquad \cos\alpha = \frac{1}{\sqrt{A^2 + B^2 + 1}} \qquad (4.5.2)$$

（2）利用辅助标识板的产状计算方法。

获取同名像点是产状计算的关键步骤。当结构面在开挖边坡出露条件不好时，往往色调单一，纹理模糊，人工选取同名像点费时费力，计算机自动选取可能出现误差，因此制作了一种 L 形辅助标识板，用于增强结构面信息。辅助标识板由两个相互垂直的面组成，在一个面上绘制测量标记，如编号、规则排列的四个相同大小的圆形标识图案、正方形激光反射片等，另一个面放置在结构面上，有标记的一面朝向数码相机。通过基于 SIFT 算子的图像匹配算法快速匹配 L 形辅助标识板板面的同名像点，计算这些同名像点的物方坐标，得到标识板板面的产状，然后基于椭圆拟合的检测算法快速检测四角圆形圆心的标识点，利用标识点及裂隙结构面与 L 形辅助标识板板面的空间垂直关系，间接计算得到裂隙产状。

在每一组结构面的代表性结构面或出露条件不够完善的结构面上布置标识板，可以对结构面计算精度进行检验和判断，提高结构面量测的整体精度。

3）精度分析

结构面产状计算的精度取决于物方坐标计算的精度，物方坐标由立体像对左右两幅图像的内、外方位元素和同名像点的图像坐标量测值来确定。物方坐标计算误差受同名像点图像坐标的测量误差、方位元素计算误差、数码相机检校参数误差、控制点采集误差等影响，但在正常的作业流程下，数码相机检校参数误差与控制点采集误差影响较小，因此，物方坐标的中误差主要取决于同名像点图像坐标的测量中误差与方位元素的计算中误差。若不考虑方位元素的计算中误差与同名像点中左像点图像坐标的测量中误差，则物方坐标中误差与左像点图像坐标的测量中误差成正比，而高程方向中误差 m_h 与平面坐标中误差 m_x 有如下关系：

$$m_h = m_x / \tan\theta \qquad (4.5.3)$$

其中，θ 为交会角，

$$\tan\theta = b / f = B / H \qquad (4.5.4)$$

其中，B 为摄影基线长度，H 为摄影深度，b 为图像基线长度，f 为相机焦距。

由此得到 $m_h = m_x H/B$。

在平面坐标中误差与摄影深度一定的前提下，高程方向中误差与摄影基线长度成反比，即摄影基线越长，交会角越大，高程精度越高；摄影基线越短，交会角越小，高程精度越低。

同样，根据前方交会原理，可得正直摄影情况下，误差方程式相应的协因数矩阵：

$$Q = (A^{T}A)^{-1} = \begin{bmatrix} \dfrac{H^2}{2f^2} & 0 & 0 \\ 0 & \dfrac{H^2}{2f^2} & 0 \\ 0 & 0 & \dfrac{H^2}{x_l^2 + x_r^2 + y_l^2 + y_r^2} \end{bmatrix} \qquad (4.5.5)$$

式中：A 为观测值向量；H 为摄影深度；f 为相机焦距；(x_l, y_l)、(x_r, y_r) 分别为左、右两幅图像同名像点图像坐标。由协因数矩阵分析可知，前方交会 Z 方向的精度与 $x_l^2 + x_r^2 + y_l^2 + y_r^2$ 成正比。摄影基线长度 B 越长，$x_l^2 + x_r^2$ 越大，即摄影基线长度 B 长，Z 方向的前方交会精度高；摄影基线长度 B 短，Z 方向的前方交会精度低。当摄影距离一定时，摄影基线长，则交会角大、基高比大，前方交会的精度就高。因此，在保证一定重叠度的情况下，摄影基线的长度取摄影深度的 1/10～1/5。

2. 边坡实时数字地质编录系统工程应用

1）实时数字地质编录工程应用实践

工程应用时分为以下几个步骤。

（1）控制点布置与坐标测量。

为解析裂隙面的产状，保证成果精度，在每幅影像上摆放至少 4 个已知坐标的控制点。确定编录范围后，在渠坡坡顶和坡底分别布置一排控制点，沿边坡走向大致 10～15 m 布置一个，见图 4.5.3。以高分辨率拍摄影像（5184 像素×3 456 像素）为例，控制点 10 m 距离原始影像的像素分辨率在 2～3 mm，精度完全满足地质编录的需求。若工程施工工期特别紧张或地质编录与渠道施工在时间安排上较为冲突，控制点间距可以加大到 20 m。施工现场用卫星定位系统快速测量控制点地理坐标。高陡边坡布置控制点往往比较困难，可采用无站标测量技术，提供控制点的坐标。

任意选择 2 个控制点，完成坐标系转化。

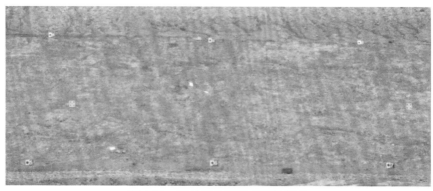

图 4.5.3　现场测量控制点摆放形象

（2）边坡立体影像采集。

拍摄影像分单基线和多基线两种方法，单基线是仅通过两条已知点光线对一个未知点进行观测，多基线是通过至少两条已知点光线对一个未知点进行观测。根据渠坡实际情况，选择单基线方法。通过笔记本电脑控制两台数码相机对边坡进行摄像，一次摄像包含 4 个控制点，然后移动摄站，对下一段边坡进行摄像，现场工作如图 4.5.4 所示。

图 4.5.4　现场工作场景

（3）影像校正与拼接。

获取边坡影像和控制点坐标后，后续工作由计算软件完成，处理的基本流程为：影像入库→畸变校正→几何纠正→正射影像生成→图像自动拼接。自动拼接后的影像见图 4.5.5。

图 4.5.5　影像拼接

（4）数字化地质自动编录与成果输出。

影像校正拼接后，即可开展裂隙提取、产状自动化计算和编录成果生成、输出等。鉴于裂隙形态与影像的复杂性，提取结构面迹线和计算产状需要在人工干预下完成。

2）裂隙产状程序计算和人工量测结果对比分析

在淅川段六标桩号 TS41+900～TS42+100 段渠坡开展对比研究。取 20 条裂隙，首先对比控制点、检查点，检验前方交会精度，然后分别用三种方法获取这些裂隙的产状，第一种现场用罗盘测量，第二种借助 L 形辅助标识板计算裂隙产状，第三种采用编录软件系统自动匹配控制点后计算产状。

系统前方交会的精度在高程方向最好，全部达到毫米级，而且相对稳定。精度在摄影光线方向较差，基本处于厘米级，最大误差为 4 cm。坡面走向方向误差也处于厘米级，部分处于毫米级。地理精度达到厘米级，满足地质编录精度要求。

对于三种方法得到的裂隙产状，人工量测产状与另外两种方法的差异较大，另外两种方法的量测结果基本一致。由于裂隙面有一定的起伏，量测部位不同会得到不同的数据。系统计算时同名像点有一定的范围，更能反映结构面的总体形态，因此结果更可靠。

3）系统应用效果

（1）经过应用对比，数字编录比传统人工编录提高了 2～4 倍的效率。例如，6 m 高、100 m 长的边坡，人工编录需 10 h 左右，数字编录仅需 2～3 h。

（2）信息丰富。数字编录成果包含高分辨率照片、结构面编录图，必要时还可生成地形数字高程模型，比传统地质编录具有更多的信息。

（3）展现方式灵活多样。传统方法在开挖边坡坡比缓于 1：2 时，采用高斯投影原理进行垂直投影，绘制垂直投影的平面编录图。本系统采用正射投影原理，编录图可以是展示图，也可以是其他方向的投影图，转换灵活。其中，展示图与现场实际看到的效果完全相同。

（4）采用多点拟合结构面产状，可以部分消除结构面起伏变化对量测误差的影响，能更好地反映结构面的空间形态。数字编录结果可以便捷地转换为地质常用的 AutoCAD、MapStation、CATIA 等软件的格式，既可以在编录图上直接标注裂隙编号、产状等信息，又可以将产状等信息在编录图外另加说明。

（5）数字化的编录，影像、裂隙结构面的管理储存基于数据库技术，成果的查询检索、分析、处理更方便。

该软件系统从底层开发做起，包括摄影装置控制模块、影像解析模块、产状计算及编录图模块，体现了当前计算机处理技术的水平，具有完全的自主知识产权和优越的可扩展性。

系统配置简单，设备耐久性好，特别适合野外环境。只需要配置普通计算机和数码相机即可完成地质编录，成本低，维护简单，升级便利，易于推广。硬件设备与激光扫描系统相比，成本仅为 1/10 左右，精度可以达到传统的测量精度。

4.6　膨胀土开挖边坡稳定性预测技术

4.6.1　浅层蠕变及边坡长期稳定性预测

1. 浅层蠕变成因

浅层蠕变是膨胀土自然边坡最常见的破坏形式，也是开挖边坡无坡面防护措施时常见的破坏类型[4]。其最大特点是浅层性、底边界模糊，但大致与坡面平行，见图 4.6.1。

图 4.6.1　膨胀土边坡浅层蠕变

浅层蠕变局限于大气剧烈影响带，由于胀缩裂隙带底界面呈现逐渐过渡形式，因此，这一变形以倾倒为主，局部滑动，它不属于滑坡，可称为土溜、坍塌。

地面下膨胀土根据含水率随深度的变化可分为四个带，由上到下依次为：①含水率变化剧烈带，实测含水率为 8%～30%，厚度约 1 m；②包气带，实测含水率为 20%～25%，厚度为 1～3 m；③上层滞水带，实测含水率为 25%～30%，厚度为 1～4 m；④非饱和带，实测含水率多为 21%～25%。

在南阳中等膨胀土边坡埋设含水率探头，对保护层开挖后坡体内 0.4 m、1.0 m、2.0 m 处含水率变化进行观测，结果见图 4.6.2 及图 4.6.3，结果显示 0.4 m 以外含水率变化明显，超过 0.6 m 后变化微弱。

边坡开挖初期，大气环境作用深度在 0.6 m 左右，随着表面裂隙带的形成，大气作用深度逐步深入坡内。伴随裂隙带发展，土体向坡下产生缓慢蠕变位移，当遭遇强降雨或持续降雨时，便可能诱发由膨胀力和重力共同推动的浅表层变形。

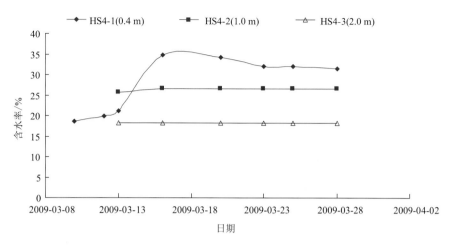

图 4.6.2　中等膨胀土试验 VII 区 50 cm 保护层开挖后坡体含水率变化过程

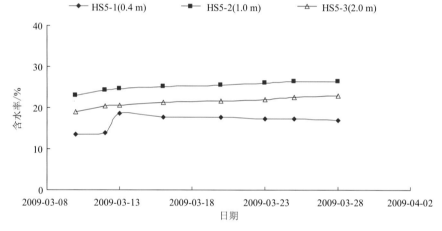

图 4.6.3　中等膨胀土试验 VII 区 30 cm 保护层开挖后坡体含水率变化过程

2. 浅层蠕变预测

浅层蠕变的本质是土体结构在胀缩作用下逐渐破坏，强度随时间不断衰减，变形深度在 1 m 左右，最终碎裂的土体在降雨饱和后丧失强度而蠕变。因此，发生蠕变的前提条件是土体碎裂化、降雨充分饱和。

暴露在大气环境下的膨胀土裸露边坡，浅层土体的稳定性时刻都在发生改变，稳定系数是一个动态值，如果不加以人为控制，边坡最终都会出现变形失稳。因此，膨胀土边坡浅层稳定性存在瞬态与永久两个不同的概念，稳定是暂时的，最终失稳是其发展的必然趋势。野外调查显示，膨胀土自然边坡的临界稳定坡比在 1∶6 左右，因此对于开挖坡比为 1∶3～1∶2 的膨胀土边坡，如果不采取保护措施，出现浅层蠕变只是时间和一场强降雨的诱发问题。

4.6.2　深层滑动及边坡长期稳定性预测

1. 膨胀土深层水平滑动成因

深层水平滑坡剖面上呈折线状或近似于钝角三角形状，属于推移型滑动，滑动力主要来自滑体后部的静水压力。首次滑动后，滑坡会很快向后缘及侧缘发展，向后缘发展具有牵引式特点。长大缓倾角裂隙（图 4.6.4）和地层岩性界面（图 4.6.5）是深层滑动的主因。

图 4.6.4　长大缓倾角裂隙构成的滑面（阳云华 2009 年摄于南阳膨胀土试验段）

图 4.6.5　由岩性界面构成的滑面（摄影：蔡耀军）

滑坡频率与规模均随挖深的增大而增大。中线工程南阳段膨胀土滑坡统计结果显示：渠道挖深<5 m 时，没有滑坡发生；挖深为 5～10 m 时，滑坡密度为 0.25 个/km；挖深为 10～15 m 时，滑坡密度为 1.17 个/km；挖深为 15～30 m 时，滑坡密度为 1.2 个/km；挖深>30 m 时，滑坡密度为 4.0 个/km。挖深越大，揭露长大结构面的概率越高，同时卸荷作用越显著，若不及时采取抗滑处理措施，最终将发展成滑坡。

边坡内存在天然的薄弱结构面，是膨胀土滑坡的必备条件，其次是降雨入渗在后缘陡倾角裂隙形成静水压力。膨胀土滑坡的滑面平缓，规模总体较小，静水压力及膨胀力等构成的推力不大，决定了其缓慢滑动的特点，最大滑动速度一般不超过 50 cm/d。一旦滑坡启动、降雨停止，后缘静水压力下降，滑动就会很快停止下来，下次降雨时又会再次活跃起来。南阳膨胀土试验段 2009～2010 年钻孔倾斜仪观测的位移与降水和渠道退水有较好的对应性，见图 4.6.6。

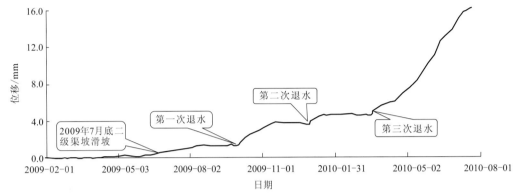

（a）中等膨胀土试验I区渠坡3.5 m深（高程为140.5 m）处变形发展历程

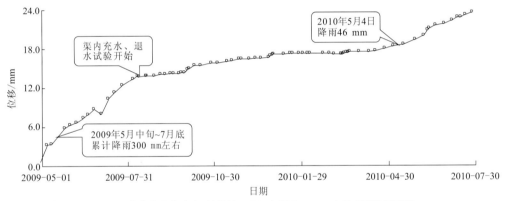

（b）中等膨胀土试验II区渠坡7 m深（高程为137.5 m）处变形发展历程

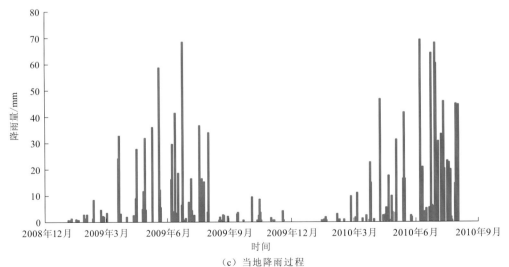

（c）当地降雨过程

图 4.6.6　南阳膨胀土试验段渠坡位移发展及其与降水、退水的关系

2. 膨胀土深层水平滑动分析预测

1）膨胀土边坡深层滑动地质模型

膨胀土滑坡剖面形态具有折线形特点，底滑面近水平，为确定性边界，后缘拉裂缝位置取决于滑面深度和边坡开挖形态，需根据渠道开挖揭露的结构面分布建立地质模型，概化潜在滑坡的边界条件，分析首次滑动的影响范围，见图 4.6.7。

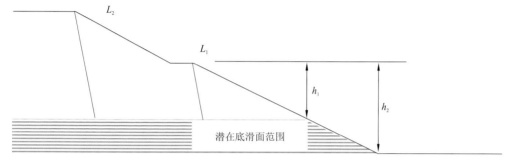

图 4.6.7　膨胀土滑坡分析概化模型

当潜在最浅滑面剪出口至上一级马道高度 h_1>5 m 时，边坡首次滑动后缘拉裂点取上一级马道位置 L_1，然后在潜在滑动面区间做进一步分析，确定最可能出现滑动面的位置；当潜在最深滑面剪出口距上一级马道高度 h_2<5 m 时，边坡首次滑动后缘拉裂点取更上一级马道位置 L_2；当 h_1<5 m 但 h_2>5 m 时，分别取后缘拉裂点 L_1、L_2 建立边坡深层滑动地质模型进行稳定性计算。

2）确定地质参数

确定膨胀土滑坡稳定分析参数的关键是底滑面抗剪强度，需要确定结构面当前强度及其在渠道开挖后随时间的变化趋势。后缘拉裂面不考虑土体抗拉强度或剪切强度。

情形 A：底滑面为长大裂隙或地层岩性界面，连通率为 100%，取结构面强度值。

情形 B：底滑面由一系列缓倾角裂隙构成，按中心线上下各 10 cm 范围统计裂隙连通率。根据统计概化模型进行数值模拟，分析裂隙扩展和贯通趋势。若裂隙连通率低、贯通可能性小，则底边界抗剪强度参数可取 $c = \lambda \cdot c_L + (1-\lambda) \cdot c_s$，$\varphi = \lambda \cdot \varphi_L + (1-\lambda) \cdot \varphi_s$，其中 c_L、φ_L 为裂隙面的抗剪强度，c_s、φ_s 为土体抗剪强度，λ 为裂隙连通率。若裂隙连通率高(一般超过 50%)，则渠道开挖时的底边界抗剪强度参数取 $c = \lambda \cdot c_L + (1-\lambda) \cdot c_s$，$\varphi = \lambda \cdot \varphi_L + (1-\lambda) \cdot \varphi_s$，最终的底边界抗剪强度参数取 $c = \lambda \cdot c_L + (1-\lambda) \cdot c_{sr}$，$\varphi = \lambda \cdot \varphi_L + (1-\lambda) \cdot \varphi_{sr}$，其中 c_{sr}、φ_{sr} 为土体残余抗剪强度。

当开挖边坡土体存在潜在滑动面或连通率较高的缓倾角裂隙时，边坡失稳就成为大概率事件，只是因结构面性状差异、边坡高度不同、水文气象条件不同而具有不同的滞后时间。

4.6.3 施工期边坡失稳分析

施工期膨胀土开挖边坡主要有以下两类破坏模式。

类型一：浅表层裂隙风化带的渠坡蠕动变形。

类型二：受结构面控制的渠坡滑动。

此外，还存在受坡脚浸泡控制的坍塌、受胀缩作用和坡面流控制的冲刷等。同时发育 2 组以上中—陡倾角结构面时，还会出现数立方米至数十立方米规模的块体失稳。

1. 受大气环境作用控制的浅层蠕变

膨胀土的边坡破坏源于膨胀土的"三性"，即胀缩性、裂隙性和超固结性。"三性"中的胀缩性是根本，裂隙性是关键，超固结性是促进因素。开挖卸荷、降雨和地下水位变化是边坡失稳的外因。

膨胀土大气影响深度是自然气候作用下，由降水、蒸发等因素引起膨胀土含水率周期性变化的有效深度。大气剧烈影响带深度是指大气影响特别显著的深度，监测和探坑揭示其在 1 m 左右。未及时封闭的膨胀土开挖坡面在降水、蒸发、地温等气候因素作用下，2～3 个月即可产生深达 1～2 m 的气候作用层，半年左右即可形成 0.4～0.6 m 厚的大气剧烈影响带。

渠道工程施工期是否产生浅层蠕变破坏，取决于施工组织方案。南水北调中线工程膨胀土渠道采用了分段、分级开挖，预留保护层，分级处理，以及快速开挖快速封闭的思路，大幅减少了开挖坡面受大气环境改造的时间，施工期间浅层蠕变破坏仅占全部边坡失稳案例的 10%左右。

观测研究表明，预留 30～50 cm 保护层，在半年内挖除后立即进行换填处理，可以防止在坡面形成结构遭破坏的大气剧烈影响带。对于深挖方渠道，自上而下逐级开挖，坡面换填处理后再开挖下一级边坡，可以最大限度地防止膨胀土结构遭大气环境损伤。

如果开挖后长期暴露于大气环境，则一旦遭遇强降雨就会产生浅层蠕变破坏。桩号 TS16+712～TS16+730 段渠道挖深约为 7.0 m，渠坡土体主要由 Q_2 粉质黏土组成，硬可塑状，边坡上部土体具弱膨胀性，下部具弱偏中等膨胀性，高程 139.8～142.0 m 处裂隙发育，裂隙面平直光滑，多充填灰绿色黏土，无地下水渗流现象。施工期在右岸发生浅层蠕变（图 4.6.8），变形体高程为 139.2～143.8 m，前缘微隆起，后缘陡壁最大高度近 1.0 m，见多条平行于渠道方向的拉裂缝，可见深度约为 20 cm，延伸长度约为 5 m。变形体沿渠道方向长约 18 m，平均厚度约为 0.8 m，最大厚度约为 1.5 m，面积约为 98 m^2，体积约为 110 m^3。该渠坡开挖成型后未进行坡面保护，经历较长时间干湿循环后，坡面形成风化裂隙，土体碎裂化，受降雨影响，裂隙带饱水软化，强度下降，土体变形失稳，见图 1.3.3。

（a）变形体全貌 （b）变形体后缘特征

图 4.6.8　桩号 TS16+712～TS16+730 段右坡变形体

发生浅层蠕变破坏后，如果不及时处理，变形范围还会向深部、后缘及两侧不断发展。桩号 TS65+740～TS65+816 段右坡于 2013 年 4 月中旬开挖成型，挖深为 11 m，坡比为 1∶2。坡体为中更新统（Q_2）粉质黏土。该渠坡开挖成型后未进行坡面保护，经历多次干湿循环后，发生第一次蠕动破坏，坡面出现大量拉裂缝，见图 4.6.9，裂缝最长为59 m，可见深度为 0.5～1.1 m。

图 4.6.9　桩号 TS65+740～TS65+816 段右岸蠕动变形拉裂缝

浅层变形发生后，没有对变形体进行及时处理，后续 50 天内经历了三次较大降雨，变形体范围不断扩大加深，见图 4.6.10，最终在进行变形体处理时，变形体沿渠道长约120 m，纵长约为 28 m，累计变形深度达 5.0 m，总体积约为 3 000 m³。

2. 受结构面控制的深层滑动

南水北调中线工程膨胀土渠道开挖边坡高度超出了以往国内外已建工程，使得膨胀土开挖边坡的滑动稳定问题成为工程施工建设中最大的地质问题。在渠道大规模开挖前，

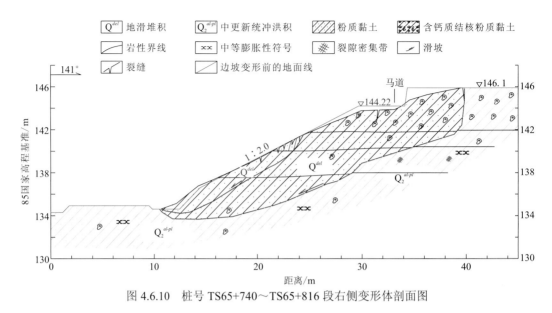

图 4.6.10　桩号 TS65+740～TS65+816 段右侧变形体剖面图

通过在南阳开展膨胀土渠坡原位试验观测，揭示了缓倾角结构面对开挖边坡深层稳定的控制作用及边坡变形失稳机制，据此制订了开挖边坡稳定性实时预测、边坡处理方案实时优化的应对策略，部分根据前期勘察成果认为滑坡风险较高的渠段，通过超前探坑提前获取土体结构面详细信息，并采取超前抗滑处理，有效减少了施工期间发生的滑坡数量。施工期间，386.8 km 膨胀岩土渠道累计发生约 110 处变形失稳现象，其中结构面控制的水平滑坡约 90 处，浅层蠕变 10 处，块体失稳及边坡坍塌 10 处，滑坡密度远低于同样位于南阳膨胀土地区的原引丹总干渠每千米平均 4～5 个滑坡的密度，也远低于安徽淠史杭渠段当年开挖期间发生的膨胀土滑坡密度。南阳膨胀土是我国最为典型的膨胀土，尤其是 Q_2 膨胀土裂隙发育，极易发生滑坡，表明中线工程采取的膨胀土边坡施工应对策略取得了明显的效果。

施工期间发生的滑坡受以下四种不利结构面的控制。

1）地层界面

地层界面一般由沉积间断或停顿形成，界面上下地层的沉积环境可以相同也可以不同，岩性可以相同也可以不同。地层界面源于区域性的沉积环境变化，因此界面延伸长远。对中线工程施工期在地层界面基础上发展形成的滑坡案例进行研究发现，滑坡对地层界面具有选择性，能够演变为滑面的界面限于 Q^{dl}/Q_2、Q_3/Q_2、Q_1/N 三种界面，且它们都有一个共同点：下层土体膨胀性达到中等—强膨胀等级，下层土体渗透性小于上层土体。追踪地层界面发育而成的滑坡发现，其埋深从数米至数十米，体积一般可达数万立方米至数十万立方米。

引丹总干渠开挖于 20 世纪 70 年代，工程施工开挖到裂隙发育的 Q_3 黏土层时，在连续几场降雨后，在渠坡较缓（1∶5～1∶4）的情况下仍然形成了滑坡，滑坡先在裂隙面附近开始，随即逐渐向上发展，滑动范围逐渐增大。在随后的 2 年间，在 5.74 km 范围内陆续出现 13 处滑坡,这些滑坡多发生在 Q_2/Q_3 界面上,这些界面充填有厚度约为 1 mm 的灰白色或灰绿色黏土。

2005 年,在陶岔渠首枢纽下游约 1 km 处,在坡比为 1∶3.5～1∶3 的情况下,发生了一处大型滑坡。滑坡体呈宽扇状分布,后缘位于总干渠右岸渠肩,前缘从总干渠渠底剪出。滑体东、西两侧均以小陡坎与渠坡相接,坎高 0.2～0.5 m 不等。滑坡体前缘宽约 350 m,后缘宽约 200 m,南北最大长度约为 130 m,体积为 $3.5×10^5～4.0×10^5 m^3$。滑坡后缘从 Q_3、Q_2 粉质黏土拉裂,土体具弱—中等膨胀性,拉裂面倾角为 45°～70°;底滑面追踪到 Q_1/N 界面,Q_1 黏土具中等—强膨胀性,N 黏土岩具中等—强膨胀性,滑面近水平,前缘反倾。Q_1 黏土厚 2～5 m,孔隙比大,含水率高,为相对软弱层,其上下又有相对透水的铁锰质结核层,底部 N 黏土岩相对不透水,造成 Q_1/N 界面上部相对富水,有利于 Q_1 红黏土软化,进而沿界面发育成滑动面。

滑面埋深和性状对滑坡滞后时间有重要影响,滑面埋深小,滞后时间短;滑面埋深大,滞后时间长。南阳段三标桩号 TS106 附近的左右岸滑坡均迁就 Q_2 中等膨胀土与 N 强膨胀岩界面,埋深 15 m 左右,2013 年渠道开挖尚未揭露该界面,边坡便产生了明显的滑动位移。

桩号 TS0+450～TS0+590 段渠坡上部由 Q_3、Q_2、Q_1 粉质黏土组成,下部为新近系(N)黏土岩。Q_1 粉质黏土具中等膨胀性,N 黏土岩具强膨胀性,裂隙纵横交错,裂隙面光滑。Q_2 底部分布铁锰质结核富集层,渗透系数较大,富水。设计方案在 1 级马道内侧和 1 级边坡中部(N 强膨胀岩区域)布置了两排抗滑桩。2013 年 1 月 18 日,右坡桩号 TS0+510、高程 147 m 附近(桩前)发现一条裂缝,可见长度约为 10 m,宽 10 cm 左右,可探深度为 1.5 m。2013 年 4 月下旬,桩号 TS0+450～TS0+570 段两排抗滑桩之间渠坡削坡完成后,Q_2 土体中产生数条拉裂缝,底部铁锰质结核富集层有地下水渗出。2013 年 5 月初连续强降雨后,桩号 TS0+450～TS0+590 段两排抗滑桩之间的土体发生滑坡,见图 4.6.11、图 4.6.12,滑坡沿 Q_1/N 界面滑动,见图 4.6.13。滑坡前缘剪出口平缓,略

图 4.6.11　桩号 TS0+450～TS0+590 段右岸滑坡全貌

图 4.6.12 桩号 TS0+450～TS0+590 段右岸滑坡前缘滑带

倾向渠道，土体湿软。滑坡前缘宽约 120 m，垂直于渠道方向长约 13.5 m，滑体平均厚度为 3.5 m，体积约为 2.8×10^4 m³。该段渠坡开挖后长时间裸露，渠道开挖卸荷为雨水入渗创造了条件。施工期间经历多次降雨，且地下水和施工水未能得到有效截排，致使 Q_1/N 软弱界面进一步恶化。滑面抗剪强度 $c=8$ kPa，$\varphi=7°$。

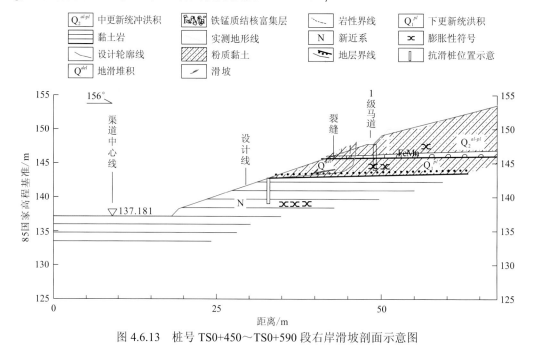

图 4.6.13 桩号 TS0+450～TS0+590 段右岸滑坡剖面示意图

2）岩性界面

岩性界面是沉积物的物源发生变化或沉积的水动力条件发生变化而形成的界面，属于地层内部的不连续面，延伸长度一般能达到数米至数百米。滑坡对岩性界面也有选择性，能够构成滑面的岩性界面有一个共同点：下层土体的膨胀性强于上层，下层土体的渗透性小于上层，因此，弱膨胀土中的中等膨胀土夹层顶面、中等膨胀土中的强膨胀土夹层顶面容易发展成滑面。追踪岩性界面发育而成的滑坡发现，其埋深从数米至数十米，体积从数千立方米至数万立方米不等。

桩号 TS8+467～TS8+572 段渠坡由 Q_2 粉质黏土组成，局部铁锰质结核富集，具弱—中等膨胀性，裂隙发育，裂隙优势倾向为 285°～306°，以缓—中倾角为主。高程 146.18～149.32 m 土体具中等—强膨胀性，裂隙密集，优势倾向为 130°～150°，以缓—中倾角为主。坡面铁锰质结核富集区见渗水现象。2012 年 10 月 17 日，在 2 级马道及以上渠坡完成换填、1 级马道及 2 级边坡完成削坡后，渠坡出现变形，变形体后缘至 2 级马道，见多条弧形拉裂缝，长 5～10 m，宽一般为 0.5～2 cm，前缘位于高程 149.0 m 左右，沿裂隙密集带顶面剪出，剪出口见地下水渗出，见图 4.6.14。次日，变形加剧，后缘向上发展，桩号 TS8+515～TS8+547 段 3 级边坡见宽 10 cm 的拉裂缝。

图 4.6.14　桩号 TS8+467～TS8+572 段滑坡前缘沿岩性界面剪出

滑坡平面上呈簸箕形，面积为 1 284 m^2，平均厚度约为 3 m，最大厚度为 5 m，体积为 3 852 m^3。滑坡工程地质剖面见图 4.6.15。滑坡发生后，对地表水进行疏导，对滑坡前缘进行反压，清除变形体，布设 3 排抗滑桩，对裂隙密集带进行超挖，布置导水盲沟，回填改性土和弱膨胀土，后续未再发生变形。

3）裂隙或裂隙密集带

长度超过 10 m 的单条缓倾角长大裂隙或若干条相互紧邻的大裂隙，都可能构成底滑面。中线工程施工期间，曾经解剖了数十个滑坡，发现膨胀土滑坡的底滑面总体平整，倾角绝大部分介于 -5°～10°（负数表示倾向坡内），起伏差一般小于 10 cm，很少超过 20 cm。当由多条大裂隙组合成潜在滑动面时，裂隙连通率成为能否发生滑坡的关键。根据滑面起伏特点，将中心线两侧各 10 cm 作为裂隙连通率统计区间，发现连通率大于 50% 后有可能发展成滑面。这类滑坡埋深从数米至十余米，体积以数百立方米至数千立方米居多。

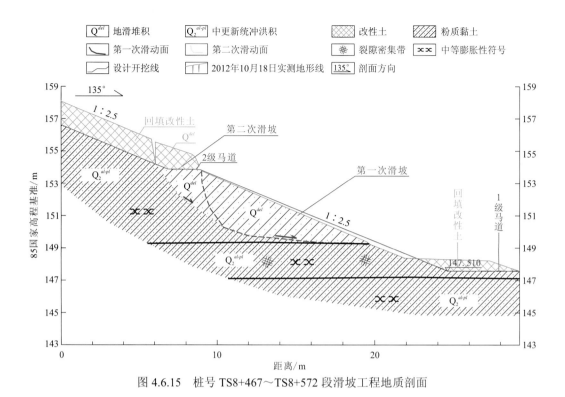

图 4.6.15　桩号 TS8+467～TS8+572 段滑坡工程地质剖面

　　膨胀土内部还存在另一种可能构成滑面的地质体——裂隙密集带。裂隙密集带成因较为复杂，它可能是局部地层膨胀性增强导致的微小裂隙特别发育带，也可能是地质历史时期地层短暂暴露于地表形成的风化裂隙带。裂隙密集带中的单条裂隙都很小，一般小于 0.5 m，且产状多变，但裂隙数量众多。在渠道开挖卸荷应力调整、地下水渗流等因素作用下，微小裂隙逐步贯通，可能形成有一定波状起伏的滑面，这类滑坡通常有较长的滞后期，一般不会在施工期滑动，从而成为完建渠道边坡的安全隐患。

　　桩号 TS20+189～TS20+248 段渠道挖深为 14.0 m，开挖坡比为 1∶2.0。渠坡土体由 Q_2 粉质黏土组成，上部具弱膨胀性，下部具中等膨胀性，小裂隙极发育，裂隙面光滑，多充填灰绿色黏土。渠道开挖后未能及时处理，于右岸 1 级边坡形成受裂隙密集带控制的滑坡，见图 4.6.16。后缘陡壁高 2.1 m，前缘微微凸起。坡面发育多条近乎平行渠道方向的拉裂缝，最大长度为 18.8 m，间距为 1.5 m，可见深度为 0.7 m。变形体前缘回填的 2.0 m 厚改性土也被变形体挤出而变形错位。前缘脚槽开挖时揭露裂隙密集带，开挖后未及时处理，加上雨水、平台积水下渗，软化裂隙，促进了滑面贯通，最终导致较大滑坡。

　　桩号 TS9+064～TS9+240 段左岸 4 级马道宽平台以上渠坡开挖坡比为 1∶3.0，地层岩性为 Q_2 粉质黏土，上部具膨胀性，下部具中等膨胀性，裂隙较发育，裂隙优势倾向与坡向大体一致，以缓—中倾角为主，裂隙面光滑，充填灰绿色黏土。坡脚土体膨胀性中等偏强，发育裂隙密集带。2012 年 8 月 19 日强降雨后，发生初次变形，前缘高程为 165 m，后缘高程为 171 m；2012 年 12 月初，滑坡处理过程中，再次发生滑坡，开挖成台阶状的基面上产生新的裂缝，前缘与初次滑坡一致，后缘发展至高程 173 m 左右，滑坡范围向下游延伸，见图 4.6.17；2013 年 7 月中旬，在老滑坡范围再次发生滑动，前缘

（a）2012年4月9日渠坡牵引拉裂

（b）2012年5月4日拉裂缝至马道上

（c）2012年7月26日边坡滑动

（d）2012年8月渠坡整体下滑并向上下游扩大

图 4.6.16　桩号 TS20+189～TS20+248 段右岸滑坡（摄影：阳云华）

高程与第二次滑坡前缘高程基本一致，后缘发展至坡顶高程为 176 m 的施工便道。滑坡工程地质剖面见图 4.6.18。滑坡平面呈长条扇形，平均厚 6 m，最大厚度为 10.0 m，总体积为 2.7×10^4 m³。滑面形成于裂隙密集带，滑面光滑，滑带土厚 0.1～0.2 m。滑坡处理时间较长，其间经历多次强降雨，坡面未采取保护措施，致使治理过程中出现多次滑坡，变形破坏范围不断扩大。

图 4.6.17　桩号 TS9+064～TS9+240 段左侧滑坡后缘拉裂缝

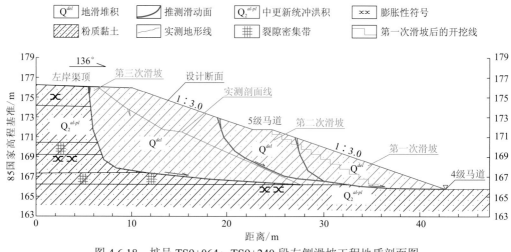

图 4.6.18　桩号 TS9+064～TS9+240 段左侧滑坡工程地质剖面图

桩号 TS82+183～TS82+228 段渠道挖深为 6.8～9.7 m，为半挖半填段，渠底高程为 133.9 m。左岸渠坡坡比为 1∶2.0，脚槽开挖坡比为 1∶1.0。地层岩性自上而下为：①Q_3 粉质黏土，浅褐黄色夹灰绿色斑纹，含钙质结核 20%，具中等膨胀性，小裂隙发育；②砾砂，含泥量为 15%，具弱—中等透水性，为含水层；③Q_2 粉质黏土，钙质结核含量为 20%，具中等膨胀性，裂隙密集，裂隙面密度为 22 条/m²，以小裂隙为主，面光滑，充填灰绿色黏土，充填厚度为 2～5 mm；④Q_2 粉质黏土，长大、大裂隙发育，内充填灰绿色黏土，厚度为 2～11 mm，长度为 3.2～6.8 m，最长为 20.7 m，具中等膨胀性。

施工过程中，沿下部长大裂隙面发生滑动。滑坡前缘略鼓起，位于脚槽开挖边坡上；后缘拉裂下沉形成陡坎，见图 4.6.19、图 4.6.20。滑体长 45 m，宽度为 13 m，平均厚度约为 2.8 m，体积为 1 900 m³。渠坡于 2012 年 12 月下旬开挖，2013 年 1 月 9 日基本成型，地质编录时未发现渠坡变形。由于砾砂层内地下水渗出，实施坡面盲沟进行截排。1 月 10 日，四方验收时未发现渠坡变形迹象；1 月 14 日，砾砂层外侧坡面盲沟内侧出现拉裂缝，随着变形体缓慢位移，裂缝不断增大；1 月 16 日裂缝张开宽度为 9～21 cm，最大为 65 cm。探槽揭示，滑面追踪到一条长大裂隙，充填灰绿色黏土，厚度为 2～5 mm，面平直光滑，产状为 188°∠14.4°。滑带厚度为 6～20 cm，含水率高，呈软塑状，由褐黄色粉质黏土和灰绿色黏土组成，具揉皱或羽状剪切现象。地下水导排不及时，使土体含水率增高，软化裂隙，加上脚槽开挖加剧土体卸荷，最终导致渠坡发生变形。

4）软弱夹层

在膨胀土中，软弱夹层一般不会直接构成滑带，如果出现膨胀性较强的夹层，会在其顶面（即岩性界面）形成滑动面。但在岩体中，具有一定膨胀性的软弱夹层可能直接构成滑面或滑带，如川东地区发生在侏罗系水平地层中的一些大型滑坡，滑带就追踪到了岩体中的中等—强膨胀土夹层，清江隔河岩库区发生在古生界中的一些顺向坡滑坡也是其中的含蒙脱石夹层发育而成的。

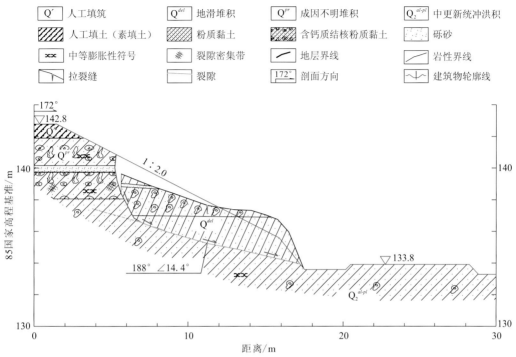

图 4.6.19　桩号 TS82+183～TS82+228 段左侧滑坡纵剖面

图 4.6.20　桩号 TS82+183～TS82+228 段左侧滑坡剪出口

　　膨胀土滑坡的降水触发作用很重要，膨胀土在非雨季时具有较高的力学强度，降雨入渗不但可以软化裂隙，还可以在后缘张拉裂隙中形成静水压力，因此渠道开挖后在首个雨季发生滑坡的频率最高。

　　膨胀土滑坡的一个发展特点，就是其滑动机制具有推移式特点，滑动力主要来自后缘的静水压力及向临空方向的膨胀力，但其发展形式则具有牵引式特点，初期滑动往往位于坡脚或边坡的中下部，如果不及时采取抗滑措施，便会向后缘不断发展，形成更大规模的滑坡。

3. 受中—陡倾角裂隙控制的块体变形破坏

除了近地表胀缩裂隙带、淅川段 Q_1 土体发育较多的中—陡倾角裂隙外，膨胀土中一般不太发育中—陡倾角大裂隙，因此中线工程沿线这类块体破坏并不多。但在淅川段局部、方城段局部 Q_2 膨胀土边坡中—陡倾角裂隙发育，开挖过程中形成了较密集的块体失稳。

桩号 TS126+665～TS130+442 段渠坡以中等膨胀土为主，挖深为 7.5～16.5 m，设计坡比 1 级马道以下为 1∶2.0，以上为 1∶1.75。施工期间共发生近 40 处块体破坏，左右渠坡均有，多发生在 1 级边坡的脚槽部位，受 1～2 组裂隙切割形成，体积为 100～300 m³，见图 4.6.21。基坑积水会加剧变形破坏发展。

（a）桩号TS126+665～TS126+692段右侧渠坡3处块体失稳

（b）桩号TS128+707～TS128+760段右侧渠坡2处块体失稳

（c）桩号TS128+610～TS128+660段右侧渠坡变形

（d）桩号TS130+340～TS130+402段左侧渠坡2处变形

（e）桩号TS130+350～TS130+400段右侧渠坡2处变形

（f）桩号TS130+421～TS130+442段右侧渠坡变形

图 4.6.21　桩号 TS126+665～TS130+442 段开挖边坡块体失稳

桩号 TS16+480 处渠道挖深为 7～12 m，开挖坡比为 1∶2.0。渠坡土体为 Q_2 粉质黏土，局部夹灰白色、灰绿色黏土条带，具弱—中等膨胀性。钙质结核局部富集成层，层厚为 0.5～2 m。施工期间右侧渠坡发生受中—陡倾角裂隙控制的坍塌破坏，见图 4.6.22。

图 4.6.22　桩号 TS16+480 处右侧渠坡坍塌

4. 膨胀土边坡变形失稳特点

1）浅表层蠕动变形破坏特点

浅表层变形属于边坡表部裂隙风化带的蠕动变形，是膨胀土边坡较常见的破坏模式，主要受胀缩裂隙风化带控制，厚度小。在浅层破坏发生前，有时可见到明显的蠕变现象。

这类变形破坏与土体遇水膨胀、失水干缩及土体多裂隙性密切相关。从野外调查结果来看，蠕动变形破坏主要发生在中等膨胀土、弱—中等膨胀岩地区挖深大于 10 m 的渠段，表明这类变形受土体膨胀性和风化裂隙发育程度的控制[18, 20]。它没有明显的滑动面，变形主要发生在降雨期间，碎裂化土体吸水膨胀，向坡下蠕变，具有滑坡的外观形态，见图 4.1.2，蠕动变形的动力来自土体含水量升高引起的膨胀力和自身重力。

初次蠕变破坏发生后，在没有人工干预的情况下，变形范围会不断扩大。边坡开挖到发生明显位移的时间，与开挖坡面胀缩带的形成速度，以及边坡土体裂隙性、气候条件有关。每次明显蠕动均发生在雨季，单体规模较小，厚度小于 1.0 m。在坡面没有保护措施的情况下，它可能发生在膨胀土边坡的任何部位。

2）结构面控制型滑坡特点

（1）随机性。

结构面控制型滑坡主要集中于中等、强膨胀土渠段，少量分布于弱膨胀土和强膨胀岩渠段；垂向上底滑面具有随机分布的特点，受坡体中近水平结构面控制。深挖方渠道涉及地层多，潜在底滑面揭露概率高，发生滑坡的可能性大。裂隙、开挖坡比等因素也可能导致边坡局部失稳，见图 4.6.23。滑坡后缘拉裂面位置较有规律，基本限定在某级边坡坡顶地形转折处，前后变化一般不超过 1 m，与开挖边坡拉应力集中区相对应。

179

图 4.6.23   受裂隙控制的变形体

（2）多样性。

由于可能构成底滑面的结构面类型多，其规模、平整光滑度、力学强度存在差异，因此失稳滞后时间、变形方式、外观特征均会呈现一定的差异。图 4.6.24 是典型的由长大裂隙构成底滑面的水平滑动破坏。边坡首次滑动具有推移式特点，滑坡一旦形成，就会向后逐级牵引发展，具有"推移式滑动—牵引式发展"特点，与一般均质黏性土的牵引式圆弧滑动在机理上有本质差别。

（a）长大裂隙剖面形态   （b）长大裂隙平面形态

图 4.6.24   长大裂隙构成的底滑面

（3）滞后性。

滞后性是结构面控制型滑坡的特点之一，地层界面和裂隙密集带作为底滑面的滑坡尤其显著。对于膨胀土开挖边坡，只要边坡具备潜在底滑面条件，在卸荷、水的诱发下，边坡迟早会发生滑动破坏。滑坡滞后时间也是结构面强度逐渐衰减或贯通的时间。通常由单条长大裂隙面、埋藏较浅的地层岩性界面构成底滑面的滑坡滞后时间短，仅数天至数月；由多条裂隙构成底滑面的滑坡滞后时间多在 1 年左右；由裂隙密集带构成底滑面的滑坡滞后时间多在 1～3 年；由深埋地层界面构成底滑面的滑坡滞后时间多在数年至数十年。

南阳膨胀土试验段 2 km 长的渠道，左右渠坡共发生大大小小滑坡 13 处，滑动破坏滞后 1 周～1 年；南水北调中线一期工程 2011～2012 年施工期发生的结构面控制型滑坡大多滞后 3～18 个月，2013 年发生的滑坡大多滞后 1～2 年。

第5章

输水渠道工程膨胀土问题处理

5.1 膨胀土渠坡变形失稳处理方案研究

5.1.1 膨胀土渠坡变形失稳原因

1. 渠坡变形失稳外部原因

外部原因主要有三个：水、渠道开挖卸荷和风化。

1）水的作用

水的参与是膨胀土边坡变形失稳不可或缺的因素。水的来源较多，如降雨、地表水下渗、基坑积水、地下水（上层滞水、地下越流补给水、层间水）等。膨胀土中的裂隙、孔洞为水的参与提供了条件。

水的参与方式和影响是多方面的：

（1）干湿胀缩循环，直接导致土体结构破坏，表层土体形成散粒或碎裂化结构；

（2）渗流过程中，软化结构面，增加土体含水率，降低岩土强度；

（3）在结构面形成静水压力和扬压力，为滑坡提供动力；

（4）岩土吸水膨胀，向临空面方向挤压变形，使结构面错动、张开、相互贯通。

2）渠道开挖卸荷

渠道开挖引起岩土卸荷，造成结构面剪切错动和弱化，还为边坡失稳提供了临空条件。挖深越大，对岩土和结构面的扰动越大。

此外，开挖施工过程中，施工工序衔接不紧、开挖面临时保护措施缺失、基坑积水、地面水拦截不严、抗滑迟缓、开挖面覆盖不及时等，也会对开挖面土体造成严重损伤。

3）风化作用

膨胀土渠坡开挖暴露于大气环境后，若不加保护，坡面土体在日晒、雨淋、风吹等影响下，结构逐步破坏，强度不断衰减。随着坡面土体结构的破坏，雨水入渗通道更加畅通，外部环境对边坡的影响进一步增大。

4）其他因素

其他因素包括边坡设计坡比、施工质量、坡顶动荷载等因素，这些因素均可能影响边坡稳定。膨胀土开挖边坡稳定性对环境敏感，对施工组织设计要求高，施工管理不严、工艺不当、工序衔接不及时等均可能造成滑坡发生，见图 5.1.1。中线工程膨胀土渠坡处理措施包括坡面换填保护、结构面抗滑、防渗排水，任何一个措施因质量问题都可能失效。

图 5.1.1　无保护膨胀土边坡破坏现象

2. 膨胀土边坡变形失稳内在原因

膨胀土边坡产生变形破坏的内在原因是膨胀性、裂隙性和超固结性。

1）膨胀性

膨胀性决定了土体对环境的敏感程度，是膨胀土一切特性的根源。膨胀性受土体矿物成分，特别是蒙脱石含量的控制。膨胀性基本控制了各种成因裂隙的发育程度，包括开挖面土体对大气环境的敏感程度，决定了在干湿循环、胀缩过程中的膨胀力和对建筑物的影响程度。

2）裂隙性

裂隙是膨胀土特性得以展现的重要途径，膨胀土边坡浅层蠕变和深层滑动都必须通过裂隙或裂隙化过程来实现，大一长大裂隙的分布和发育程度直接决定边坡的深层抗滑稳定性，大气影响带土体碎裂化则是发生浅层蠕变的先决条件。不同规模的裂隙在膨胀土边坡中扮演着不同的角色。

长度小于 5 cm 的裂隙称为隐微裂隙，膨胀土隐微裂隙极发育，产状多变。隐微裂隙对膨胀土崩解、干裂速度有重要影响，开挖面膨胀土沿隐微裂隙干裂解体，大雨时易形成雨淋沟。

长度为 [0.05，0.5) m 的裂隙称为微裂隙，是肉眼见得最多的裂隙。微裂隙是水分渗入坡体的主要通道，也是水分在坡体内扩散、软化土体的重要通道。边坡变形时，后缘拉裂面一般会迁就众多的微裂隙。

长度为 [0.5，2.0) m 的裂隙称为小裂隙，长度大于等于 2 m 的裂隙称为大裂隙。小裂隙和大裂隙主要出现在中等、强膨胀土中，构成土体中的软弱面，破坏膨胀土的均一性和连续性，是影响膨胀土边坡稳定的控制因素。

裂隙密集带一般为沉积间断和局部膨胀性增强的产物，单条裂隙多为中—缓倾角。Q_2 顶板及 Q_2 内部不同深度均随机分布有裂隙密集带，厚度一般为 1～2 m。

地层岩性界面也可以认为是一种特殊的长大裂隙面，它们由沉积间断、物源变化、水文环境变化等因素引起的不连续沉积面改造而来，是坡体内天然的弱面。

3）超固结性

超固结性与膨胀性是一对矛盾，它们既互为条件，又是两种截然不同的性质。膨胀土特有的蒙脱石、伊利石等面-面连接叠聚矿物，在高围压下可以释放晶格间的分子水，使片状结构变得非常紧密而呈现超固结性，并具有较高的强度；而当围压解除时，由于片状结构的弱连接特性，表面带电粒子可以吸附大量水分子而产生体积膨胀，形成脆弱结构并在平行层面方向呈现很低的抗剪切性能。当超固结土体因围压改变而吸水膨胀时，体积膨胀形成的膨胀力便以应变能的形式释放出来，不但导致开挖面抬升变形，而且在坡体内部结构面部位产生应力集中和剪切错动，使结构面弱化、贯通，成为潜在的滑动面。

5.1.2　地下水作用及应对措施

地下水在膨胀土边坡变形失稳中具有不可或缺的作用。对于浅层蠕变破坏，降雨入渗引起坡面土体饱水，一方面软化土体使其失去强度，另一方面在吸水膨胀过程中产生膨胀力，与重力共同"推动"饱水带土体向下蠕动；对于深层滑动破坏，地下水扮演了润滑剂和"推手"的角色，地下水在缓倾角结构面中运动形成扬压力，不但会降低结构面上的有效荷载，而且会改变结构面端部应力条件并促进结构面相互贯通。后缘拉裂缝中的静水压力则为滑动破坏提供了直接推力。膨胀土边坡变形失稳的孕育时间可能较长，但其明显的滑动和蠕变坍塌基本上都发生在雨季或某一次降雨过程中，容易发生边坡失稳的部位一般都在地势较低、地表水汇集条件好或地下水比较丰富的渠段。

1. 地面防渗与地下排水

1）地表水及大气降水处理

地表水及大气降水下渗使不饱和膨胀土吸水膨胀，产生膨胀力，土体软化，强度降低，恶化边坡稳定，对衬砌结构或上部建筑物造成损害。

可以采取的工程措施包括以下几项。

（1）坡肩外侧开挖排水沟，坡肩向沟内倾斜以利于地表水汇集于沟内，排水沟一般采用素混凝土结构，中等—强膨胀土区可加筋处理，底部铺设土工膜防渗。

（2）坡眉与外侧排水沟之间进行防渗，防渗方法有土工膜防渗（一般埋入地下 20～50 cm）、0.5～1.0 m 水泥改性土覆盖。

（3）渠坡换填水泥改性土，换填厚度为 0.6～1.0 m，中等—强膨胀土可换填 1.0～1.5 m。

（4）渠坡及马道设置截排水沟，如设置带排水功能的拱架（图5.1.2）。

2）地下水渗控处理

渗控措施的目的是减少区域地下水向坡面附近的渗流，排出坡面附近的地下水，以降低地下水位，减小地下水对土体及结构面的不利影响，减小衬砌板或换填层下的扬压力。渗控措施包括以下几项。

（1）坡体及渠底下设排水盲沟、排水垫层、排水管道等；

（2）渠底下 5 m 范围内分布强透水承压含水层时，设排水减压井；

（3）渠道边坡开挖揭露的强透水层排水减压措施；

（4）排水通道出口处设置逆止阀；

（5）过水断面换填水泥改性土，减少渠水与膨胀土之间的水分交换，换填改性土后，不再设置土工膜防渗。

2. 截断补给

1）坡顶截排

对于膨胀土挖方渠道，坡顶降水、地表水重要的入渗区，除在坡肩采取防渗措施外，还应采取如下措施。

（1）设置防洪堤，防止外水进入渠道；

（2）当地面向渠道倾斜时，应设置截流沟，沟通当地水系，保证坡顶不积水、不汇水；

（3）坡顶距离渠道开口线 50 m 以内的池塘、鱼塘、井、积水洼地宜填平，不能填平的宜采取可靠的防渗措施。

2）地下截渗

当边坡分布强透水含水层，且持续排水可能引发环境水文地质问题时，应采取地下截渗措施，阻断含水层。

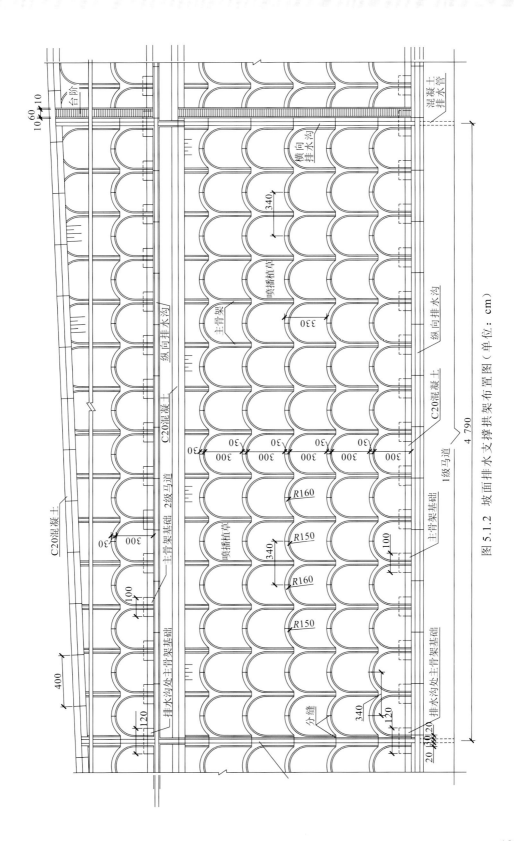

图 5.1.2　坡面排水支撑拱架布置图（单位：cm）

5.1.3　浅层蠕变破坏防控技术

1. 南阳膨胀土试验段坡面防护技术研究

膨胀土边坡失稳主要有两种类型：大气剧烈影响带浅表层蠕变型滑坡和结构面控制的近水平折线滑动。浅层变形失稳是膨胀土自然边坡及膨胀土开挖裸坡最为常见的破坏模式，滑体厚度一般为 1 m，虽然单体规模较小，但在遭遇强降雨时，失稳的线密度可能会很大。

膨胀土坡面保护方法可归纳为：①黏性土换填。采用非膨胀黏性土置换坡面表层膨胀土，一方面隔离膨胀土与外部环境的直接作用，另一方面吸收膨胀潜能。②改性。最常用的有掺水泥和掺石灰改性，改变膨胀土组成成分或原有结构，使膨胀土丧失或减小膨胀潜能，在膨胀土坡面形成性能稳定的保护层。③防护。通过一定的防、排水措施，避免膨胀土水分状态发生较大变化，从而减小膨胀土胀缩变形[22-23]。④加固。通过柔性支挡等方法，设法减少或吸收土体胀缩潜能，使其对结构物的影响控制在允许范围内[24]。

中线工程对中等、强膨胀土边坡进行了换填处理，弱膨胀土边坡仅做防冲刷处理。工程运行实践表明，保护措施对防治膨胀土边坡浅表层蠕变起到明显作用，部分未采取保护措施的弱膨胀土边坡在雨季，特别是强降雨期间出现了坍塌变形破坏。

以"十一五"国家科技支撑计划项目研究为依托，根据膨胀土边坡处理的工程经验，结合南水北调中线总干渠工程膨胀土的特性及渠道的运行特点，在南阳靳岗开展了膨胀土开挖渠道现场试验，试验区分为填方试验区、弱膨胀土试验区、中等膨胀土试验区和中等膨胀土裸坡试验区，共布置 13 个亚区开展了多方法防护处理对比和边坡破坏机理研究。

1）1 级马道以下渠坡

（1）中等膨胀土试验区。渠道边坡防护措施研究了六种形式：①中等膨胀土试验 I 区 1.0 m 非膨胀土+20 cm 砂垫层+复合土工膜；②中等膨胀土试验 II 区 1.0 m 水泥改性土+20 cm 砂垫层+复合土工膜；③中等膨胀土试验 III 区 1.5 m 土工袋+20 cm 砂垫层+复合土工膜；④中等膨胀土试验 IV 区 2.0 m 土工格栅加筋土+20 cm 砂垫层+复合土工膜；⑤中等膨胀土试验 V 区 1.0 m 水泥改性土；⑥中等膨胀土试验 VI 区 30 cm 砂垫层+复合土工膜。

（2）弱膨胀土试验区。渠道边坡防护措施研究了三种形式：①弱膨胀土试验 I 区 0.6 m 非膨胀土+2 m×4 m 间距的聚丙烯滤水网+复合土工膜；②弱膨胀土试验 II 区 0.6 m 改性土+2 m×4 m 间距的聚丙烯滤水网+复合土工膜；③弱膨胀土试验 III 区 30 cm 砂垫层+复合土工膜。

（3）填方试验区。填方渠道采用弱膨胀土填筑，其内坡防护措施研究了两种形式：

①填方试验 I 区 0.6 m 改性土+20 cm 砂垫层+复合土工膜；②填方试验 II 区 2 m 土工格栅加筋土+20 cm 砂垫层+复合土工膜。

2）1 级马道以上渠坡

（1）中等膨胀土试验区。边坡防护措施研究了五种形式：①中等膨胀土试验 I 区 1 m 非膨胀土+砌石联拱+植草；②中等膨胀土试验 II 区 1 m 改性土+菱形格构+植草；③中等膨胀土试验 III 区 1.5 m 土工袋+植草；④中等膨胀土试验 IV 区 2 m 土工格栅加筋土+植草；⑤中等膨胀土试验 V 区 1 m 非膨胀土或改性土+闭合六边形混凝土框格+植草。

（2）弱膨胀土试验区及填方渠道外坡。边坡防护措施研究了两种形式：①弱膨胀土试验 I 区砌石联拱（或菱形格构）+植草；②弱膨胀土试验 II 区闭合六边形混凝土框格+植草。

从防护效果来看，水泥改性土表现优异。综合施工工艺复杂程度、工程投资、防护可靠性，推荐将水泥改性作为膨胀土坡面防护首选方案。

2. 水泥改性土换填保护

通过进行一定厚度的换填处理，使下部膨胀土体的含水率不发生明显变化，胀缩效应不再显现，是国内外普遍认可的有效方法。中线工程首次大面积采用水泥改性土换填表层膨胀土，取得了优异的保护效果。膨胀土加水泥改性后，作为膨胀土保护材料具有取材方便、水稳性好、强度适中、减少弃土对环境的破坏、有效预防膨胀土渠坡浅表层破坏、减少雨水入渗等作用。为了确保改性土保护效果，宜选用弱膨胀土进行改性。

1）水泥改性膨胀土的原理

水泥对膨胀土的改良，主要有以下几个方面的作用：首先，水泥水化反应产生的 C-S-H 和 C-A-H 凝胶附着在颗粒表面，具有较强的胶结力，并形成 $Ca(OH)_2$；然后，Ca^{2+} 与土颗粒表面吸附离子发生阳离子交换反应，降低土颗粒吸水性能，使土颗粒团粒化，增加膨胀土的水稳性；最后，Ca^{2+}、OH 渗透进入土颗粒内部，与黏土矿物发生物理化学反应，生成胶凝物质，可减小亲水黏土矿物的含量，提高土颗粒间的连接强度。

2）换填厚度研究

水泥改性土换填保护层的作用为：隔离膨胀土与外部环境的直接作用，吸收膨胀潜能；提高渠坡表层土体抗剪强度，进而提高渠坡稳定性。因此，对于保护层厚度的确定，应从平衡膨胀力、提高渠坡稳定性和基于水稳层的换填厚度分析三个方面考虑。

（1）平衡膨胀力。

从平衡膨胀力角度可以得到需要换填的最大厚度，即假设换填层不影响下伏膨胀土的膨胀，当换填层荷载大于等于下部膨胀土的膨胀力时，膨胀效应不再显现。膨胀土有荷膨胀率与荷载的对数具有较好的线性关系：

$$\delta = a + b\ln(1+\sigma) \tag{5.1.1}$$

式中：δ 为膨胀土有荷膨胀率，%；σ 为上覆荷载，kPa；a、b 为试验参数。

选取天然密度和自由膨胀率相近土样的试验数据进行拟合，不同荷载下强膨胀土有荷膨胀率试验成果见表 5.1.1。不同初始含水率的强膨胀土有荷膨胀率随荷载变化的半对数拟合曲线见图 5.1.3。

表 5.1.1　南阳强膨胀土原状土样有荷膨胀率试验成果

初始含水率/%	不同荷载下的有荷膨胀率/%				
	25 kPa	50 kPa	100 kPa	150 kPa	200 kPa
31.8	-0.2	-0.7	-1.1	-1.5	-1.8
28.4	0.2	-0.4	-1	-1.7	-2.6
26.8	0.9	0	-0.9	-1.5	-2.2

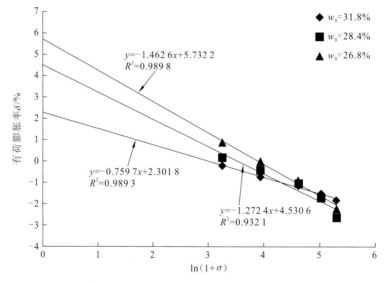

图 5.1.3　不同初始含水率的强膨胀土有荷膨胀率随荷载变化的半对数拟合曲线

w_0 为初始含水率

图 5.1.3 中三条曲线的线性回归分析结果见表 5.1.2。

表 5.1.2　强膨胀土不同初始含水率下的线性回归系数 a、b 及 R^2

初始含水率/%	a	b	R^2
31.8	2.301 8	-0.759 7	0.989 3
28.4	4.530 6	-1.272 4	0.932 1
26.8	5.732 2	-1.462 6	0.989 8

以初始含水率为横坐标，以 a、b 为纵坐标，得到 a、b 分别随初始含水率变化的关系，见图 5.1.4。

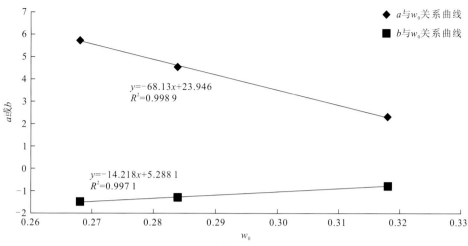

图 5.1.4　a、b 随初始含水率的变化关系

经线性回归，得到强膨胀土有荷膨胀率与初始含水率和荷载的关系，见式（5.1.2）。"十一五"期间得到的南阳弱—中等膨胀土有荷膨胀率与初始含水率和荷载的关系见式（5.1.3）。

$$\delta_{强}=(-68.13w_0+23.946)-(14.218w_0-5.2881)\ln(1+\sigma) \qquad (5.1.2)$$

$$\delta_{弱—中等}=(-51.9w_0+21.047)+(0.9883w_0-2.5932)\ln(1+\sigma) \qquad (5.1.3)$$

当强、中等膨胀土初始含水率 $w_0=28\%$，有荷膨胀率 $\delta=0$ 时，强膨胀土的上覆荷载 $\sigma=40$ kPa，水泥改性土（天然密度为 1.9 g/cm³）换填厚度需要 2.1 m，中等膨胀土的上覆荷载 $\sigma=15.6$ kPa，水泥改性土换填厚度需要 0.8 m；当中等膨胀土初始含水率 $w_0=25\%$ 时，$\sigma=30$ kPa，水泥改性土换填厚度需要 1.6 m，见表 5.1.3。

表 5.1.3　基于平衡膨胀力需要的最大换填厚度　　　　　　　（单位：m）

膨胀土等级	土体初始含水率		
	28%	25%	23%
强	2.1	2.8	3.1
中等	0.8	1.6	2.4

膨胀土天然密度、初始含水率相同时，强膨胀土需要的水泥改性土换填厚度较大；初始含水率较高时，需要的换填厚度较小。

（2）提高渠坡稳定性。

为研究水泥改性土换填厚度对强膨胀土渠坡稳定的影响，以挖深为 6 m、坡比为 1：2 的渠道断面为例，分别采用刚体极限平衡法和三维有限单元法进行分析，计算时水泥改性土换填厚度选取 1.0 m、1.5 m、2.0 m、2.5 m。计算成果见表 5.1.4 和图 5.1.5、图 5.1.6。

表 5.1.4　不同换填厚度对应的渠坡安全系数

序号	水泥改性土换填厚度/m	安全系数	
		刚体极限平衡法	三维有限单元法
1	1.0	1.071	1.140
2	1.5	1.118	1.185
3	2.0	1.198	1.282
4	2.5	1.269	1.332

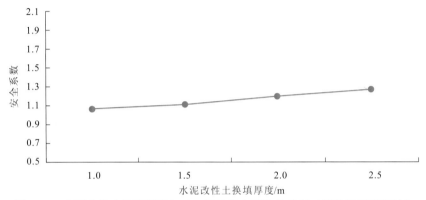

图 5.1.5　水泥改性土换填厚度与 6 m 渠坡安全系数的关系（刚体极限平衡法）

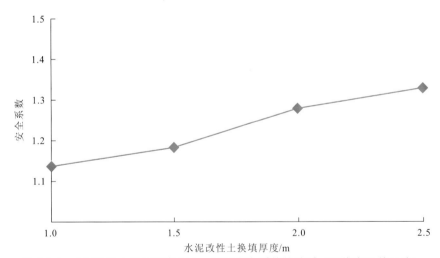

图 5.1.6　水泥改性土换填厚度与 6 m 渠坡安全系数的关系（三维有限单元法）

　　随着渠坡水泥改性土换填厚度的增加，渠坡的安全系数相应提高，水泥改性土换填厚度从 1.5 m 增加至 2.0 m 时，渠坡安全系数增加幅度较大，2.0 m 以后安全系数增长趋势减缓。

　　南阳盆地强膨胀土过水断面水泥改性土换填厚度为 2 m，1 级马道以上渠坡换填厚度为 1.5 m，在按照《南水北调中线一期工程总干渠渠道膨胀土处理施工技术要求》（NSBD-ZXJ-2-01）进行施工的情况下，已基本满足要求。

（3）基于水稳层的换填厚度分析。

采用平衡膨胀力方法计算时，没有考虑换填层对下伏膨胀土含水率变化的约束作用，计算得到的换填厚度可以作为最大厚度。膨胀土暴露地表后，胀缩开裂会由地表逐步向坡内发展，首先在表面形成张开裂隙，先期形成的裂隙又为更深部位膨胀土胀缩提供了水分进入和蒸发的通道，直至形成稳定的大气剧烈影响带（约 1 m）和大气影响带（约 3 m）。如果坡面设置了非膨胀土保护层，将直接制约下部裂隙带的形成，裂隙带不但厚度减小，形成速度也会下降。美国、南非、印度等国家在进行膨胀土渠坡处理时，多选用 0.6～1.2 m 的换填厚度，且经过数十年的运行证实其安全可靠。

从大气影响带深度考虑，南阳段观测揭示的大气影响带深度在 3 m 左右，探坑揭示的大气剧烈影响带深度在 1 m 左右；河南新乡、河北邯郸磁县一带大气影响带深度在 2.5 m 左右，大气剧烈影响带深度在 0.6 m 左右。

从换填层保护机制角度考虑，印度学者曾采用物理模拟方法研究换填处理对防止膨胀土胀缩作用的效果，发现换填厚度超过 0.6 m 后，可以削减 70%～80% 的外部环境影响，膨胀土得到明显保护。2009 年，在南阳膨胀土试验段坡内 2 m 深度埋设含水率、温度传感器，开展了持续 60 天的观测，发现观测期内 0～0.5 m 段含水率变化频繁，0.5～2.0 m 段尽管温度存在周期性变化，但含水率基本恒定。这说明对于新开挖的膨胀土边坡，大气环境能够直接作用的深度在 0.5 m 左右，只有在 0.5 m 范围裂隙形成后，才会继续向内部发展。

综合物理模拟结果和野外观测成果认为，换填厚度达到 0.6～1.0 m 后可以有效保护内部膨胀土不受外部环境持续改造。从工程应用角度考虑，结合大规模施工过程中可能存在的不确定因素及施工机械要求，弱膨胀土渠坡换填厚度可采用 1.0 m，中等膨胀土可采用 1.0～1.5 m，强膨胀土可采用 1.5～2.0 m。

3）换填范围研究

从渠道开挖施工程序和开挖边坡失稳案例来看，开挖过程中存在三个最薄弱的部位需要做重点保护。一是坡顶，渠道开挖时坡体一定范围产生卸荷，坡顶容易产生拉裂缝，且膨胀土垂直渗透性较强，雨水容易通过坡顶渗入坡体，进而引发边坡变形破坏；二是坡面，如果开挖面持续暴露于大气环境，容易失水干裂，有利于雨水进入坡体而产生滑坡；三是坡脚，对于挖方渠道，坡脚是应力集中部位，容易出现沿结构面的剪切变形，同时坡脚容易受到基坑积水浸泡影响，土体更易弱化而产生滑坡。因此，在膨胀土渠坡坡顶一定范围、坡面、坡脚均需换填水泥改性土。其中，坡顶换填主要起防渗作用，坡面换填主要起减缓下伏膨胀土含水率变化波动的作用，坡脚换填主要起防止被水软化和提高土体强度的作用。

根据中线工程典型设计断面计算的挖方渠道坡顶卸荷拉裂影响范围见表 5.1.5。安全系数最小的滑动面对应的坡顶拉裂缝与坡眉的距离，随渠道挖深的增大呈增大趋势，同时也受到马道宽度和外荷载（车辆荷载）的影响，但最大距离不超过 9 m。因此，坡眉与截流沟之间的 10 m 范围容易受到卸荷影响，应换填水泥改性土。

表 5.1.5　挖方渠道坡顶卸荷拉裂影响范围计算成果表

序号	渠道挖深/m	坡顶拉裂缝与坡眉的距离/m	开挖卸荷塑性区宽度/m
1	9	5	5
2	10	5.5	6.7
3	12	6.7	7.5
4	14	8.2	8.1
5	15	8.2	8.1

3. 隔排处理技术

1）隔排处理技术基本原理

对于膨胀土边坡浅层变形失稳，胀缩作用形成裂隙带和雨水入渗充分饱和是两个必备条件。隔排处理技术采取"外隔内排"的治理思路，一方面在坡面设置一层非水敏材料结构体，另一方面加强结构体底面排水，避免下部膨胀土受到充分饱水和水压力的影响。

隔排处理技术包括水泥改性土换填和盲沟排水两部分，适用于渠坡开挖过程中有渗水的情况。在渠坡土体有明显渗流时，先采取措施及时引排渗水，防止地下水对膨胀土坡面产生饱水软化影响，然后再填筑改性土。

2）隔排处理方案设计

在水泥改性土的底面布置横向和纵向排水盲沟，根据坡高确定横向及纵向排水盲沟的层数，并根据地下水出流情况确定横向排水盲沟的间距，见图 5.1.7。

盲沟透水料可以是土工布包裹的砾石、透水板，应设置一定纵坡，以及时排走渗水。

3）柔性支护方案

对于受地下水和大气干湿循环联合控制的膨胀土渠坡浅层破坏，防治的关键是将地下水及时引排并防止胀缩裂隙带形成，基于这一思路，还可以采用柔性支护+地下排水的处理方案，一方面防止边坡表面雨水大量入渗，同时设置畅通的内部排水系统，使降雨入渗或地表水源入渗形成的上层滞水尽快疏排出坡体。以南水北调中线淅川段深挖方膨胀土渠道渠坡为依托，研究提出了具有内部排水和以柔治胀功能的柔性支护，其结构形式如图 5.1.8 所示。

柔性支护包括加筋体、防排水系统、坡面防护三大部分。

加筋体：柔性支护体坡比采用 1∶2。膨胀土边坡一般采用 1∶2.5 的开挖坡比，较陡的坡比可以减小坡面汇水面积，减少雨水入渗和冲刷破坏；在 1∶2 的坡比下加筋体自身能维持长期稳定。加筋体可以阻隔大气干湿循环对柔性支护体后膨胀土土体的影响。每填筑 2 层（2×20 cm）膨胀土反包一层土工格栅。在每个加筋层的水平方向上用 U 形锚钉将土工格栅固定在压实的膨胀土上，并用连接棒在反包位置处将上下层土工格栅连接，使其成为整体，从而确保加筋体稳定。

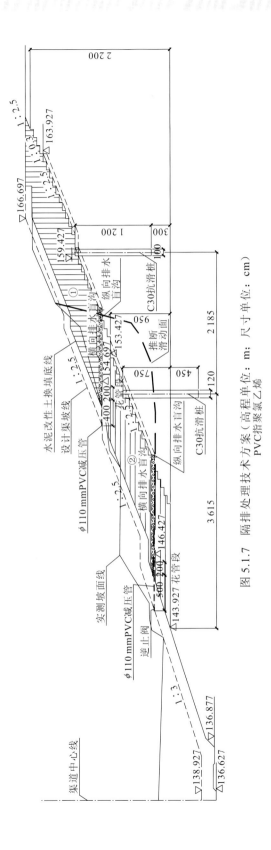

图 5.1.7　隔排处理技术方案（高程单位：m；尺寸单位：cm）
PVC指聚氯乙烯

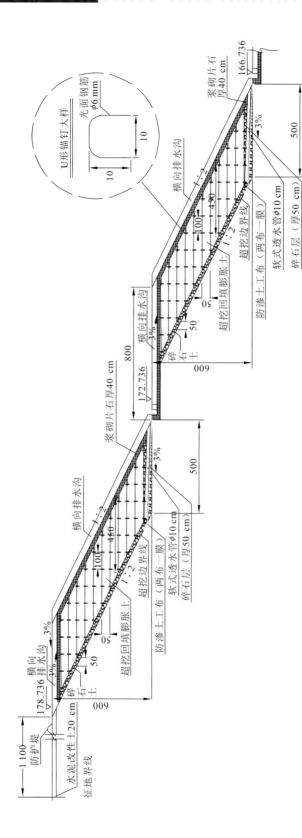

图 5.1.8　膨胀土渠坡柔性支护结构示意图（高程单位：m；尺寸单位：cm）

防排水系统：加筋体的背部设置 50 cm 厚由碎石组成的排水层，作用是疏排因降雨入渗和坡后积水下渗产生的渗流；单级边坡坡脚部位在柔性支护体基底设置一排水垫层，外包土工布，其内部放置一直径为 10 cm 的软式透水管，将排水层收集的地下水及时排入横向排水沟，构成一个完整的内部排水通道。

坡面防护：坡面覆盖一层耕植土并进行植草绿化，防止坡面冲刷和土工格栅老化。

柔性支护技术主要适用于 1 级马道以上、受上层滞水和大气干湿循环联合控制的膨胀土渠道渠坡浅层破坏的防治，也可用于地下水丰富、边坡稳定性差的其他特殊土质渠坡的稳定与加固。

5.1.4　深层滑动破坏防控技术

考虑到膨胀土渠坡的涉水性，膨胀土渠坡主要采用抗滑桩进行深层加固。根据膨胀土渠坡的结构特点、深层滑动的特性并结合膨胀土施工顺序，可采用传统悬臂式抗滑桩加固，也可采用 M 形锚梁与抗滑桩联合支护、预支护多排微型桩抗滑、X 形微型桩抗滑等加固方案。

1. 悬臂式抗滑桩方案

1）抗滑桩结构计算模型

对于单根直立的抗滑桩，根据无支护条件下的边坡稳定分析求得最危险滑动面和桩体相应部位的剩余下滑力，采用刚体极限平衡法求得桩后部分滑体在稳定安全系数满足设计要求条件下能为桩体提供的抗力，采用弹性地基梁法求得桩体在剩余下滑力和抗力作用下的结构内力，然后对桩体进行结构配筋[25]。单桩结构计算简图见图 5.1.9，计算过程如下。

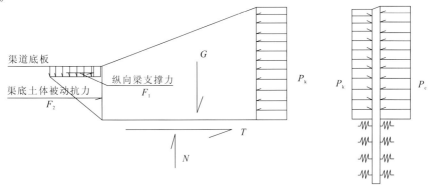

图 5.1.9　单桩结构计算简图

P_c 为按边坡最不利滑动面确定的桩后部分土体抗滑稳定安全系数满足设计标准要求时，要求桩体提供的支撑力，假定支撑力均匀分布在抗滑桩的挡土侧；P_k 为桩前坡体土可为桩体提供的支撑力，该支撑力大小为桩前坡体土在满足自身稳定需要（抗滑稳定安全系数不小于技术标准要求）后可提供的抗力，桩前坡体土对桩体的支撑力也假定均匀分布在桩上；G 为边坡稳定计算确定的最不利滑动面上方滑动体桩前部分的土体重量；T 为边坡稳定计算确定的最不利滑动面上方滑动体底滑面上的抗滑力，$T=(G-U)\tan\varphi+c\cdot LF$，$U$ 为滑动面上的扬压力，LF 为抗滑桩到坡脚的距离，c、φ 为土体抗剪强度参数，当滑动面剪出口位于渠底以下时，渠底对桩前滑动体的抗力，计算中取静止土压力；$N=G-U$。P_c、P_k 分布于最不利滑动面以上的桩体区域

（1）确定最危险滑动面和桩体所在部位的剩余下滑力 $P_c \times a$，a 为沿纵向分布的桩中心间距；

（2）根据桩后部分滑体的刚体极限平衡条件求出滑体能为桩体提供的抗力 $P_k \times a$；

（3）将剩余下滑力 $P_c \times a$、能为桩体提供的抗力 $P_k \times a$ 施加在滑动面以上的桩体部分；

（4）按最危险滑动面以下部分土体对桩体提供弹性支撑的悬臂梁进行桩体结构计算；

（5）复核桩体抗倾覆稳定，根据桩体内力对桩体进行结构配筋。

2）设计方案

悬臂式抗滑桩一般布置于滑坡体的中下部（阻滑区域），桩径为 1～1.5 m，桩间距为 4～4.5 m，锚固段长度一般取 1/2～1 的受荷段长度（土体条件适宜时取 1），桩顶一般埋置于水泥改性土下。设计断面见图 5.1.10 和图 5.1.11。

3）抗滑桩施工

抗滑桩的成孔是抗滑桩施工的关键技术之一，抗滑桩成孔方式和机械的选择需要考虑土层物理性质、地下水位、工期和成本等因素。抗滑桩成孔选择干法施工，使用旋挖钻机施工机械。旋挖钻机干法成孔具有如下优点：①成孔速度快、质量高。与目前常用的循环钻机或冲击钻机相比，同样的土层和相同的直径下，旋挖钻机成孔的效率是循环钻机的 20 倍、冲击钻机的 30 倍。②环境友好。旋挖钻机通过钻头旋挖钻进，再通过凯式伸缩钻杆将钻头提出孔外卸土，不产生泥浆污染。施工噪声小，振动低，对周边环境影响小。③行走方便，机动性强。履带式旋挖钻机可以自行移位。

抗滑桩施工流程见图 5.1.12。

2. M 形锚梁与抗滑桩联合支护技术

M 形锚梁与抗滑桩联合支护技术是一种将坡面梁与抗滑桩组合应用的支护技术。抗滑桩的受力形式为悬臂结构，这种受力形式决定了桩体尺寸较大，有时需要在桩头部位施加一个锚索，以改变抗滑桩的受力、提高结构的承载力，进而减小工程治理的投资。借鉴锚拉式抗滑桩的设计思路，考虑渠道在结构布置上的对称性，设置一根地基梁与桩头连接，将悬臂结构变为简支结构，既可大幅提高结构承载力，又可利用支撑梁将渠坡划分为框格，起到坡面防护的作用，抑制膨胀土渠底后期回弹变形。组合支护结构设计构想见图 5.1.13。

1）框架式支护结构计算模型

桩与坡面梁组合结构计算同样基于刚体极限平衡法与弹性地基梁法，取单排桩与坡面梁组合框架结构进行计算，简图见图 5.1.14。其计算需要采用迭代法或试算法，具体步骤如下。

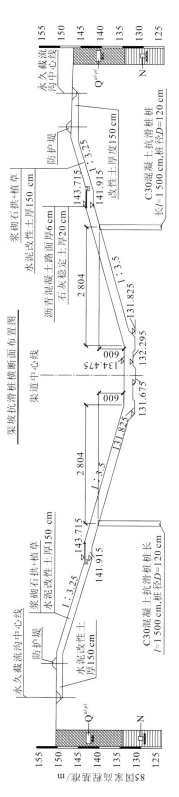

图 5.1.10　抗滑桩布置示意图（高程单位：m；尺寸单位：cm）

图 5.1.11　抗滑桩实施后的形象

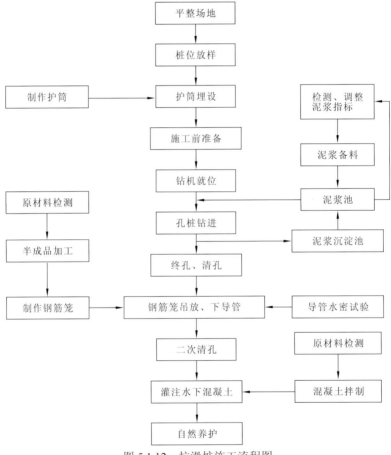

图 5.1.12　抗滑桩施工流程图

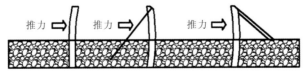

悬臂式抗滑桩　　锚拉式抗滑桩　　抗滑支撑刚架

图 5.1.13　组合支护结构设计构想

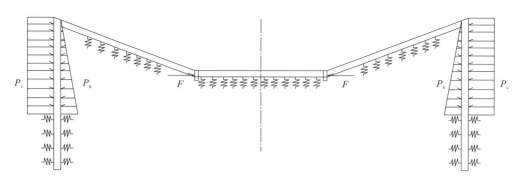

图 5.1.14　M 形锚梁与抗滑桩联合支护框架结构受力简图

F 为斜面支撑梁对渠底地基梁的作用力

（1）确定最危险滑动面和桩体所在部位的剩余下滑力 $P_c×a$，其中 a 为沿纵向分布的桩中心间距；

（2）根据桩后部分滑体的刚体极限平衡条件求出该滑体能为桩体提供的抗力 $P_k×a$，考虑到由于斜面支撑梁的约束作用，桩顶位移较小，土体对桩的抗力按三角形分布，见图 5.1.15，图中 R 为坡面梁对坡体的弹性抗力（初始计算时取 0）；

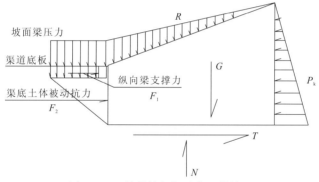

图 5.1.15　单排桩框架结构计算简图

（3）进行支护体系结构计算，求得坡面梁与坡体土之间的弹性抗力近似值 R；

（4）回到步骤（2）、（3），分别求桩后部分滑体在 R 下的抗力 $P_k×a$、R，直到相邻两次迭代的 $P_k×a$ 近似相等为止；

（5）复核桩体抗倾覆稳定，根据桩体内力对桩体进行结构配筋。

2）抗滑桩与坡面梁组合支护方案设计

该支护体系由抗滑桩、坡面梁、渠底纵梁、渠底横梁等组成（图 5.1.16～图 5.1.18），抗滑桩的悬臂结构通过桩顶的支撑梁改变为简支结构，在不改变抗滑桩结构尺寸的同时使抗滑桩能够提供更大的抗滑力。同时，利用坡面梁下传的推力在坡面施加压力，可有效提高边坡的稳定性，渠底纵梁利用衬砌结构的齿槽布置钢筋形成，增加支护体系的纵向结构整体性。

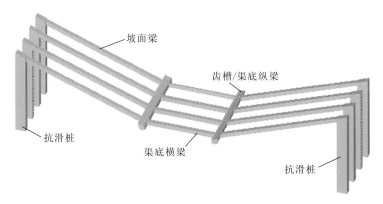

图 5.1.16　抗滑桩与坡面梁组合支护方案结构组成图

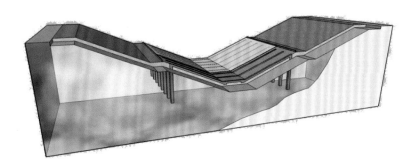

图 5.1.17　抗滑桩与坡面梁组合支护方案效果图

图 5.1.18　抗滑桩与坡面梁组合支护方案形象

3）坡面梁施工工艺

一，渠坡、渠底挖槽。

（1）将已削坡成型的渠道边坡与相应渠底位置的浮土、杂物清扫干净。

（2）在渠底齿槽开挖成型后，用全站仪在渠坡与渠底上分别放出渠道坡面梁和渠底横梁的结构边线，用线绳标出边线位置。

（3）采用人工配合切缝机施工的方法挖出坡面梁与渠底横梁地模槽，见图 5.1.19、图 5.1.20。

图 5.1.19　按照坡面梁结构尺寸切割水泥改性土

图 5.1.20　坡面梁抽槽开挖

（4）将挖好的地模槽内的浮土、废渣等垃圾清理干净。

二，钢筋制作及安装。

（1）渠道坡面梁与渠底横梁钢筋笼骨架在钢筋加工厂制作，由平板车拉到现场进行安装。

（2）把已制作完成的坡面梁和渠底横梁钢筋笼骨架安装到相应地模槽内，采用人工配合汽车吊施工。为确保钢筋保护层厚度，在钢筋笼骨架与地模槽接触的底面和侧面布置一定数量的混凝土预制块。

（3）按照施工图纸，将抗滑桩、坡面梁、渠底横梁钢筋笼骨架接头位置的钢筋安装到相应位置，钢筋搭接长度满足规范要求（图 5.1.21）。

图 5.1.21　坡面梁钢筋安装

钢筋安装完成后，浇筑坡面梁与渠底横梁混凝土，采用混凝土泵车或吊车吊罐的方式入仓。

三，混凝土浇筑。

（1）首先进行渠底横梁混凝土浇筑。采用 $\phi50$ mm 振捣棒进行振捣，振捣均匀。浇筑齿槽位置时控制振捣棒插入位置与振捣时间，避免损坏 PVC 排水管。

（2）渠底横梁浇筑完成后，进行坡面梁混凝土浇筑。浇筑时，混凝土坍落度不得过大。混凝土入仓按照先下后上的顺序进行（图 5.1.22）。

图 5.1.22　坡面梁混凝土浇筑与振捣

（3）混凝土初凝前，用木抹子将坡面梁和渠底横梁混凝土面抹平。

（4）混凝土浇筑完成后 12～24 h 内，进行覆盖洒水养护，养护时间不少于 28 天。

3. 预支护多排微型桩抗滑技术

根据挖方膨胀土边坡开挖过程中裂隙结构面应力调整转移的特点，提出了一种挖方膨胀土渠道预支护多排微型桩抗滑技术，旨在减小开挖卸荷对膨胀土边坡内裂隙面的贯通影响，使抗滑桩一旦施工便能立即发挥抗滑作用[26]。微型抗滑桩施工采用预制桩静压的方式（图 5.1.23），即开挖至桩顶高程时就采用静压设备将微型抗滑桩压入土体，然后再进行下一步开挖，这种支护方式已成功运用于南阳膨胀土渠道边坡的加固工程中。

图 5.1.23 预制的微型抗滑桩

1）微型抗滑桩布置

桩号 TS95 段渠道设计有 2 级边坡，过水断面坡高为 9.23 m，2 级边坡坡高为 4～5 m，根据裂隙发育特点，渠坡破坏主要有如下三种方式。

（1）滑动模式 1。

边坡从 1 级马道上滑出，破坏模式如图 5.1.24 所示，底滑面追踪到缓倾角裂隙面，后缘拉裂缝追踪到中—陡倾角裂隙。后缘拉裂缝无静水推力时安全系数为 1.209。

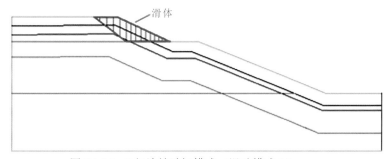

图 5.1.24 2 级边坡破坏模式（滑动模式 1）

（2）滑动模式 2。

1 级边坡滑动并从坡脚剪出，见图 5.1.25，滑坡后缘形成 7.0 m 深的拉裂缝，缝内充水，底滑面为水平软弱面。根据滑坡案例调研，一般单级边坡滑坡后缘拉裂缝都位于上部马道前缘，首次滑动后，才会逐渐向后发展。底滑面参数取 $c=9$ kPa，$\varphi=10°$。

计算得到的初始安全系数为 1.174。

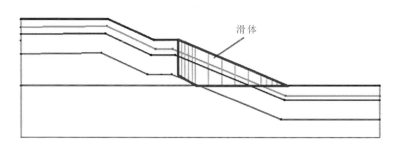

图 5.1.25　1 级边坡破坏模式（滑动模式 2）

（3）滑动模式 3。

整个边坡发生滑动，破坏模式如图 5.1.26 所示。以南阳中等膨胀土渠坡为例，后缘中—陡倾角拉裂缝贯通率为 70%，缓倾角裂隙连通率为 75%。考虑到 1 级边坡下部在渠道开挖时卸荷作用最大、剪切位移最明显，若无抗滑措施，水平裂隙面宜按 100%连通率考虑。计算得到的初始安全系数为 1.048。

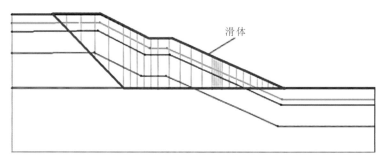

图 5.1.26　整个边坡破坏模式（滑动模式 3）

在渠道开挖前预先打入抗滑桩，渠道开挖卸荷过程中，抗滑桩产生主动抗滑效果，限制水平裂隙的贯通，因此采用预制桩抗滑后，水平裂隙的连通率取 75%。

桩号 TS95+200 处根据边坡潜在滑动模式采用预支护多排微型桩抗滑方案，抗滑桩布置见图 5.1.27。2 级边坡采用 1 排 6.0 m 微型抗滑桩，1 级马道采用 1 排 13.0 m 微型抗滑桩，1 级边坡采用 2 排 9.0 m 微型抗滑桩，桩体截面尺寸为 0.35 m×0.35 m，桩间距为 1.2 m，渠道开挖过程同步施工抗滑桩。1 级马道及 1 级边坡 3 排抗滑桩共提供 160 kN/m 的抗滑力，加固后安全系数为 1.256。

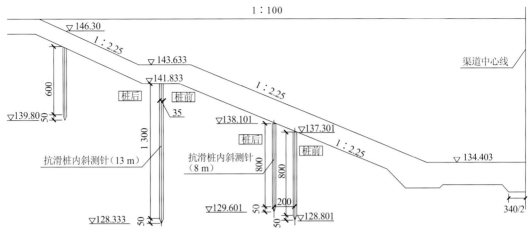

图 5.1.27　桩号 TS95+200 处抗滑桩布置图（高程单位：m；尺寸单位：cm）

2）施工方案

（1）场地清理和安全防护。

渠道开挖过程中，采取边开挖边施工的方案，抗滑桩施工由上至下依次进行。开挖至抗滑桩桩顶设计高程后，暂停渠道开挖，进行施工场地平整；采用全球定位系统进行预制桩桩位放样，对桩位进行标记并编号。

考虑到抗滑桩吊装和静压施工特点，且施工区域空中有高压线穿过，在施工场地周边设置安全护栏，并设置标志牌；起重设备作业严格控制高度，以避开高压线，保持安全距离。

（2）工序衔接。

应根据前期勘察成果和滑坡模式分析预测，提出预制桩抗滑专项设计，确定抗滑桩参数（排数、间距、桩径、桩长、配筋、监测仪器预埋等），提前预制抗滑桩。桩位确定后，进行引导孔施工。压桩前，根据施工规划，做好技术准备、物资准备、劳动组织准备、施工方案准备，明确施工工序，保证压桩施工各个环节相互衔接。

（3）抗滑桩桩身验收。

桩外观应平整、密实，不应有蜂窝、孔洞、折断和过大缺棱掉角、露主筋等缺陷。同条件养护下试块强度达到设计强度的 70% 后，方可吊装，达到 75%～80% 强度后进行压桩。

（4）运输起吊就位。

预制桩由预制厂运输至施工现场时，应慢速平稳行驶，起吊采用双吊点；桩身运至压桩机附近，用压桩机的工作吊机单点起吊，用双吊绳的起吊方法使桩身竖起插入夹桩的钳口中。

（5）引导孔。

引导孔孔径应略小于桩径，深度按照桩长的 1/2 控制，且不小于 3 m，如图 5.1.28所示。

图 5.1.28　微型抗滑桩引导孔

（6）紧桩插桩。

当桩身插入夹桩的钳口中后，将桩徐徐上升直到桩尖离地，然后夹紧桩身，微调压桩机使桩尖对准桩位，先将桩压入土层 0.5 m，暂停下压，从桩的两个正交侧面校正桩身垂直度，待桩身垂直度偏差小于 0.5%，并使静力压桩机处于稳定状态时正式开压，如图 5.1.29 所示。

图 5.1.29　微型抗滑桩静压施工

（7）压桩。

压桩开始后，先轻压，然后逐渐增压，直至设计最大压桩力，实际压桩机配重需根据地质情况调整，采用合适的压桩力。为防止出现压桩中断引起的阻力过大现象，压桩应连续进行，先拟定每一次压桩的入土深度为 1 m（根据施工机械进行调整），然后松夹→上升→再夹→再压，如此反复，如图 5.1.30、图 5.1.31 所示，直至将一根桩压至设计标高，顶部高程可稍低于设计标高，但不得高于设计标高以免影响后续水泥改性土施工。初步拟定压桩速度为 1 根/h，每入土 50 cm 记录一次数据。根据压桩力和入土深度调整施工参数。

图 5.1.30　微型抗滑桩压桩（抱压）

图 5.1.31　微型抗滑桩压桩（顶压）

（8）复压。

采用不同桩长的最大压桩力复压 2～3 次，每次持压时间控制在 1 min 左右，最终如图 5.1.32 所示，压桩完成。

（a）压桩完成后形象面貌

（b）压桩后桩顶形象

图 5.1.32　压桩完成

207

（9）特殊情况。

当出现桩身入土困难、桩身突然倾斜、桩身出现严重裂缝等特殊情况时，应暂停施工，判定原因，可适当加大引导孔直径、孔深，便于抗滑桩就位。

微型抗滑桩作为一种加固边坡的新型支挡结构，是指直径或边长一般在 100～400 mm 的桩。与传统支挡结构相比，微型抗滑桩具有施工快捷方便、安全可靠、扰动小、见效快、适用范围广等优点。

4. X 形微型桩抗滑技术

南水北调中线总干渠在桩号 TS92+218～TS92+302 段、桩号 TS92+303～TS92+473 段、桩号 TS92+487～TS92+606 段左岸，以及桩号 TS92+216～TS92+473 段、桩号 TS92+487～TS92+606 段右岸渠段 2 级边坡抗滑处理中采用了 X 形微型桩，桩径为 0.35 m，桩长为 8 m，每组两根，交叉布置，每组间距为 1～2 m，竖直桩桩顶设置连系梁，如图 5.1.33 所示。

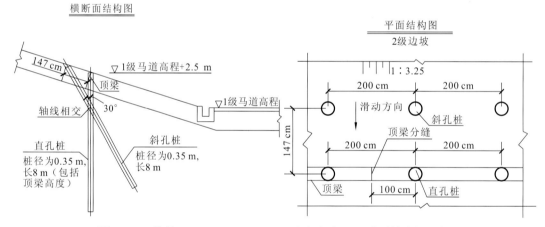

图 5.1.33　桩号 TS92+206～TS92+606 段左右岸 X 形微型桩支护方案

5. 其他支护方案

1）坡面梁与土锚组合支护方案

1 级马道以上开挖过程中揭露长度大于 15 m 的缓倾角裂隙面时，若抗滑桩施工受到现场条件限制，可采用坡面梁与土锚组合支护方案。

坡面梁与土锚组合支护方案由坡面梁与土锚构成。坡面梁在开挖形成的坡面通过抽槽现浇钢筋混凝土形成，坡面梁下端支撑在裂隙面下方的马道内侧，底部采用直径为 400 mm 的树根桩支撑，土锚在坡面梁上锚固，锚固力通过坡面梁传递到坡体，实现对滑坡体的支护（图 5.1.34）。坡面梁沿渠道纵向的间距为 3 m。

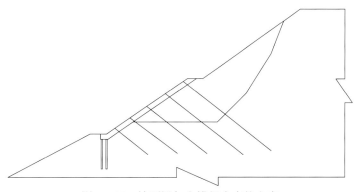

图 5.1.34　坡面梁与土锚组合支护方案

该支护方案剩余下滑力主要依靠土锚锚固力的水平分量承担，根据膨胀土滑坡规模及推动力特点，锚杆直径选用 25～30 mm，锚固段长度为 16～20 m 时，每根土锚的锚固力一般在 200 kN 左右，通过二次高压注浆可以提高锚固力约 1.5 倍，具体设计参数根据现场试验确定，土锚数量根据边坡剩余下滑力及缓倾角裂隙面的位置确定。

2）树根桩支护方案

大直径抗滑桩主要用于滑体规模较大的滑坡体支护，需要较为宽敞的施工作业面，但由于膨胀土渠坡坡体土中的裂隙分布具有随机性，有时还具有隐蔽性，裂隙的规模、产状、分布等在边坡开挖前无法预知，需要针对具体的裂隙面采取支护措施时，渠坡已经开挖成型，施工作业面受到限制。而且，由裂隙控制的滑坡规模各不相同，因此，需要研究适用于小型施工机械施工、不同滑坡规模的支护措施。为此，针对中线工程特点，在渠坡动态优化设计时采用了树根桩支护方案。

若在 1 级马道以上边坡发现长度为 7～15 m 的缓倾角裂隙，采用直径为 200～300 mm 的树根桩进行支护，根据桩深可在坡面局部填筑形成小范围施工作业平台或采用洛阳铲挖孔现浇成桩。

树根桩支护方案由两根或多根竖直和倾斜的小型钻机成孔施工的桩构成，桩径为 200～300 mm，每根桩中插入 2～3 根直径为 25～32 mm 的钢筋，通过灌注水泥砂浆或细石混凝土形成；竖直桩与倾斜桩连接成三角支撑框架。桩顶到缓倾角滑动底面的垂直深度一般为 1.5～4 m（图 5.1.35）。三角支撑框架沿渠道纵轴线方向的间距取 1～1.5 m。

3）注浆钢管桩支护方案

采用小型地质钻机在渠坡钻设两排钻孔，下钢花管，管内压力注浆，填充钢管及周围缝隙，由钢管和混凝土组成抗滑桩，并与钢管周边土体形成整体。此方案的优点如下。

（1）支挡见效快，钢管与水泥浆体形成微型抗滑桩，穿过滑动带进入稳定土层，能快速对渠坡起到支撑作用。

（2）具有增阻效应，增大注浆压力可形成树根桩，部分浆液通过裂隙扩散，可改善膨胀土性质，提高凝聚力、内摩擦角，降低水敏性，改善坡体稳定性。

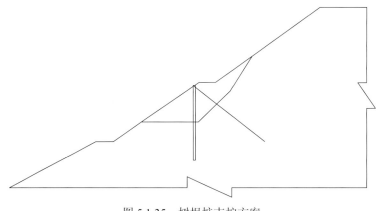

图 5.1.35 树根桩支护方案

（3）施工便捷，施工机械简单，适应性强，对已建工程破坏小，适合工程后期抢险加固。

图 5.1.36 为桩号 TS13+700 处膨胀土渠道注浆钢管桩的结构布置图，钢管桩桩径为 13 cm，桩长为 9 m，桩中心距为 2 m，布置两排。

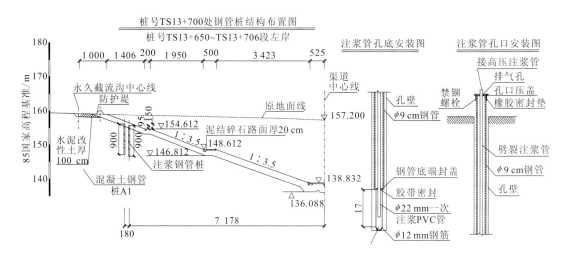

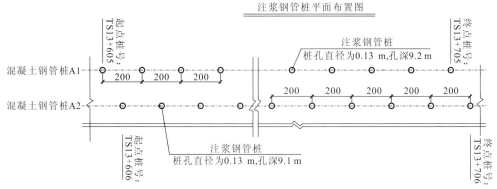

图 5.1.36 注浆钢管桩布置方案（高程单位为 m，尺寸单位为 cm）

5.2　膨胀土边坡深层稳定加固方案工程应用

5.2.1　加固设计原则

膨胀土挖方渠道加固设计原则如下。

（1）对于挖深小于 20 m 的渠道边坡，采用统一的渠道断面和坡面及坡顶基本保护措施，支护只针对膨胀土地层中的结构面进行，以提高坡体沿结构面的抗滑稳定安全度。

（2）支护措施优先确保 1 级马道以下过水断面的渠坡稳定安全。1 级马道以上渠坡依据开挖揭露的具体裂隙情况采取局部支护措施。

（3）膨胀土地层中的缓倾角裂隙对渠坡稳定影响大，渠道两侧渠坡地质条件一般具有相似性，支护设计一般对称考虑缓倾角裂隙的影响，具体根据施工揭露情况确定。

5.2.2　边坡加固方案

1. 挡土仰墙方案

1）挡土仰墙断面设计

针对渠道特点，挡土仰墙适合滑坡发生后的修复处理，需要满足抗滑、抗倾覆稳定要求。挡土仰墙采用钢筋混凝土设计，现浇方式施工。挡土仰墙断面采用梯形断面，墙顶厚度按构造要求确定，墙底厚度根据稳定计算确定，当计算的墙底厚度小于 1.45 m（相当于墙体厚度 1.0 m）时，取等厚度，最小厚度取 0.55 m（相当于墙体厚度 25 cm），在无支护、墙体中部不设土锚条件下，在挡土仰墙墙顶处不同剩余下滑力作用下，满足抗倾覆稳定要求所需的墙底水平向宽度计算成果见表 5.2.1。

表 5.2.1　不同剩余下滑力作用下挡土仰墙稳定计算成果

剩余下滑力/kN	挡土仰墙			跨渠支撑地梁承担推力/kN	墙底地基土（墙下深度 3 m）	
	承担剩余下滑力/kN	抗倾覆力矩/（kN·m）	墙底水平向宽度/m		承担剩余下滑力/kN	安全系数
800	40	1 019	0.55	1 180	200	5.68
1 000	190	1 694	0.85	1 340	250	4.64
1 500	564	3 381	1.95	1 746	375	3.23
2 000	940	5 069	3.50	2 149	500	2.54
2 500	1 314	6 756	4.35	2 540	625	2.08
3 000	1 690	8 444	5.70	2 939	750	1.80
4 000	2 440	11 819	7.15	3 720	1 000	1.40
5 000	3 190	15 194	8.75	4 507	1 250	1.17

2）渠底支撑地梁设计

在挡土仰墙断面设计中，没有考虑挡土仰墙沿墙底的抗滑稳定需要，墙底抗滑稳定由渠底支撑地梁承担。当滑动面在挡土仰墙底板以下时，渠底支撑地梁在承担挡土仰墙稳定所需的水平推力的同时，还承担挡土仰墙底部基础抗挤出推力。在挡土仰墙墙顶处不同剩余下滑力的作用下，渠底支撑地梁可能承担的最大推力计算成果见表 5.2.2。

表 5.2.2　不同剩余下滑力下渠底支撑地梁计算成果

剩余下滑力 /kN	跨渠支撑地梁承担推力 /kN	支撑地梁断面尺寸（高×宽）/cm	
		计算	设计采用
800	1 180×3	67×40	70×40
1 000	1 340×3	76×40	75×45
1 500	1 746×3	80×50	80×50
2 000	2 149×3	89×55	90×55
2 500	2 540×3	97×60	90×60
3 000	2 939×3	112×60	105×65
4 000	3 720×3	131×65	115×75
5 000	4 507×3	137×75	140×75

渠底支撑地梁采用钢筋混凝土结构，考虑到挡土仰墙的受力条件，支撑地梁轴线间距采取 3 m。支撑地梁断面根据可能承担的最大推力及压杆稳定要求确定。在挡土仰墙墙顶处不同剩余下滑力作用下，支撑地梁设计断面见表 5.2.2。

3）挡土仰墙地基处理

挡土仰墙依靠在渠坡土体上，渠坡作为挡土仰墙的基础需要采取一定的支护措施，具体措施如下（图 5.2.1）。

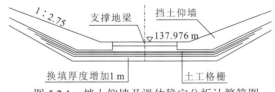

图 5.2.1　挡土仰墙及滑体稳定分析计算简图

（1）挡土仰墙下的渠坡按不同膨胀性确定的换填厚度进行换填处理。

（2）渠底挡土仰墙基础换填厚度加大 1 m，其中底部加大 50 cm，采用普通改性土换填，上部加大 3%水泥掺量，并在其基础下方敷设土工格栅。

（3）当剩余下滑力大于 4 000 kN 时，需要在挡土仰墙底部增设抗滑桩，防止渠底隆起失稳。

4）挡土仰墙分缝处理

考虑到膨胀土地基的不均匀性，挡土仰墙不设纵向缝，沿渠道纵向每 6 m 设一条永久缝，每墙段两根渠底支撑地梁布设在墙段中间。

5）挡土仰墙渗控措施

挡土仰墙下不设防渗土工膜，当地下水位高于 1 级马道时挡土仰墙永久缝不设止水；当挡土仰墙下方地基存在强透水地层，且地下水位可能低于渠道运行水位时，永久缝设铜片止水。

当渠坡土体为弱透水地层时，渠坡一般不采取专门渗控措施；当渠坡地下水位高于渠道运行水位时，在渠道底部两坡脚附近设排水暗沟，采用逆止阀与渠道连通。

当渠坡地下水位低于渠道运行水位，且渠坡分布强透水地层时，除挡土仰墙永久缝设止水外，不另行增加其他渗控措施。

当渠坡地下水位位于渠道运行水位与渠底板之间，且渠坡分布强透水地层时，除挡土仰墙永久缝设止水外，在渠道两坡脚附近设排水暗沟，以逆止阀与渠道连通，降低墙下的扬压力。

6）挡土仰墙断面尺寸与工程量

中等膨胀土渠坡不同坡高条件下挡土仰墙方案设计断面见表 5.2.3 和图 5.2.2。

表 5.2.3　挡土仰墙方案设计断面参数

坡高 /m	1 级马道断面处 剩余下滑力/kN	挡土仰墙			渠底支撑地梁断面尺寸 （高×宽）/cm
		墙顶水平向宽度/m	墙底水平向宽度/m	钢筋用量/（kg/m³）	
15.0	1 760	1.45	2.75	50	90×55
20.0	4 400	1.45	7.95	50	125×75
25.0	4 850	1.45	8.65	50	140×75

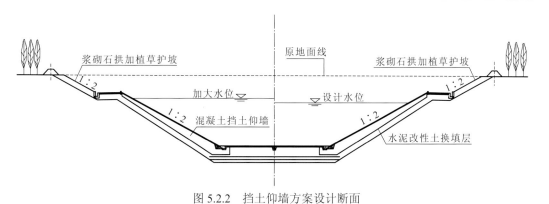

图 5.2.2　挡土仰墙方案设计断面

2. 挡土仰墙+土锚方案

在挡土仰墙方案基础上，研究了墙体中部增设土锚方案，比较了 1 排和 2 排土锚两个方案；满足抗滑稳定和抗倾覆稳定要求的挡土仰墙及土锚设计断面参数见表 5.2.4、表 5.2.5，墙体及土锚布置见图 5.2.3、图 5.2.4。

表 **5.2.4** 挡土仰墙**+**土锚方案 **1** 设计断面参数

坡高 /m	1 级马道断面处 剩余下滑力/kN	挡土仰墙			土锚锚固力 /kN	抗倾覆 稳定系数
		墙顶水平向宽度/m	墙底水平向宽度/m	钢筋用量/（kg/m³）		
15.0	1 760	1.45	2.00	75	150	1.5
20.0	4 400	1.45	2.95	75	500	1.5
25.0	4 850	1.45	2.95	90	600	1.5

表 **5.2.5** 挡土仰墙**+**土锚方案 **2** 设计断面参数

坡高 /m	1 级马道断面处 剩余下滑力/kN	挡土仰墙			土锚锚固力 /kN	抗倾覆 稳定系数
		墙顶水平向宽度/m	墙底水平向宽度/m	钢筋用量/（kg/m³）		
15.0	1 760	1.45	2.90	50	100	1.5
20.0	4 400	1.45	4.55	50	300	1.5
25.0	4 850	1.45	4.55	65	450	1.5

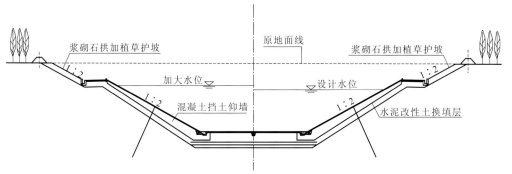

图 5.2.3 挡土仰墙+土锚方案 1 墙体及土锚布置

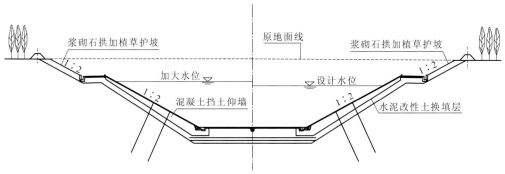

图 5.2.4 挡土仰墙+土锚方案 2 墙体及土锚布置

3. 悬臂式抗滑桩支护方案

抗滑桩位置根据滑动面位置确定，桩顶布置土锚（图 5.2.5），根据剩余下滑力大小按嵌固在弹性地基中的悬臂梁计算确定抗滑桩断面尺寸，根据抗滑桩断面尺寸确定抗滑桩施工方案，当桩径小于 1.2 m 时采用回转钻机施工，当桩径大于 1.2 m 时采用矩形桩人工挖孔施工。中等膨胀土典型悬臂式抗滑桩支护方案抗滑桩尺寸见表 5.2.6，相应支护结构主要工程量见表 5.2.7。

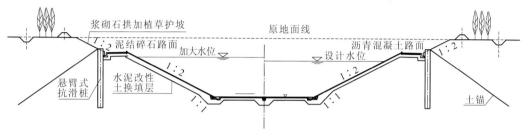

图 5.2.5　悬臂式抗滑桩布置示意图

表 5.2.6　悬臂式抗滑桩支护方案抗滑桩尺寸

坡高 /m	单宽剩余下滑力 / （kN/m）	抗滑桩			土锚锚固力/kN
		截面尺寸/cm	纵向间距/m	桩长/m	
15.0	500	100×200	4.0	12	350
20.0	900	120×250	5.0	16	500
25.0	1 500	150×350	5.0	18	500

表 5.2.7　悬臂式抗滑桩支护方案单位长度渠道主要工程量及投资

坡高/m	抗滑桩混凝土用量/m³	改性土用量/m³	土锚用量/（t·m）	钢筋用量/t	每延米渠道工程投资/万元
15.0	16	20	1 250	1.60	2.74
20.0	20	20	1 333	4.00	3.37
25.0	30	20	2 285	6.85	5.72

4. 支撑刚架支护方案

该方案抗滑桩采用圆形桩，抗滑桩布置在渠道 1 级边坡上，当坡高小于 12 m 时，将与抗滑桩直径对应的渠道混凝土衬砌板加厚 15 cm，并将该部分混凝土按钢筋混凝土撑杆设计；当坡高大于 12 m 时，渠道两侧抗滑桩之间沿渠道坡面（包括渠道底板）布置坡面支撑梁。

在渠道坡脚处，坡面支撑梁与纵向齿槽形成坡面刚架（齿槽按钢筋混凝土纵向梁设计），坡面支撑梁与抗滑桩之间按刚性节点设计，坡面支撑梁、纵向梁、抗滑桩组合形成框架式支护结构。对于坡高大于 12 m 的渠坡，为确保 1 级渠坡稳定，在抗滑桩桩顶增设土锚，坡面支撑梁底部采用土工格栅加固。支撑刚架支护方案结构参数见表 5.2.8，相应的主要工程量及工程投资见表 5.2.9。

表 5.2.8　支撑刚架支护方案结构参数

坡高 /m	单宽剩余下滑力 /（kN/m）	抗滑桩		坡面支撑梁截面尺寸/cm	渠底纵梁截面尺寸/cm	渠底横梁截面尺寸/cm
		截面尺寸/cm	桩长/m			
15.0	500	$\phi125$	12	50×30	50×40	50×40
20.0	900	100×200	16	60×40	50×40	60×50
25.0	1 500	100×280	18	60×50	50×40	60×50

表 5.2.9　支撑刚架支护方案单位长度渠道主要工程量及投资

坡高 /m	抗滑桩混凝土用量/m³	坡面支撑梁混凝土用量/m³	渠底纵梁混凝土用量/m³	渠底横梁混凝土用量/m³	水泥土用量/m³	土工格栅用量/m²	钢筋用量/t	每延米渠道工程投资/万元
15.0	5.9	1.9	0.2	0.5	20	100	0.92	1.36
20.0	12.8	3.1	0.2	0.6	20	100	1.89	2.44
25.0	20.2	3.8	0.2	0.6	20	100	2.78	3.45

5. 加固措施优选

膨胀土地层中存在结构面，对渠道边坡稳定起控制作用，需要针对结构面导致的深层稳定问题采取支护措施。根据国务院南水北调工程建设委员会办公室会议精神，长江勘测规划设计研究有限责任公司针对膨胀土裂隙导致的深层稳定问题开展了设计研究，研究了挡土仰墙方案、挡土仰墙+土锚方案 1、挡土仰墙+土锚方案 2、悬臂式抗滑桩支护方案、支撑刚架支护方案。各方案优缺点比较如下。

1）工程安全性

（1）运行期、完建期。各方案均以确保 1 级马道以下渠坡稳定为设计目标，运行期的边坡稳定均满足相关规程和规定要求。

（2）工程运行维护。1 级马道是渠道在运行期间的重要维护和抢险通道，挡土仰墙布置于 1 级马道下方，当 1 级马道以上渠坡失稳时，有可能破坏 1 级马道，影响工程的正常运行维护。抗滑桩布置于 1 级马道外侧，可以阻止或约束 1 级马道以上渠坡失稳时对马道的破坏，保持在运行维护期间 1 级马道的畅通。

（3）施工期。抗滑桩在渠道开挖到桩顶高程时即可实施，对进一步的渠坡开挖能起到一定的保护作用，有利于提高渠道施工期间临时边坡的稳定性；挡土仰墙方案在渠道开挖到渠底，并完成换填土作业后才能开始浇筑挡土仰墙混凝土，且挡土仰墙内侧渠坡开挖坡度陡于渠道设计边坡，渠道施工期间的临时边坡稳定性不能得到有效保证。从施工期渠道边坡稳定性方面考虑，挡土仰墙方案存在安全隐患，悬臂式抗滑桩支护方案明显优于挡土仰墙方案。

2）施工工期

（1）挡土仰墙方案。坡面挡土仰墙混凝土厚度较大，且为钢筋混凝土，由于坡面成型及混凝土振捣方面的原因，不能采用滑模施工，采用一般的拉模或衬砌机难以实现，需要自下至上分仓浇筑（部分渠段厚度较小时可以采用滑模施工），模板工程、混凝土振捣施工难度较大，需要占用直线工期。但由于渠道作业面长，可以通过加大投入减少工期影响。

（2）悬臂式抗滑桩支护方案。抗滑桩直径小于 1.2 m 时，可采用回转钻机成孔，效率较高。当抗滑桩断面尺寸较大时，需采用人工挖孔方式作业，施工进度慢，单桩作业时间较长，对 1 级马道以下渠道开挖施工影响较大。采用抓斗法成孔效率可以提高，但桩体单价较高，如果有足够多的抓斗，施工进度可与回转钻机作业相当。

（3）支撑刚架支护方案。抗滑桩施工对 1 级马道以下的土方开挖有一定的影响，但在施工组织上采用分段或分侧开挖方式施工作业时，基本可以不占直线工期；坡面支撑梁在换填层施工完成后，采用二次开挖方式施工，钢筋笼骨架可在地面成型，通过吊装方式就位，对渠道衬砌混凝土仓面准备有一定的影响，但通过加强施工组织可以消除，坡面支撑梁混凝土浇筑可与渠道衬砌板混凝土施工同期进行。

（4）其他方案一般用于规模较小的不稳定坡体支护，具有施工灵活、作业场地小的特点，主要用于 1 级马道以上渠坡加固处理，对渠坡开挖施工作业影响较小。

3）工程投资

与悬臂式抗滑桩支护方案相比，渠道开挖深度为 9 m 时，挡土仰墙方案投资接近悬臂式抗滑桩支护方案的 20 倍。与支撑刚架支护方案相比，开挖深度为 9 m 时，挡土仰墙方案投资接近支撑刚架支护方案的 20 倍。

4）方案选择

对上述各支护方案的分析比较表明：采用支撑刚架支护方案坡体变形小，能有效提高抗滑桩前后坡体稳定性，有利于提高施工期临时边坡稳定，较大幅度地减少支护结构工程费用，但施工程序较复杂，对局部不稳定坡体处理的灵活性较差。综合分析比较，从施工期安全、减小渠道衬砌结构变形、节约工程费用方面考虑，结合 1 级马道以上及以下渠坡失稳对渠道运行影响大小、坡体加固实施灵活性要求，陶岔—鲁山段膨胀土渠道边坡支护设计选型原则如下。

（1）1 级马道以下渠坡。对于支护段较长、剩余下滑力较大的边坡优先采用支撑刚架支护方案；对于支护长度较短、剩余下滑力较大的边坡可采用悬臂式抗滑桩支护方案或悬臂式抗滑桩加土锚方案（该方案为边坡边固中的常用方案，鉴于其应用广泛，上面未专门介绍）。

（2）1 级马道以上渠坡。对于规模较大的不稳定坡体，宜优先采用悬臂式抗滑桩支护方案、悬臂式抗滑桩加土锚方案或坡面框格及土锚支护方案（该方案为边坡边固中的常用方案，鉴于其应用广泛，上面未专门介绍）；对于局部小规模不稳定坡体，宜优先采用树根桩、土钉、清挖等措施进行处理。

（3）特殊渠段边坡支护。当渠顶附近有水沟、河流、水塘或水库时，对渠坡稳定影响大，需要特殊的处理措施。①1 级马道以下渠坡，以支撑刚架支护方案或悬臂式抗滑桩支护方案为主，以 1 级马道换填土、渠底水泥改性土换填地基处理为辅进行支护；②1 级马道以上渠坡根据坡高、揭露的裂隙、含水量、密实性等情况，分别通过坡面框格加土锚、树根桩进行支护；③对邻近渠道坡顶的水沟、河流、水塘、水库靠渠道侧采取一定的防渗措施，在相应的渠道坡面设置坡体排水孔以降低坡体地下水位。

5.3 膨胀土坡面水泥改性土保护技术

5.3.1 水泥改性土原材料

用于膨胀土坡面保护的改性土的抗剪强度应满足防渗、自身稳定及其与被保护体结合面上的抗滑稳定要求。当用于建筑物膨胀土地基保护时，其承载能力应满足相应建筑物的设计要求。

（1）水泥改性土宜采用性能稳定的中心站集中厂拌法生产，应结合改性土料源特点选择合适的改性土生产设备，其生产能力应满足高峰填筑强度要求。

（2）改性土水泥掺量应根据被改性土膨胀特性由试验确定，改性土生产工艺应由生产性试验确定，改性土填筑参数应由现场碾压试验确定。

（3）水泥改性土相关生产性试验应针对具体料源及其开采方式、改性土生产和填筑碾压设备进行。上述条件一旦发生变化，应针对变化情况由相关试验重新核定相应的生产工艺和施工控制参数。

（4）施工过程中，应按要求抽样检查改性土成品料的质量，发现改性土产品质量不满足相关要求时，不得用于填筑，同时应分析原因、及时处置，并通过相关试验调整生产工艺及施工参数。

1. 土料

水泥改性土所用天然土料的自由膨胀率应不大于 65%，即不宜采用中等—强膨胀土作为改性原料；自由膨胀率大于 65%的天然土料经改性用于工程时需进行专门论证。

水泥改性土施工前，应对勘察选定的土料料源进行复勘，查明料源土层结构及土料物理力学特性、膨胀性、含水率。根据复勘成果制定分区开采规划。根据料源具体条件开展施工组织设计，确定土料开采、运输、混合、倒运等施工作业流程。

对于在不同取土区域采用不同开采方式开采的土料，应分别通过室内试验得到土料的物理力学参数，包括抗剪强度指标、天然含水率、黏粒含量、塑性指数、自由膨胀率、最优含水率、最大干密度等。当天然土料中含有结核或砾石时应测定其含量。

对于地下水位较高的料场，应开挖或疏通排水沟网，防止取土坑及排水沟网内积水，避免含水率过高导致的土料破碎、拌和困难。

开采的土料在进行改性土生产前，应根据被改性土土料含水率情况采取妥善的堆存及保护措施。土料堆场周边应做好截水沟，土料堆场应结合土料含水率及改性土生产需要备有防雨或遮阳设施。土料含水率过高或过低均会导致土料破碎困难。

2. 改性用水泥

南水北调中线工程膨胀土水泥改性采用强度等级为 42.5 的普通硅酸盐水泥，采用其他标号水泥时应经过改性试验专题研究，严禁采用过期水泥或不合格水泥。

5.3.2　水泥掺量

1. 水泥掺量表征

水泥掺量按被改性土和水泥重量比的百分数计，含水率为 W、重量为 G_e 的被改性土在改性时需要掺入的水泥重量 G_s 按式（5.3.1）计算：

$$G_s = S \times G_e/(1 + W - W_0) \tag{5.3.1}$$

式中：G_s 为掺入的水泥重量；G_e 为被改性土重量；S 为水泥掺量百分数；W_0 为在室内改性试验确定水泥掺量时被改性土试样在改性拌和前的含水率；W 为被改性土在改性拌和前的含水率。

2. 水泥掺量确定

水泥改性土的水泥掺量根据天然土料膨胀性，经室内试验确定。南阳 Q_2 弱膨胀土掺 4%水泥改性前后的指标见表 5.3.1，Q_2 弱、中等膨胀土不同水泥掺量的改性效果见表 5.3.2，在此基础上提出了不同自由膨胀率天然土料的改性水泥掺量控制指标及试验时参考掺量值，见表 5.3.3。

表 5.3.1　南阳 Q_2 弱膨胀土掺 4%水泥改性前后的物理及膨胀性指标

改性前后	参数					
	液限 W_{L17}/%	塑限 W_{P17}/%	塑性指数 I_{P17}	自由膨胀率 /%	最优含水率 /%	最大干密度 /（g/cm³）
改性前	46.4～47.6	19.6～19.9	26.8～27.7	42～46	—	—
改性后	44.8	28.7	16.1	23	19	1.7

表 5.3.2　南阳 Q_2 膨胀土不同水泥掺量 28 天龄期自由膨胀率　　　　（单位：%）

编号	不同水泥掺量的自由膨胀率								
	0	2%	3%	4%	5%	6%	7%	8%	9%
弱-1	58	34	31	29	28	27	27		
弱-2	45	28	25	23	22	23	24		
中等-1	67	45		37	35	33	32	33	33
中等-2	79	55		45	43	41	39	38	37

表 5.3.3　水泥掺量值表

原料土自由膨胀率 δ_{ep}/%	改性土控制指标					掺量确定
	28 天自由膨胀率（①）/%	标准击实干密度（②）/（g/cm³）	28 天饱和无侧限抗压强度（③）/kPa	水泥掺量百分数 S		
				参考掺量（④）/%	最小值（⑤）/%	
21～35	—	≥1.67	—	3	3	满足①、②、③、⑤要求
36～45	≤0.70×δ_{ep}	≥1.66	≥250	4	3	
46～55	≤0.65×δ_{ep}	≥1.65	≥300	5	4	
56～65	≤0.60×δ_{ep}	≥1.63	≥350	6	5	

3. 土料膨胀性确定

为了确定改性土水泥掺量，需要精准评价天然土料的自由膨胀率。为此，对土料场采样试验确定膨胀性提出了详细要求。

（1）对于规模较大的料场，根据地形地质将其分为若干个开采区。每个开采区，1 个采样点的平面控制范围不大于 100 m×100 m，即每 100 m×100 m 平面范围内必须保证有 1 个采样点，地形、地层结构复杂时应适当加密；竖直方向应结合料区地层特点分层取样。每个开采区的采样点不少于 9 个。测定土样的自由膨胀率。

（2）当开采层为单一土层时，膨胀性试验土样采集原则为：当开采厚度小于 1 m 时，可在开采层中部取样；当开采厚度为 1～2 m 时，在距开采层顶、底 1/3 厚度处取样，按等体积混合；当开采厚度大于 2 m 时，在距开采层顶、底 0.3 m 处及其间等距离多点（间距不大于 1 m）采样，等体积混合。

（3）当为多个不同性状土层混合开采时，膨胀性试验土样采集原则为：在各土层厚度中部取样，各土层土样重量按开采层范围内各土层天然厚度与相应的天然容重之积的比例进行混合。

（4）将每个开采区开采层土样自由膨胀率试验成果按自由膨胀率大小排序，按其试样自由膨胀率平均值由小到大分别记为 A 组、B 组、C 组。

（5）A 组、C 组内各自试样的自由膨胀率之差不宜大于 20%，否则应适当调整开采分区。

（6）采用 C 组对应的土料对等体积混合料进行试验确定改性土水泥掺量。

4. 结核对水泥掺量的影响

改性原料土中含有结核或砾石（重量占比为 G'）时，应根据结核含量适当调整改性土水泥掺量。

（1）剔除被改性土中的结核，确定不含结核土的改性水泥掺量为 S。

（2）按碎土要求对含结核土进行碎土。

（3）采用不同水泥掺量进行试拌，试拌初拟水泥掺量为 $S×(1.0-0.8×G')$。

（4）检测含结核改性土中水泥含量，水泥含量满足式（5.3.1）时，将此水泥含量作为含姜石改性土生产时的水泥掺量。

（5）当设计由于地基处理或其他方面特殊要求加大改性土水泥掺量时，可直接按设计要求执行，并按设计要求完成相关生产性试验。

5.3.3　水泥改性土生产

水泥改性土生产前应针对被改性土进行生产性试验和相关测试，以选择改性土的水泥掺量、破碎工艺、拌制工艺、合适的含水率范围，评价它们对改性效果的影响。水泥改性土生产宜采用机械化流水作业，其流程见图 5.3.1。

（a）备料　　　　　　　　　　　　　　（b）上料

（c）破碎　　　　　　　　　　　　　　（d）进拌和机

（e）出改性土料　　　　　　　　　　　（f）铺填碾压

图 5.3.1　膨胀土水泥改性换填流程

1. 碎土

（1）在进行碎土施工前，应针对不同土料场、不同含水率，结合土料开采及堆存方式进行生产性碎土工艺试验，并根据试验结果确定相应料场土料在确定的开采方式下的碎土生产工艺。

（2）土料适宜的碎土含水率及其允许范围由碎土试验确定。应密切监测进入碎土场土料的含水率变化情况，含水率偏高时应通过翻晒、风干等措施降低含水率，含水率偏低时应适当洒水湿润。

（3）碎土施工参数确定后，不得随意改变与之相关的取土料场、开采和堆存方式。当取土料场或土料开采方式发生变化时应结合生产性试验成果调整碎土生产工艺，必要时应另行开展生产性试验。

（4）碎土成品料宜直接进入拌和设备生产改性土。碎土成品料需要堆存时，堆存最长允许时间、堆存最大允许高度、防雨遮阳等措施应通过相关试验确定。受雨淋或产生板结的碎土成品料应重新破碎至满足碎土质量要求才能用于生产改性土。

（5）碎土质量由碎土成品料土粒粒径级配控制，碎土粒径级配采用筛分法检测，合格土粒粒径级配为：最大粒径不大于 10 cm，5～10 cm 粒径含量不大于 5%，0.5～5 cm 粒径含量不大于 50%（不计结核含量）。如土体颗粒不满足上述要求，则应采取筛分剔除、调整碎土生产工艺等措施，直至满足粒径要求。

2. 改性土拌制

（1）碎土成品料在进行改性拌制前均应过筛，最大筛孔尺寸不应大于 10 cm×10 cm。

（2）在水泥改性拌和前，应选用有代表性的被改性土做室内乙二胺四乙酸（ethylene diamine tetraacetic acid，EDTA）（分子式为 $C_{10}H_{16}N_2O_8$）滴定试验，以开始掺入水泥后 0.5 h、2 h、4 h、6 h、12 h 为时间参变量，绘制水泥含量标准曲线，以便检测后续生产的水泥改性土的水泥含量。

（3）水泥含量标准曲线确定后，应开展水泥改性土拌和生产性试验，以选定拌和机械的运行控制参数，确定水泥掺量、被改性土含水率与改性土含水率之间的关系。

（4）根据水泥掺量设计值掺入水泥并拌制改性土；根据改性土现场碾压试验确定的最优改性土含水率，适当考虑改性土运输、铺料等施工环节的水量损失，确定改性土生产时的加水量。

（5）拌和-计量系统根据土料重量，按确定的水泥掺量、水泥改性土成品料含水率要求添加水泥和水，按生产性试验确定的机械运行控制参数充分拌和，并取样进行均匀性检测，不合格时应分析原因，必要时调整设备控制参数。

（6）水泥改性土拌和出料口成品料检测频率及数量视工程规模而定，施工初期每拌和批次不大于 600 m³，水泥改性土抽测不少于 6 个样品（每个样品的重量不少于 300 g），施工中、后期可适当减少检测频次。

（7）水泥改性土成品料的质量通过样品水泥含量的平均值与水泥含量标准差评价。

成品料水泥含量采用 EDTA 滴定试验测定，检测水泥掺量平均值不得小于设计掺量，标准差不大于 0.7。不合格的改性土拌制品不得用于主体工程填筑施工。

5.3.4　改性土生产工艺

1. 路拌

路拌机本身具有碎土功能，土料可不单独进行碎土。

（1）拌和场地面采用推土机平整后，用平碾碾压，直至连续两次碾压的沉降量之差在 3 mm 以内为止。将土料用轮式装载机装车，用自卸汽车运输至拌和场内。一般情况下，拌和场至少要划出 3 个区才能满足路拌机拌制流水作业的要求。拌制程序为：土料摊铺→水泥摊铺→路拌机拌制（同时洒水）3～4 遍→拌和料滴定检测→成品拢堆。为保证土料拌和用水，拌和场要设置专用水源。

（2）根据铺料厚度的不同，掺加的水泥量也不同。土料摊铺采用人工配合推土机进行，铺土厚度由施工工艺试验确定。在拌和场附近设置高程点并将其作为控制铺土厚度的基准点。用圆钢制作插钎，并在插钎上标出长度标记，检查铺土厚度，局部采用人工平整，保证摊铺厚度均匀。土料平整后，用钢尺在土料上面定出网格，用石灰做出标记。每个网格的面积根据铺土厚度不同而划定。为便于操作，通过固定铺土厚度，由一袋水泥的掺入量来确定网格面积。打开水泥袋将水泥倒在网格中心，用刮板将水泥均匀摊开，使每袋水泥的摊铺面积相等，做到土料表面没有空白位置，也无水泥集中点。

（3）采用路拌机拌制混合。在拌制前，可将路拌机后压斗改装，将洒水设备接至后压斗顶部，在拌制中同时洒水，保证洒水均匀。拌制时必须做到拌和均匀、不留死角。根据土料的特性，一般拌制 3～4 遍即可。一台路拌机按拌和的四道工序（铺土、铺水泥、洒水拌和、滴定检测）可进行 4 场流水拌和作业，以发挥路拌机的最佳效能。

（4）拌制完成后，对水泥含量和均匀性做滴定检测。合格后拢堆，临时覆盖保湿或直接运至填筑工作面。对于滴定检测不合格的土料，要分析原因，重新进行拌和并检测。

2. 厂拌

大规模的水泥改性土采用厂拌法施工，采用的机械为稳定土拌和机。稳定土拌和机一般由集料系统、计量系统、拌和系统、水泥罐四部分组成。集料系统用于盛放土料，根据机械的类型可以配置多个集料斗（类似于混凝土拌和站的砂石料集料斗）；在集料斗下部有电子计量系统，通过控制液压斗门开启或关闭来确定土料的重量，土料落至皮带机上后，传送至拌和机内；在拌和系统运行后，计算机自动控制水泥罐添加水泥至拌和机内，并适当添加水，拌制完成后经皮带机卸料。稳定土拌和机需要一定的场地。安装时，在集料斗前修筑一个缓坡，利于装载机添料。拌和添加的土料、水泥重量比例，由实验室通过 EDTA 滴定试验确定。然后进行稳定土拌和机拌和水泥改性土的试验，以确定稳定土拌和机运行控制参数。将破碎好的土料用装载机送至稳定土拌和机集料斗。为保证土料质量，集料斗上口一般加工成带坡度的形式，并在上口设置筛网，每个小网格边长不宜大于 10 cm，以过滤掉粒径不合格的土料。拌和-计量系统按试验参数控制土料、水泥和水的重量。充分拌和，时间一般不少于 2 min。出料后，取样进行水泥均匀性检测。均匀性可采用水泥含量标准差控制，用 EDTA 滴定试验测定水泥含量。

稳定土拌和机施工具有操作简便、工效高的特点。可以连续拌和，适合大规模的改性土换填施工。

3. 质量检测

水泥掺量、拌和均匀度、土料含水率、粒径、拌和用水量、拌和遍数直接影响水泥改性土的质量[27]。在制备水泥改性土时必须严格按照试验参数进行拌制，并严格进行检测。水泥改性土拌制完成后，需要在现场取样检测拌和质量，主要检测拌和均匀度及水泥含量、含水率是否满足要求。检测合格的水泥改性土，由装载机拢堆并覆盖保湿或直接运至填筑工作面。

摊铺时水泥改性土的含水率宜高于最佳含水率的 1.0%～2.0%，以补偿在摊铺及碾压过程中的水分损失。雨季施工应特别注意天气变化，避免水泥和混合料受到雨淋。降雨时应停止施工，已经摊铺的水泥土应快速碾压、封面并覆盖。

5.3.5　改性土填筑

（1）改性土填筑应避开雨天施工，渠道开挖施工前，应对地表和地下水采取妥善的截排措施，保证作业面干地施工条件。

（2）填方渠段采用弱膨胀土填筑时，堤身外表面水泥改性土保护层宜与堤身同时上升；由于特殊原因难以实现同时上升时，应采取措施减少不均匀沉降变形，并确保分期填筑体结合面结合良好。

（3）采用改性土换填施工时，应加强施工组织、连续作业，保护层开挖应结合换填层施工进度分区进行，并对开挖面和填筑面及时采取妥善保护措施，防止雨淋冲刷或坡面土体失水。改性土填筑施工质量的常见问题主要由碾压方法和含水率控制不当引起，为了保证填筑层面之间紧密接触，除了改性土摊铺后第一遍碾压可以采用平碾初压外，应采用凸块振动碾碾压，否则后期容易成为地下水渗流通道。改性土含水率过高会使填筑土出现"橡皮土现象"而压不实，含水率过低则会出现沙化现象（图 5.3.2），成为地下水渗流通道。

（4）施工过程中，应对开挖边坡进行连续安全监测，并安排专人巡查，发现边坡出现变形、裂缝等坡体失稳迹象时，撤离附近及滑坡体下方机械和人员，并设置警示标志，及时报告监理人及主管部门，组织有关方面研究确定处理方案并实施。

（a）改性土沙化现象 （b）正常碾压面

图 5.3.2 改性土沙化现象及正常碾压面

第 6 章

膨胀土渠道设计

6.1 处理方案与参数

6.1.1 渠道断面设计

1. 断面形式与纵比降

膨胀土渠道采用梯形断面，根据总干渠沿线各渠段水位、渠底高程与地面高程的相对关系，将各渠段断面分为全挖方断面、全填方断面、半挖半填方断面三种类型。

1）全挖方断面

当渠线所经过的地段地面高程高于渠道加大水位加上超高时，此渠道断面形式为全挖方断面。对于全挖方断面，第一级马道的高程等于渠道加大水位加上相应的超高，第一级马道以下的断面采用单一边坡；第一级马道以上每增高 6 m 设一级马道；第一级马道宽一般为 5 m，兼作运行维护道路，以上各级马道宽度土渠段一般取 2 m，石方段一般取 1～1.5 m，对于特殊地段或有其他要求时可适当加宽。

对于全挖方断面，为了防止渠外地表水流入渠道内，在左岸开口线外设置防护堤，在右岸开口线外局部段设置防护堤，防护堤外侧布置 4 m 宽的防护林带（不设置防护堤段为 8 m 宽），防护林带外布设截流沟，截流沟外 1 m 设置保护围栏；全挖方断面渠段两岸自开口线至保护围栏的保护范围宽 13 m。全挖方断面典型布置如图 6.1.1 所示。

2）全填方断面

当渠线经过的地段地面高程低于渠底高程时，渠道断面为全填方断面。对于全填方断面，其过水断面采用单一边坡。堤顶高程取下列三项计算结果的最大值。

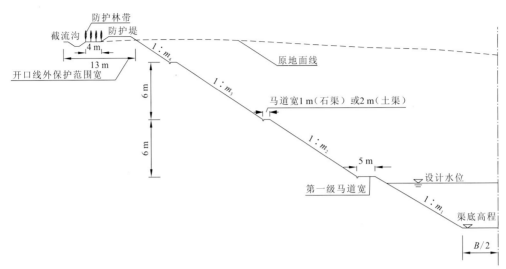

图 6.1.1 渠道全挖方断面典型布置示意图

m_i 为坡率系数；B 为渠底宽度

（1）渠道加大水位加上安全超高。

（2）堤外设计洪水位加上相应的超高。

（3）堤外校核洪水位加上相应的超高。

全填方断面渠段堤顶兼作运行维护道路，顶宽为 5 m，堤外坡自堤顶向下每降低 6 m 设一级马道，宽 2 m；渠道两岸沿填方外坡脚线向外设置防护林带，防护林带宽度为 4～8 m，防护林带外缘设截流沟，截流沟外 1 m 处设置保护围栏。全填方断面渠段两岸自外坡脚线至保护围栏的保护范围宽 13 m。全填方断面典型布置如图 6.1.2 所示。

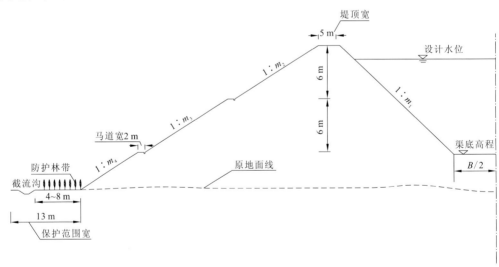

图 6.1.2 渠道全填方断面典型布置示意图

3）半挖半填方断面

当渠线所经过的地段地面高程介于渠底高程和堤顶高程之间时，渠道断面为半挖半填方断面。

对于半挖半填方断面，其过水断面采用单一边坡，其堤顶高程、堤顶宽度、填方段外坡布置形式、自填方外坡脚线至保护围栏处的保护范围宽、防护林带及截流沟的布设方式均和全填方断面相同。半挖半填方断面典型布置如图 6.1.3 所示。

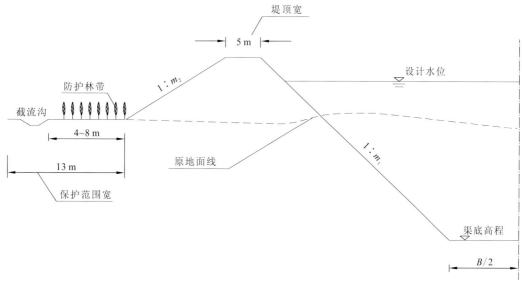

图 6.1.3　渠道半挖半填方断面典型布置示意图

对于南水北调中线工程这样的长距离大型输水渠道，各渠段纵比降拟定按以下原则进行。

（1）填方和浅挖方段一般采用较缓比降。

（2）挖方较深段一般采用较陡比降。

（3）比降变化不宜过于频繁。

（4）比降不缓于 1/30 000。

综合地形条件、水头分配情况，经布置，各段渠道纵比降为：陶岔—沙河南段为 1/25 500～1/25 000，沙河南—黄河南段为 1/28 000～1/23 000，黄河北—漳河南段为 1/29 000～1/20 000，漳河北—古运河段为 1/30 000～1/16 000，古运河—北拒马河中支段为 1/30 000～1/16 000。

2. 断面尺寸设计

1）设计水深

总干渠渠道在基本满足水力最优断面的基础上选用实用经济断面。根据当时的执行规范《灌溉与排水工程设计规范》（GB 50288—1999）关于梯形渠道实用经济断面与梯形渠道水力最优断面相对关系的规定，求出满足梯形实用经济断面宽深比要求的设计水深。

2）渠道底宽

根据总干渠沿线渠道各段流量、纵比降、边坡系数、粗糙系数及设计水深，按明渠均匀流公式计算各个渠段的底宽，并将计算出的底宽结果按 0.5 m 进阶取整后，作为渠道的设计底宽，并依次复核渠道的过流能力。

3）渠底高程

渠道渠底高程为设计水位减设计水深。

4）堤顶或第一级马道高程确定

（1）渠道超高。渠道超高指为满足渠道安全输水要求而需要的渠岸高程与加大水位的差值。渠道超高按式（6.1.1）计算：

$$\Delta h = \frac{h}{4} + 0.2 \qquad (6.1.1)$$

式中：Δh 为渠道超高，m；h 为渠道加大水深，m。

在渠道加大水面线已定的条件下，合理确定渠道超高对确保工程运行安全、节省工程投资有重要意义。确定渠道超高需考虑的因素包括渠道粗糙系数的不确定性、工程运行中节制闸的启闭、渠水漫溢后可能造成的损失、工程量、工程占地等。同时，对于不同的断面形式，渠道超高的影响也有所不同。

对于填方（包括填高较大的半挖半填）渠道，渠道超高的影响较大。从安全性方面考虑，渠水漫溢后，可能会造成渠堤垮塌，或者产生次生灾害，后果较为严重。从工程投资方面考虑，渠道超高越大，土石方工程量和衬砌防渗工程量越大，同时会增加工程占地。

对于挖方渠道，渠道超高影响较小。从安全性方面考虑，渠水漫溢的影响较小。从工程投资方面考虑，渠道超高增大，土石方工程量略有减少或变化不大，但衬砌防渗工程量将增加。

根据《南水北调中线一期工程总干渠初步设计明渠土建工程设计技术规定》（NSBD-ZGJ-1-21），全填方渠道超高（含路缘石高度）一般为 0.7～1.0 m，而陶岔—鲁山南段为中线工程首段，渠道规模较大，填方较高，大部分为膨胀土渠段，为保证工程安全，应适当提高渠道超高。综合考虑以上因素，本渠段挖方渠道的超高（不含路缘石高度，下同）取 1.0 m，填方渠道超高取 0.8 m，半挖半填渠道超高根据填高和连接情况，取 1.0 m 或 0.8 m。

（2）堤外洪水位。为防止河道洪水漫溢进入渠道，总干渠防洪标准与相邻河道建筑物的洪水标准相同。一般小型河道的总干渠防护堤按 50 年一遇洪水设计，200 年一遇洪水校核。大型河道范围内的总干渠防护堤按 100 年一遇洪水设计，300 年一遇洪水校核。

堤外洪水位通过调洪演算确定，分别针对 50 年、100 年、200 年、300 年一遇洪水过程，分单独调洪和考虑串流两种方案进行调洪演算。

如果单条河流的不同频率洪水过程均未与别的河流串流，其调洪演算可单独进行。

发生串流河流的调洪演算则考虑河流之间的相互关系，采用水库联合调洪计算方法或二维非恒定流数学模型进行。

（3）渠道第一级马道或堤顶高程。渠道第一级马道或堤顶高程 $Z_{岸}$ 按式（6.1.2）～式（6.1.4）计算的最大值确定。

$$Z_{岸}=H_{加大}+\Delta h \tag{6.1.2}$$

$$Z_{岸}=H_{设}+1.0 \tag{6.1.3}$$

$$Z_{岸}=H_{校}+0.5 \tag{6.1.4}$$

式中：Δh 为渠道超高，m；$H_{加大}$ 为渠道加大水位，m；$H_{设}$ 为渠堤外设计洪水位，m；$H_{校}$ 为渠堤外校核洪水位，m。

对于内水控制渠段，根据所选取的渠道超高（实际超高为 1.0 m 或 0.8 m），渠道第一级马道或堤顶高程按式（6.1.2）计算，断面见图 6.1.4。

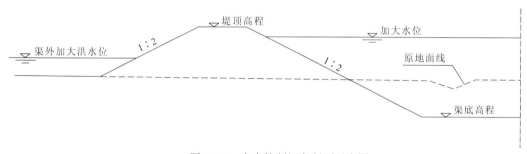

图 6.1.4　内水控制渠段断面示意图

对于外水控制渠段，根据渠堤外侧洪水位确定堤顶高程，按式（6.1.3）、式（6.1.4）计算，考虑风浪爬高后，渠岸高程不应超过式（6.1.2）、$H_{设}$+1.5、$H_{校}$+1.0 计算的最大值。外水控制的渠段断面分为直接加高渠岸高程和增设防洪堤两种形式：①直接加高渠岸高程。若按渠堤外侧洪水位确定的堤顶高程比按内水位确定的堤顶高程高，其差值在 1 m 以内，则直接加高渠岸高程，断面见图 6.1.5。②增设防洪堤。若按渠堤外侧洪水位确定的堤顶高程比按内水位确定的堤顶高程高，其差值超过 1 m，则增设防洪堤，防洪堤堤顶宽1 m，断面见图 6.1.6。

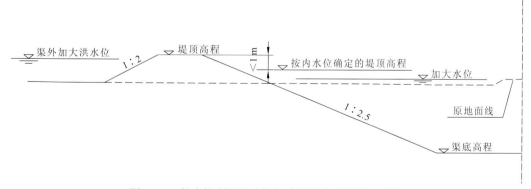

图 6.1.5　外水控制渠段直接加高渠岸高程断面示意图

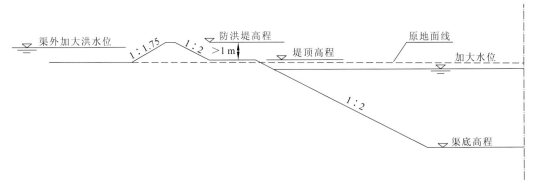

图 6.1.6 外水控制渠段增设防洪堤断面示意图

3. 渠道防排水设计

1）渠道防渗漏措施

（1）复合土工膜防渗。当地下水位低于设计渠水位时，1 级马道以下的渠道过水断面敷设复合土工膜，为减少防渗土工膜接缝，防渗土工膜敷设方向为渠道两侧边坡土工膜沿渠道坡面方向敷设，渠底土工膜沿渠道纵向敷设。复合土工膜上方设混凝土衬砌，一方面减少渠道过流表面水流阻力，另一方面作为复合土工膜保护体，渠道坡面衬砌厚度为 10 cm，底板衬砌厚度为 8 cm。为满足坡面混凝土衬砌面板抗滑稳定需要，在渠道坡脚处设脚槽。

（2）换填改性土层辅助防渗。渠坡地层为膨胀土时，水泥改性土换填可以获得理想的保护效果，防止渠坡浅层失稳。当渠坡分布砂砾石地层或透镜体时也用改性土进行系统换填，解决砂性土渗流失稳问题。水泥改性土渗透性微弱，可进一步隔断渠坡中强透水地层与渠水的直接联系，减少渗漏量。

（3）改性土防渗。土工膜理论上具有较好的防渗性能，但在施工过程中也可能因局部破损、焊接不严等而出现渗水；当大雨或暴雨导致地下水位抬升或渠水位快速消落时，土工膜内外可能出现较大的水头差，引发衬砌板抬升、破裂，为此在淅川局部渠段施工图设计中取消了土工膜，运行实践表明其效果良好。

2）渠道排水措施

对于弱透水层膨胀土渠基，可以在改性土换填施工后，在渠坡上布设由塑料排水板构成的排水盲沟：顺渠向排水板为人字形，厚 3 cm，宽 20 cm，水平间距 4 m 或 2 m，衬砌纵向缝与人字形排水板顶端对齐；衬砌横向缝下设置直线形排水板，板厚 4 cm，宽 20 cm。挖方及填筑高度小于 1.5 m 的半挖半填渠段，排水板（直线形及人字形）顶高程为 1 级马道或渠顶高程以下 1.5 m；填筑高度大于 1.5 m 的半挖半填渠段，只在非填筑的渠坡上铺筑排水板。渠底仍采用粗砂垫层。

渠坡地下水通过排水板汇集至坡脚齿墙下纵向排水盲沟内的透水软管，再通过 PVC 管、逆止阀排至渠道，渠底地下水通过粗砂垫层汇至渠底中间排水盲沟内的透水软管，再通过 PVC 管、逆止阀排至渠道。

如果渠道开挖过程中渠坡出现明显渗流，或者渠底板下部存在承压含水层并形成向上的越流补给时，可在换填层建基面下开挖排水盲沟。排水盲沟深度一般为 20～30 cm，排水盲沟内布置土工布包裹的碎石或排水板和排水软管，并在坡脚位置设集水井或引入排水沟，同时解决改性土换填期间坡面渗流积水及改性土换填后的地下水出路问题，保障改性土换填施工作业顺利进行，并提高边坡及换填层的稳定性。在渠底改性土换填完成后，在临时集水井处埋设竖向排水减压管，竖向排水减压管通过逆止阀排水减压，如图 6.1.7 所示。

当膨胀土挖方渠道渠坡有强透水层（砂层或砂砾石层）出露时，无论施工期间是否存在渗水问题，均根据强透水层的分布情况、坡面保护措施、强透水层的倾斜方向，在强透水层出露处按照图 6.1.8 设置排水通道。

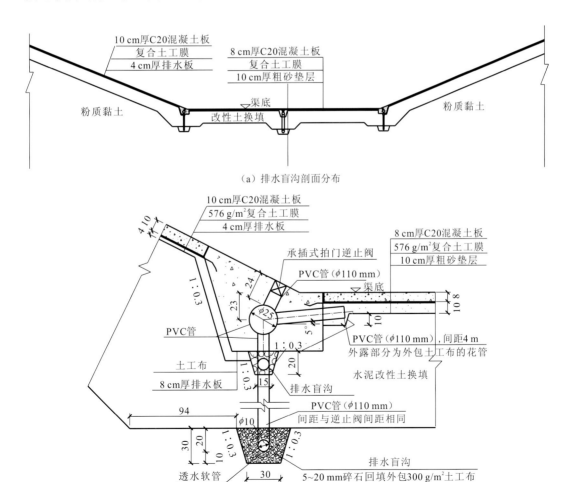

（a）排水盲沟剖面分布

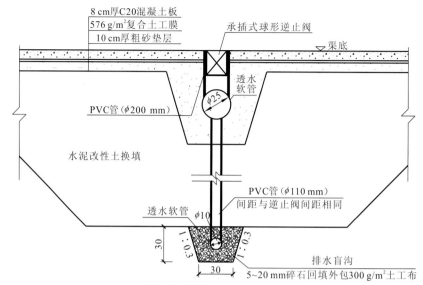

（b）坡脚及渠底板中心位置逆止阀排水结构

图 6.1.7　弱透水层膨胀土渠基渗水排水盲沟示意图（单位：cm）

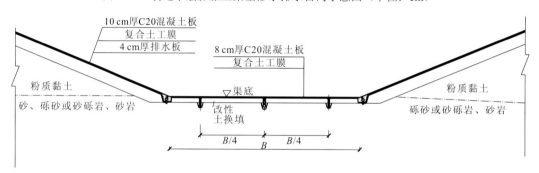

（a）排水盲沟剖面分布

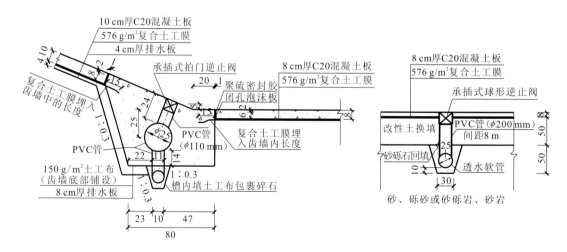

（b）坡脚及渠底板中心位置逆止阀排水结构

图 6.1.8　强透水层膨胀土渠基渗水排水盲沟示意图（单位：cm）

当膨胀土渠道揭露强透水层，且地下水位低于设计渠水位，需要采用土工膜防渗时，在土工膜下方设置 50 cm 厚的改性土或渗透系数小于等于 10^{-6} cm/s 量级的非膨胀土，在土工膜与换填层之间不设排水垫层，排水盲沟及排水减压装置下移到换填层下方。排水盲沟内埋设 ϕ250 mm 的排水软管，上接 ϕ200 mm 的连接管，连接管上部直接连接承插式球形逆止阀，具体结构见图 6.1.8。

当膨胀土挖方渠道底板建基面以下深度 5 m 内存在强透水承压含水层时，为满足渠道底板或换填土层抗浮稳定要求，在换填层底部增设减压井、减压管或排水盲沟（当深度小于 1.5 m 时设排水盲沟）。减压井和减压管如图 6.1.9、图 6.1.10 所示。

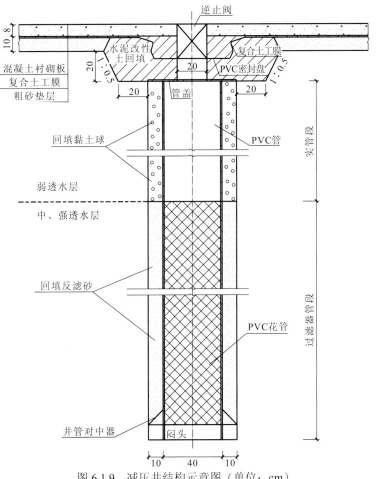

图 6.1.9　减压井结构示意图（单位：cm）

当挖方渠道存在高地下水位且渗流量大的强透水层时，采用"防渗墙+排水"的渗控方案，有效降低施工降水对周边环境的影响，降低施工降水费用。通过合理选择防渗轴线位置，可有效降低近渠坡区域地下水位，提高渠坡稳定性。根据实际地质条件，选用水泥搅拌桩防渗墙或塑性混凝土防渗墙、帷幕灌浆与排水结合的渗控措施。

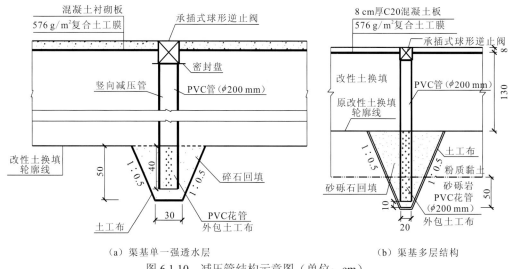

（a）渠基单一强透水层　　　　　　　（b）渠基多层结构

图 6.1.10　减压管结构示意图（单位：cm）

4. 边坡保护与加固

膨胀土渠道坡面防护的目标是保护边坡膨胀土，隔离膨胀土与外界的接触，防止膨胀土含水量发生明显变化。处理措施以换填为主，该措施在渠道设计开挖断面的基础上，按换填厚度超挖，回填非膨胀土或水泥改性土。根据试验成果，考虑边坡稳定性计算和施工的便利性，对开挖的弱膨胀土弃料掺 5%水泥拌和改性。弱膨胀土渠道过水断面换填厚度为 0.6～1.0 m；中等、强膨胀土渠道全断面换填，换填范围至开口线以外截流沟。中等膨胀土过水断面换填厚度为 1.0～1.5 m，1 级马道以上换填厚度为 1.0 m。强膨胀土过水断面换填厚度为 1.5～2.0 m，1 级马道以上换填厚度为 1.5 m。通过换填处理可以避免渠水对膨胀土的软化，避免发生受大气剧烈影响带控制的浅表层蠕变。但是表面保护措施不能解决边坡深部结构面控制的深层滑动问题，对于膨胀土渠坡结构面控制的坡体稳定问题须另行采取抗滑措施。

按照膨胀土渠道处理原则，结合膨胀土结构面分布情况，对全线的膨胀土渠坡进行稳定性复核，采用微型抗滑桩、坡面支撑梁+土锚、悬臂式抗滑桩、坡面支撑梁+抗滑桩等方案对各级边坡进行支护，实现膨胀土渠坡整体稳定。

1）微型抗滑桩

微型抗滑桩作为一种加固边坡的新型支挡结构，是指直径或边长一般在 100～400 mm 的桩。与传统支挡结构相比，微型抗滑桩具有施工快捷方便、安全可靠、扰动小、见效快、适用范围广等优点，可作为渠道滑坡治理的重要应急措施之一。微型抗滑桩一般采用预制方式，分 6 m、9 m、12 m 等不同长度，根据渠坡变形深度选用。

2）坡面支撑梁+土锚

当开挖边坡发现缓倾角裂隙面并可能构成滑动面、抗滑桩施工受到场地条件限制时，可采用坡面支撑梁+土锚支护方案。

坡面支撑梁+土锚支护方案由坡面支撑梁与土锚构成。坡面支撑梁在开挖形成的坡面通过抽槽现浇钢筋混凝土形成，坡面支撑梁下端支撑在裂隙面下方的马道里侧，底部采用直径为 400 mm 的树根桩支撑，坡面支撑梁采用土锚锚固，锚固力通过坡面支撑梁传递到坡体，实现对坡体的支护。坡面支撑梁沿渠道纵轴线方向按 3 m 间距布置。

3）悬臂式抗滑桩

根据坡高及结构面位置确定布桩位置，根据剩余下滑力大小按嵌固在弹性地基中的悬臂梁计算确定抗滑桩断面尺寸。根据抗滑桩断面尺寸确定抗滑桩施工方案，当桩径小于 1.2 m 时采用回转钻机施工，当桩径大于 1.2 m 时采用人工挖孔施工，按矩形桩设计。

4）坡面支撑梁+抗滑桩

该方案针对渠道过水断面设计，抗滑桩采用圆形桩，抗滑桩布置在渠道 1 级边坡合适位置，当渠道挖深小于 12 m 时，对局部混凝土衬砌板加厚 15 cm，起到支撑梁的作用；当渠道挖深大于 12 m 时，渠道两侧抗滑桩之间沿渠道坡面和底板布置坡面支撑梁，坡面支撑梁、纵向梁、抗滑桩组合形成框架式支护结构；对于挖深大于 12 m 的渠道，为确保 1 级边坡稳定，可在 1 级马道排水沟外侧布置一排锚拉式抗滑桩。

6.1.2 设计依据与标准

1. 设计依据

南水北调中线工程为 I 等工程，陶岔—沙河南段总干渠渠道及各类交叉建筑物和控制工程等的主要建筑物为 1 级建筑物，其附属建筑物、河道防护工程及河穿渠建筑物的上下游连接段等次要建筑物为 3 级建筑物，临时建筑物按 4~5 级建筑物设计。不同渠段的地震参数如表 6.1.1 所示。

表 6.1.1 总干渠陶岔—沙河南段地震参数

设计桩号	长度/km	地震基本烈度	地震动峰值加速度/g
TS0+000~TS88+000	88	VI	0.05
TS88+000~TS103+000	15	VII	0.10
TS103+000~TS144+662	41.662	VI	0.05
TS144+662~TS239+042	94.38	VI	0.05

根据《水工建筑物抗震设计规范》（SL 203—97），设计烈度为 VI 度的渠道和建筑物均不进行抗震计算，但采取适当的抗震措施。设计烈度为 VII 度的主要建筑物及高填方、高边坡和特殊类土或饱和砂层等不良地质段的渠道需进行抗震设计，其动参数按《南

水北调中线工程沿线设计地震动参数区划报告》（2004 年 4 月）选取。

膨胀土渠道设计依据的主要规程、规范及相关文件如下。

（1）《水利水电工程地质勘察规范》（GB 50487—2008）。

（2）《水利水电工程等级划分及洪水标准》（SL 252—2000）（现已作废）。

（3）《渠道防渗工程技术规范》（SL 18—2004）。

（4）《渠系工程抗冻胀设计规范》（SL 23—2006）。

（5）《水工建筑物抗冰冻设计规范》（SL 211—2006）。

（6）《水工建筑物抗震设计规范》（SL 203—97）。

（7）《膨胀土地区建筑技术规范》（GBJ 112—87）（现已作废）。

（8）《南水北调中线一期工程总干渠初步设计明渠土建工程设计技术规定》（NSBD-ZGJ-1-21）。

（9）"十一五"和"十二五"国家科技支撑计划与膨胀土渠段相关的科研课题成果。

（10）其他规程、规范及相关文件。

2. 边坡稳定安全系数

根据《水利水电工程边坡设计规范》（SL 386—2007）和《水工混凝土结构设计规范》（SL 191—2008），并参照铁路系统规范，结合南阳膨胀土试验段的边坡稳定分析成果，经综合分析，得到不同工况下的边坡安全控制标准，见表 6.1.2。

表 6.1.2　不同工况下边坡安全控制标准

项目	计算方法	最小安全系数		
		基本组合	完建与检修	非常组合
边坡稳定标准		1.3	1.25	1.15
坡面支撑梁 + 抗滑桩	刚体极限平衡法	1.3	1.3	1.05

3. 渗控设计标准

渗控排水的作用是排出衬砌板下地下水，以降低地下水位，减小衬砌板下的扬压力，保证衬砌板的稳定性。其布置原则是：对于地下水位高于渠道底板的渠段，均布置排水设施，并根据地下水位、地形地质等条件，采用不同的排水方案。

考虑地下水位变幅和渠道闸前常水位运行情况，衬砌板下铺设复合土工膜进行防渗，并在复合土工膜下铺设粗砂或由塑料排水板构成的排水盲沟，通过逆止阀或抽排降低渠基地下水位。顺渠向排水板为人字形，厚 3 cm，宽 20 cm，水平间距 4 m 或 2 m，衬砌纵向缝与人字形排水板顶端对齐；衬砌横向缝下设置直线形排水板，厚 4 cm，宽 20 cm。挖方及填筑高度小于 1.5 m 的半挖半填渠段，排水板（直线形及人字形）顶高程为 1 级马道或渠顶高程以下 1.5 m；填筑高度大于 1.5 m 的半挖半填渠段，只在非填筑的渠坡上铺筑排水板。渠底采用粗砂垫层排水。

4. 衬砌板抗浮稳定

抗浮稳定按以下公式计算：

$$K_f = \frac{\sum V}{\sum U}$$

式中：K_f 为抗浮稳定安全系数；$\sum V$ 为作用在衬砌板上的向下的铅直力之和，kN；$\sum U$ 为作用在衬砌板上的扬压力，kN。

根据渠道地下水埋深，分别对渠坡及渠底进行抗浮稳定计算。抗浮稳定安全系数如表 6.1.3 所示。

表 6.1.3　渠道衬砌板抗浮稳定安全系数

计算工况		抗浮稳定安全系数
正常情况	设计工况（设计水深，地下水稳定渗流）	1.1
	施工工况（渠内无水，考虑施工排水）	1.1
非常情况	检修工况（渠内无水，考虑地下水）	1.05
	水位骤降（正常情况下，水位骤降 0.3 m）	1.05

5. 抗滑桩、坡面支撑梁设计标准

参考水利工程强制性条文，结合膨胀土渠道边坡稳定分析计算方法，确定不同工况下的边坡稳定最小安全系数，见表 6.1.4。

表 6.1.4　不同工况下边坡稳定最小安全系数

项目	计算方法	最小安全系数		
		基本组合	完建与检修	非常组合
边坡稳定标准		1.3	1.25	1.15
坡面支撑梁 + 抗滑桩	刚体极限平衡法	1.3	1.3	1.05
土锚		2	1.5	1.5

6. 改性土生产、填筑标准

改性土的土料采用弱膨胀土，禁止使用中等、强膨胀土；土块粒径不大于 10 cm，其中 5～10 cm 粒径含量不大于 5%，5 mm～5 cm 粒径含量不大于 50%（不计结核含量）；改性材料采用强度等级为 42.5 的普通硅酸盐水泥，水泥质量应满足《通用硅酸盐水泥》（GB 175—2007）（现已作废）中的各项指标，水泥掺量根据原料土膨胀性按 3%～5% 考虑，压实度不小于 0.98，但不宜过压。

6.1.3　膨胀土抗剪强度设计采用值

结合现有试验及统计资料，综合分析，陶岔—鲁山段渠道边坡加固设计及复核中，裂隙面、换填土、地层界面抗剪强度参数设计采用值见表 6.1.5。考虑到强膨胀土土体内部裂隙密度比中等膨胀土大，强膨胀土抗剪强度参数均取裂隙面抗剪强度参数，强膨胀岩与裂隙滑动面抗剪强度参数均取中等膨胀土裂隙面抗剪强度参数。

表 6.1.5　裂隙面、换填土、地层界面抗剪强度参数设计采用值

强度类型	土类	地层埋深 /m	干密度 /(g/cm³)	天然密度 /(g/cm³)	饱和密度 /(g/cm³)	凝聚力 c/kPa	内摩擦角 φ/(°)	备注
裂隙面	弱膨胀土	<12	1.63	1.98	2.05	16.24	12.24	
		≥12	1.65	2.00	2.05	19.21	13.46	
	弱膨胀岩		1.65	2.00	2.05	21.01	13.46	
	中等膨胀土	<12	1.63	1.98	2.05	13.67	10.72	
		≥12	1.65	2.00	2.05	17.04	11.64	
	中等膨胀岩		1.65	2.00	2.05	17.87	11.84	
	强膨胀岩		1.65	2.00	2.05	10.30	9.80	
换填土	换填黏土		1.68	2.01	2.05	29.00	18.00	
	水泥改性土（中等）		1.48	1.85	1.95	45.00	25.00	掺量 6%
	水泥改性土（弱）		1.53	1.90	2.00	50.00	22.50	掺量 4%
地层界面	Q/N					15.00	16.00	
	Q^{dl}/Q_2					16.00	17.00	
	Q_3/Q_2					14.00	15.00	
	Q_2/Q_1					15.00	15.00	

6.2　边坡稳定计算

6.2.1　刚体极限平衡法

刚体极限平衡法根据边坡破坏的边界条件，把滑体视为刚性体，分析作用于该滑体上的全部外力及滑体沿滑动面的力的平衡状态。通过改变岩体力学参数反复计算，获取边坡稳定对参数的敏感性，对可能发生的滑动面求得稳定性定量评价。刚体极限平衡法多用于分析特定弱面构成滑体的稳定安全系数。

1. 基本模型

当膨胀土地层中水平或缓倾角结构发育时，膨胀土渠道边坡可能以缓倾角结构面为底滑面发生滑坡。滑坡底滑面为缓倾角裂隙面或地层岩性界面等抗剪强度较低的结构面时，滑体后缘一般为拉裂面，拉裂面可能由膨胀土中的陡倾角裂隙或卸荷裂隙发展形成。

该类滑体近似为三角形，在滑坡形成过程中，首先发生后缘拉裂，拉裂裂隙内不同程度充填地下水，形成静水压力，坡体受力条件恶化，位移逐步扩大发展而滑动。

假定滑体是由底滑面（为缓倾角裂隙面或裂隙密集带或地层界面）与后缘拉裂面构成的三角形区域，拉裂面上作用有静水压力，压力水头由拉裂面所在部位的地下水浸润线确定，忽略拉裂面后缘稳定土体对变形体的土压力；滑面上作用的扬压力按三角形分布考虑。单一结构面控制的滑坡体计算简图见图 6.2.1。

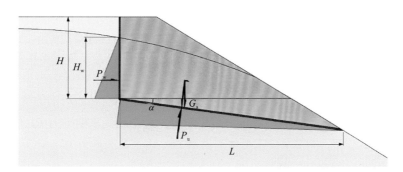

图 6.2.1　刚体极限平衡法计算简图

G_s 为滑体重力；P_u 为底滑面上的扬压力；P_w 为后缘拉裂面上的静水压力；L 为底滑面水平投影长度

2. 计算公式

假定底滑面倾角为 α，边坡坡比为 $1:m$，滑体后缘与滑面后缘高差为 H，底滑面水平投影长度为 L，拉裂面地下水头为 H_w，根据几何条件，滑体抗滑稳定安全系数可按式（6.2.1）计算：

$$F_s = \frac{(G_s \cos\alpha - P_w \sin\alpha - P_u)\cdot\tan\varphi + c\cdot\dfrac{L}{\cos\alpha}}{P_w \sin\alpha + G_s \cos\alpha} \qquad (6.2.1)$$

单底滑面滑坡后缘拉裂面位置不确定，需要结合地下水位通过试算确定。

6.2.2　条分法

1. 基本模型

当滑动面为不规则形态（图 6.2.2）时，采用条分法将不规则滑坡体划分为若干个相对规则的块体，并以 Morgenstern-Price 法为计算模型。

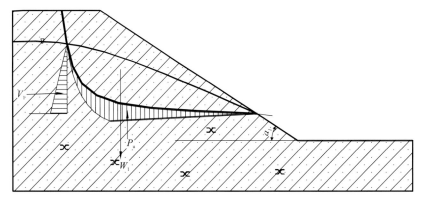

图 6.2.2　圆弧滑动型受力分析模型

V_1 为滑坡后缘静水压力；W_1 为滑坡体质量；P_u 为底滑面上的扬压力；a_1 为边坡坡角

2. 基本计算公式

对于不规则的任意形状滑裂面，采用 Morgenstern-Price 法得到安全系数，剩余下滑力计算采用传力系数法。

不稳定边坡不同部位的剩余下滑力针对搜索出的最不利滑动面切割的滑体进行计算，在滑体中取第 i 块土条，如图 6.2.3 所示，假定第 i-1 块土条传来的推力 P_{i-1} 的方向平行于第 i-1 块土条的底滑面，而第 i 块土条传送给第 i+1 块土条的推力 P_i 平行于第 i 块土条的底滑面。也就是说，假定每一分界上推力的方向平行于上一块土条的底滑面，第 i 块土条承受的各种作用力示于图 6.2.3 中。将各作用力投影到底滑面上，其平衡方程如下：

$$P_i = (W_i \sin \alpha_i + Q_i \cos \alpha_i) - \left[\frac{c_i l_i}{F_s} + \frac{(W_i \cos \alpha_i - u_i l_i + Q_i \sin \alpha_i) \tan \varphi_i}{F_s} \right] + P_{i-1} \Psi_{i-1} \quad （6.2.2）$$

其中，

$$\Psi_{i-1} = \cos(\alpha_{i-1} - \alpha_i) - \frac{\tan \varphi}{F_s} \sin(\alpha_{i-1} - \alpha_i)$$

式中：W_i 为土条重力；Q_i 为地震力；u_i 为土条底部孔隙水压力；F_s 为设计要求的安全系数；P_i 为 F_s 下第 i 块土条的剩余下滑力；Ψ_{i-1} 为传递系数；α_{i-1}、α_i 为第 i-1、i 块土条底滑面的倾角；l_i 为第 i 块土条底滑面的长度；c_i、φ_i 为第 i 块土条底滑面的抗剪强度。

极限平衡法（limited equilibrium method，LEM）经过长期工程实践，被证明应用于土坡稳定分析较为可靠。基于 LEM 的主要分析方法有 Fellenius 瑞典条分法、Bishop 法、Janbu 条分法、Morgenstern-Price 法、陈祖煜法和 Spencer 法等。Fredlund 和 Krahn[28]对上述各类方法进行了总结和归纳，提出了普遍极限平衡（general limit equilibrium，GLE）法。GLE 法继续沿用 Morgenstern-Price 法的相关假设，采用类似于 Morgenstern-Price 法的迭代方式，目前大多数的边坡稳定分析软件采用此方法。

整体的力矩平衡方程：

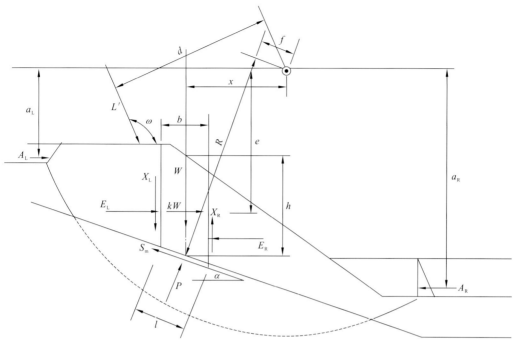

图 6.2.3　通用条分法的土条受力分析

W 为土条重量；P 为垂直于滑面的法向力；S_m 为土条的抗滑力；R 为 S_m 对应的力臂；f 为法向力 P 相对转动中心的垂直偏移量；x 为土条重心相对于转动中心的水平距离；E_L、E_R 分别为左侧与右侧对土条的水平作用力；X_L、X_R 分别为左侧和右侧土条间剪力；k 为地震系数；e 为土条形心至转动中心的垂直距离；L' 为线荷载集度；ω 为线荷载与水平面的夹角；d 为线荷载与转动中心的垂直距离；A_L、A_R 分别为后缘和前缘水压力；a_L、a_R 分别为 A_L、A_R 作用点至转动中心的垂直距离；l 为土条底滑面的长度；h 为土条高度；b 为土条宽度

$$F_m = \frac{\sum clR + \sum (P - P_u l)R \tan\varphi}{\sum Wx - \sum Pf + \sum kWe \pm A'a + L'd}$$

力的平衡方程：

$$F_f = \frac{\sum cl\cos\alpha + \sum (P - P_u l)R \tan\varphi\cos\alpha}{\sum P\sin\alpha + \sum kW \pm A' - L'\cos\omega}$$

法向力方程：

$$P = \frac{\left[W - (X_R - X_L) - \dfrac{cl\sin\alpha}{F_m} + \dfrac{P_u l\tan\varphi\sin\alpha}{F_m} \right]}{\cos\alpha + (\sin\alpha\tan\varphi)/F_m}$$

水平条间力：

$$X = E\lambda f(x)$$

式中：F_m 为满足力矩平衡条件下的安全系数；A' 为水压力合力，$A' = A_L - A_R$；a 为水压力合力作用点与转动中心的垂直距离；F_f 为满足力的平衡条件下的安全系数；P 为垂直于滑面的法向力；E 为相邻土条对本土条的水平作用力；λ 为条间力比例常数；$f(x)$ 为与 Morgenstern-Price 法相同的条间力函数。

3. 寻找最不利滑动面

1）坡体不发育能够构成滑动面的软弱结构面

根据南阳膨胀土试验段的研究，当膨胀土裂隙不发育、无须考虑裂隙对渠道边坡的影响时，膨胀土渠道边坡与普通黏性土边坡的稳定计算没有本质差别，可采用圆弧滑动法计算边坡稳定性，开展渠道边坡设计。

2）膨胀土边坡发育能够构成滑动面的软弱结构面

当渠坡中存在缓倾角结构面时，渠坡破坏模式为底部追踪到结构面、后缘追踪到中—陡倾角裂隙的折线滑动，或者是折线与圆弧组合的滑动，滑面形态与结构面产状有关。膨胀土结构面分布存在随机性，在渠道开挖前，膨胀土地层中的裂隙长度和分布、裂隙面的产状只有分块统计规律，事先难以查明。

对于折线或组合滑动面，目前边坡稳定分析计算程序大多不具备自动搜索最危险滑动面的功能，设计时需要就可能存在的底滑面进行搜索，找出最不利的裂隙组合面，进行稳定性评价和渠坡加固工程措施设计。中线工程设计采用网格法寻找最不利滑动面，具体方法如下。

（1）裂隙面概化。将裂隙视为具有一定厚度的薄土层，其抗剪强度与裂隙面参数相同；假定滑床由缓倾角裂隙面与后缘陡倾角裂隙面构成。将工程地质勘察获得的不同产状膨胀土裂隙分为若干组，每一组预设一系列不同位置的裂隙面，裂隙面间隔根据计算精度需要或参考勘察成果确定，计算中一般取为 3～5 m，形成分析域的网格模型（图6.2.4）。

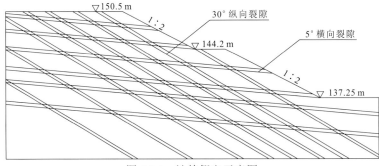

图6.2.4　计算假定示意图

（2）不利位置组合滑动面搜索。滑动面由网格模型中若干节点及节点所关联的裂隙面或节点间的滑裂面构成，当滑动面位于裂隙条带范围内时，采用裂隙面或土（岩）层结合面参数，否则采用土块强度参数；按指定滑动面通过网格节点的方法，采用通用软件进行稳定分析，求出其安全系数，安全系数最小者即最不利滑动面。

6.2.3　组合分析方法

南水北调中线工程膨胀土渠段大部分为挖方渠道，对于挖深较大的渠坡，膨胀土滑坡的牵引式发展特征明显，对于此类边坡的稳定分析，首先要确定边坡初次滑动的滑体大小及滑动模式，再进行边坡稳定计算分析。

通过对膨胀土挖方渠道滑坡众多工程实例的分析发现，膨胀土滑动破坏主要有以下几个特点。

（1）滑坡开始阶段往往在滑坡体后缘出现微小裂缝，经过降雨和随时间推移，裂缝逐渐扩展，形成较大规模的张拉裂隙。

（2）膨胀土边坡坡脚是剪应力最大的部位，往往为滑坡体的剪出口，坡顶附近的局部区域往往也是最先达到拉张屈服状态的部位，发生开裂的可能性最大。

（3）裂隙较发育的膨胀土边坡，裂隙面参数比土体参数小得多，所以膨胀土滑坡底滑面都会追踪到已有的缓倾角结构面。

（4）膨胀土边坡的破坏同样满足最小势能原理，即沿软弱结构面滑动所消耗的势能最小。基于弹塑性有限元的强度折减法搜索得到的破坏面为滑动能量最小面，由于优势裂隙面不可能与搜索面方向完全一致，一般由搜索面附近的优势裂隙面组成优势滑动面。

根据上述膨胀土滑坡特点，结合工程实际，提出了膨胀土挖方渠道边坡稳定组合分析方法，流程见图 6.2.5，具体过程如下。

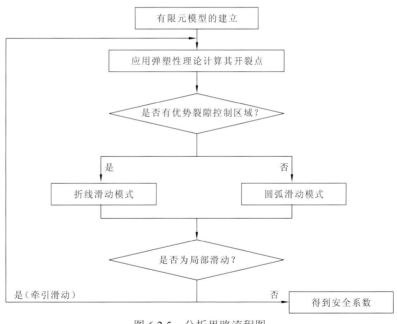

图 6.2.5　分析思路流程图

第一步：模拟膨胀土挖方渠道的开挖施工过程，采用基于弹塑性有限元的强度折减法搜索边坡最先达到屈服的点，坡脚处屈服点为滑坡体剪出口，坡顶处屈服点为滑坡体后缘开裂点。

第二步：通过对膨胀土边坡岩性、膨胀性和裂隙的分析，确定优势裂隙产状。根据第一步搜索确定的滑坡体剪出口和后缘开裂点两个点，结合两个优势裂隙方向，确定边坡折线滑动模式的滑动面。

第三步：判断第二步确定的滑动面是否为局部滑动，如果是，再对整体滑动进行复核，将局部滑动体仅以荷载形式考虑，不考虑其刚度效果，用基于弹塑性有限元的强度折减法再次搜索最危险滑动面，对搜索的最危险滑动面沿膨胀土边坡优势裂隙方向作外切面，此外切面则为边坡再次滑动的最危险滑动面。

6.2.4 膨胀土渠道边坡稳定计算

1. 边坡稳定计算边界条件及计算方法

膨胀土开挖边坡的滑坡具有以下特征。

（1）滑坡平面一般呈扇形或簸箕形，假设其滑动方向长度为 L_1，横向宽度为 L_2，则 L_2/L_1 常常达到 1.0～1.5，与一般非膨胀土滑坡（<1.0）存在显著差异，其平面形状与滑坡力学机制、滑面强度特性有关。

（2）膨胀土滑坡后缘拉裂面倾角多为 50°～70°，底滑面多近水平。坡面发育较多拉裂缝，裂缝走向大体与主滑方向垂直。

（3）由于膨胀土较深层滑坡受结构面控制，滑坡纵向形态有别于均质黏性土中的圆弧滑动，中线工程膨胀土渠段施工期的滑坡未发现圆弧滑动破坏类型。

根据膨胀土滑坡的力学机制，采用刚体极限平衡法进行边坡稳定分析。

（1）计算采用精度较高的 Morgenstern-Price 法。

（2）针对膨胀土裂隙发育的随机性和隐蔽性，在裂隙发育高程范围内，对不同的裂隙组合进行搜索，求出最小安全系数的裂隙组合。

（3）刚体极限平衡法无法考虑膨胀力，膨胀力影响存在于含水量发生变化的大气影响带，该区域力学指标取残余强度。

2. 荷载与荷载组合

膨胀土边坡稳定分析中，考虑的荷载有坡体土自重、地下水压力、渠道水压力、1级马道荷载及地震荷载。

1）坡体土自重

考虑到在雨季长时间大气降雨作用下，地表（包括坡面）以下 7 m 深度区域可能处于饱和状态，边坡稳定分析时取饱和容重，其他部位取湿容重（天然容重）。

2）地下水压力

土条所在部位地下水位取浸润线高度，按静水压力作用在土条外表面。暴雨工况时，假设地下水位与地面一致。

3）渠道水压力

运行期间，渠道水体对渠坡的压力按静水压力施加在渠坡坡面，此时坡体地下水浸润线应根据相应的渗流边界条件确定。

4）1 级马道荷载

1 级马道上的荷载为可变荷载，当荷载对坡体稳定有利时不考虑，当为不利荷载时计入其作用，荷载大小考虑汽车荷载 17 kN/m^2。

5）地震荷载

处于 7 度以上地震带的渠段，地震加速度按拟静力法计算。

根据各荷载作用特点，膨胀土渠坡稳定分析不同工况下的荷载组合见表 6.2.1。

表 6.2.1　膨胀土渠坡稳定分析不同工况下的荷载组合

组合编号	组合属性	坡体土自重	地下水压力	渠道水压力	1 级马道荷载	地震荷载	安全系数
1	正常工况 1	■	■	■	■		1.30
2	正常工况 2	■	■	■			1.30
3	完建及检修工况 1	■	■		■		1.20
4	完建及检修工况 2	■	■				1.20
5	校核工况	■	■	■		■	1.15

3. 渠道边坡稳定计算主要成果

以开挖深度为 15 m 的中等膨胀土渠坡为典型断面，在不发育缓倾角结构面时，施工期最小安全系数为 1.90，满足规范要求。

当 1 级马道下方 3 m 以下的坡体中存在 0°～15° 的缓倾角裂隙面，且无陡倾角裂隙面切割时，在施工期，渠道边坡缓倾角裂隙最不利位置在渠道底板至底板以下 3 m 的区域；裂隙倾角为 0°、5°、10°、15° 时，相应的最小安全系数分别为 1.38、1.35、1.24、1.22。滑体分别见图 6.2.6～图 6.2.9。

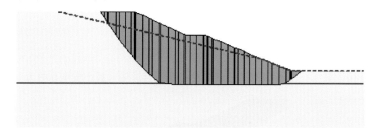

图 6.2.6　渠道底板以下 3 m 处 0° 裂隙滑体（最小安全系数为 1.38）

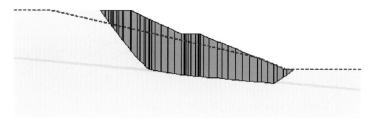

图 6.2.7　渠道底板以下 3 m 处 5° 裂隙滑体（最小安全系数为 1.35）

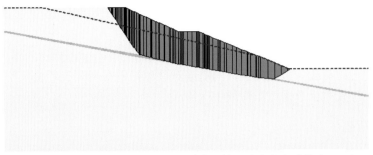

图 6.2.8　渠道底板以下 3 m 处 10°裂隙滑体（最小安全系数为 1.24）

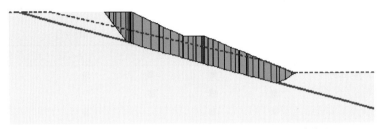

图 6.2.9　渠道底板以下 3 m 处 15°裂隙滑体（最小安全系数为 1.22）

当 1 级马道至渠道底板以下 3 m 深度范围坡体中存在 0°～15°的缓倾角裂隙面，又存在陡倾角裂隙面切割时，缓倾角裂隙最不利位置在渠道底板至底板以下 3 m 的区域；裂隙倾角为 0°、5°、10°时，相应的最小安全系数分别为 0.96、1.03、1.03。滑体分别见图 6.2.10～图 6.2.12。

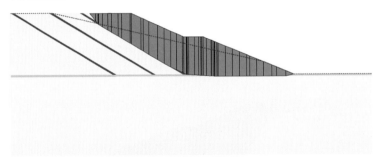

图 6.2.10　渠道底板处 0°裂隙与陡倾角裂隙组合滑体（最小安全系数为 0.96）

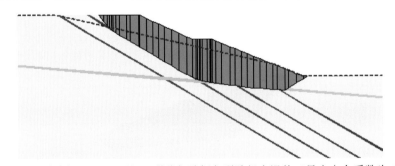

图 6.2.11　渠道底板以下 3 m 处 5°裂隙与陡倾角裂隙组合滑体（最小安全系数为 1.03）

图 6.2.12　渠道底板以下 3 m 处 10° 裂隙与陡倾角裂隙组合滑体（最小安全系数为 1.03）

根据计算成果，得到如下结论。

（1）对于膨胀土挖方渠道，当膨胀土地层中不存在可能构成底滑面的缓倾角结构面时，按一般黏性土拟定设计断面，在施工、完建及运行期，渠坡稳定安全系数均满足相关规程要求，渠坡稳定性好。

（2）当膨胀土渠道开挖深度为 7～9 m，坡体中存在缓倾角结构面，且在渠底部位低于底板时，施工期坡体安全系数大于 1，但小于 1.3，需要进行加固。

（3）对于膨胀土挖方渠道，当坡体分布有缓倾角结构面，且结构面在坡面出露时，施工期渠坡的稳定安全系数一般在 1.0 以下，最低为 0.82，结构面将导致渠坡失稳。当存在缓倾角结构面与陡倾角裂隙的组合时，渠坡稳定性将进一步恶化，安全系数降低约 0.2。

（4）坡体存在缓倾角结构面条件下，地下水对渠坡稳定的影响仅次于结构面，当无地下水作用时，渠坡稳定安全系数将提高 0.2～0.3。

（5）通过对开挖边坡进行地质编录，确定裂隙的空间分布，并根据优势裂隙组合方式，采用网格方法寻找最小安全系数下的滑动深度、范围，经统计分析，最小安全系数的误差一般在 0.02 左右。另外，根据南阳膨胀土裂隙统计，膨胀土地层中的裂隙在地表以下 7 m 区域最为发育，向下具有递减趋势，更深部位的边坡稳定性主要受地层岩性界面控制。

综上所述，膨胀土渠坡中的结构面对渠坡稳定的影响较大，大—长大缓倾角结构面将导致渠坡失稳，必须采取支护加固措施。由于膨胀土中的结构面在渠道开挖前无法完全查明，而且由于长大裂隙发育的随机性，难以提前预测，因此膨胀土渠坡加固设计按长大裂隙空间分布特征或最不利裂隙组合进行。

6.3　抗滑桩设计

6.3.1　计算模型

对于单根直立的抗滑桩，根据无支护条件下边坡稳定分析求得的最危险滑动面和桩体相应部位的剩余下滑力，采用刚体极限平衡法求得桩后部分滑体在稳定安全系数满足设计要求条件下能为桩体提供的抗力，采用弹性地基梁法求得桩体在剩余下滑力和抗力作用下的结构内力，然后根据钢筋混凝土设计规范对桩体进行结构配筋。单桩结构计算简图见图 5.1.9。

假定最不利滑动面以下桩体两侧作用有地基不抗拉弹簧，抗滑桩的内力计算采用弹性地基梁法。

6.3.2 抗滑桩结构计算方法

当计算的边坡稳定安全系数不满足要求时，在适当位置设置抗滑桩，对边坡进行加固处理，以提高其安全系数。抗滑桩结构计算步骤如下。

第一步：寻找存在不同裂隙组合和无支护结构条件下的最危险滑动面，并计算边坡稳定安全系数，当安全系数小于设计标准规定值时进行加固，大于等于设计标准规定值时不需要加固。

第二步：确定需要进行边坡加固时，根据边坡高度、加固条件，结合抗滑桩施工条件和边坡稳定要求，确定抗滑桩位置。

第三步：桩体所在部位的剩余下滑为 $P_c \times a$，其中 a 为桩沿渠道纵向分布的中心间距，P_c 为单宽剩余下滑力。

第四步：根据桩后部分滑体的刚体极限平衡条件求出该滑体能为桩体提供的抗力 $P_k \times a$，P_k 为桩后滑体能提供的单宽抗力。

第五步：将剩余下滑力 $P_c \times a$、能为桩体提供的抗力 $P_k \times a$ 施加在滑动面以上的桩体部分。

第六步：采用弹性地基梁法计算桩体结构内力。

第七步：复核桩体抗倾覆稳定。

第八步：根据桩体内力对桩体进行结构配筋，复核桩顶位移、裂缝开展宽度。

6.3.3 抗滑桩结构设计

1. 抗滑桩适用条件

抗滑桩支护方案一般根据保护对象或潜在滑动面高程确定抗滑桩位置，根据剩余下滑力大小按嵌固在弹性地基中的悬臂梁计算确定抗滑桩桩体断面，根据抗滑桩断面尺寸确定抗滑桩施工方案。此方案适用于 6～10 m 高的边坡加固并且单宽剩余下滑力小于 240 kN/m 的情况。

2. 主要设计荷载与荷载组合

抗滑桩提供的阻滑力要使滑坡体的稳定安全系数满足相应规范的规定，同时保证不发生越桩滑动，因此，悬臂式抗滑桩承受的主要荷载为滑坡推力和桩前土的抗力，抗滑结构的设计值根据将膨胀土边坡加固到规范规定的安全系数所需要的荷载确定，相当于已经考虑了荷载分项系数，不在结构设计中考虑荷载组合的分项系数。

3. 抗滑桩变形计算

对于桩顶位移计算，按边坡稳定安全系数为 1 时的滑坡推力考虑，采用弹性地基梁理论，使用 K 法计算桩顶变位，将变位小于桩受荷段长度的 1/300 作为控制指标。

4. 抗滑桩的间距和断面

确定抗滑桩的间距时，一般对桩间土按土拱理论复核最不利点的应力和桩间土的流动，如图 6.3.1 所示，即桩间中心点处的临界强度服从莫尔-库仑（Mohr-Coulomb）强度准则，土体的抗剪强度参数采用土与裂隙的加权参数：$c = 13.67$ kPa，$\varphi = 10.72°$。桩间距应复核桩间土体发生塑性流动时的阻力，根据Ito 和 Matsui[29]提出的桩间土流动阻力公式进行计算。如果桩间土的间距过大，则桩间土会发生流动。

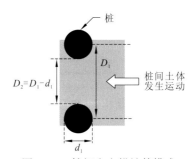

图 6.3.1　桩间土土拱计算模式

D_1 为抗滑桩中心距；D_2 为抗滑桩净间距；d_1 为抗滑桩直径

Ito 和 Matsui[29]提出了桩间土发生流动时，在坡脚处能承担的剩余下滑力：

$$q = A_\varphi c \left[\frac{1}{N_\varphi}(B_\varphi - 2E - 1) + F_\varphi \right] - c \left(D_1 F_\varphi - 2D_2 N_\varphi^{-\frac{1}{2}} \right) + \frac{\gamma \overline{z}}{N_\varphi}(A_\varphi B_\varphi - D_2)$$

其中，

$$N_\varphi = \tan^2 \left(\frac{\pi}{4} + \frac{\varphi}{2} \right)$$

$$A_\varphi = D_1 \times \left(\frac{D_1}{D_2} \right)^{N_\varphi^{1/2} + N_\varphi - 1}$$

$$B_\varphi = e^{\left[\frac{D_1 - D_2}{D_2} \times N_\varphi \tan\varphi \tan\left(\frac{\pi}{8} + \frac{\varphi}{4} \right) \right]}$$

$$E = N_\varphi^{1/2} \tan\varphi$$

$$F_\varphi = \frac{2\tan\varphi + 2N_\varphi^{1/2} + N_\varphi^{-1/2}}{E + N_\varphi - 1}$$

式中：γ 为土体密度，kg/m³；$\overline{z}$ 为流动土体的平均厚度，m。

抗滑桩的断面尺寸选择应满足结构变形控制和结构配筋设计要求。

5. 抗滑桩内力计算

抗滑桩的内力按弹性地基梁理论，采用 K 法进行计算，结构设计按圆梁受弯构件进行计算，见图 6.3.2。

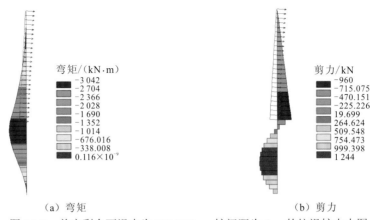

（a）弯矩 （b）剪力

图 6.3.2 单宽剩余下滑力为 240 kN/m、桩间距为 4 m 的抗滑桩内力图

在满足结构设计要求和变形控制要求的条件下，选择合适的断面和间距进行内力计算。

6. 抗滑桩配筋计算

根据抗滑桩加坡面支撑梁支护体系中抗滑桩的结构受力特点，配筋按照《水工混凝土结构设计规范》（SL 191—2008）规定的圆形截面受弯构件来计算。圆形截面受弯构件的正截面承载力按照规范 6.3.7 条的规定进行计算，但应在规范中的式（6.3.7-1）中取等号，并取轴向压力设计值 $N=0$；还应将规范中式（6.3.7-2）中的 Ne_0 以弯矩 M 代替。规范中的式（6.3.7-1）、式（6.3.7-2）如下所示。

$$KN \leqslant \alpha f_c A_0 \left(1 - \frac{\sin 2\pi\alpha}{2\pi\alpha}\right) + (\alpha - \alpha_t) f_y A_s$$

$$KN\eta e_0 \leqslant \frac{2}{3} f_c A_0 r \left(\frac{\sin^3 \pi\alpha}{\pi}\right) + f_y A_s r_s \frac{\sin \pi\alpha + \sin \pi\alpha_t}{\pi}$$

$$\alpha_t = 1.25 - 2\alpha$$

式中：A_0 为桩截面面积，mm^2；A_s 为全部纵向钢筋的截面面积，mm^2；r 为圆形截面的半径，mm；α 为对应于受压区面积的圆心角（rad）与 2π 的比值；α_t 为纵向受拉钢筋截面面积与全部纵向钢筋截面面积的比值；K 为承载力安全系数；N 为轴向压力设计值，N；f_c 为混凝土轴心抗压强度设计值，N/mm^2；f_y 为纵向钢筋抗压强度设计值，N/mm^2；η 为偏心受压构件考虑二阶效应影响的轴向压力偏心距增大系数；e_0 为轴向压力对截面重心的偏心距，mm；r_s 为纵向钢筋所在圆周的半径，mm。

6.3.4 陶岔—鲁山段膨胀土边坡抗滑桩设计

算例以镇平段某渠段为典型断面，将暴雨工况作为控制工况进行边坡稳定分析。

1. 边坡稳定分析和加固

按 6.2.2 小节、6.2.3 小节的边坡稳定分析方法和设计参数，在暴雨工况下，进行网格搜索，确定最不利边坡稳定安全系数为 1.009（图 6.3.3），滑动面在渠底板以下 1 m 处，不满足规范要求，需要进行加固。

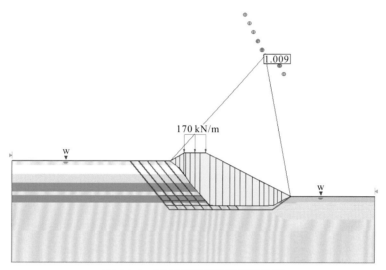

图 6.3.3　暴雨工况下边坡稳定分析

抗滑桩布置位置高出渠底板设计高程 4.5 m，使用 Slide 计算分析软件，采用软件自带的 Pile 支护模型对抗滑桩进行模拟（图 6.3.4），试算得到桩体承担 170 kN/m 的单宽剩余下滑力时，安全系数为 1.204，满足规范要求。

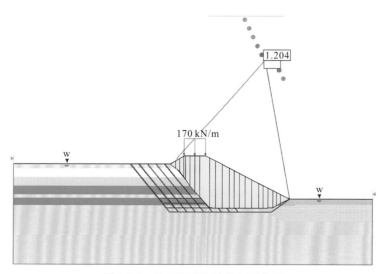

图 6.3.4　暴雨工况下边坡加固分析

2. 结构设计

根据 6.3.3 小节的抗滑桩结构设计方法，采用弹性地基梁结构模型进行结构分析，结果见图 6.3.5。

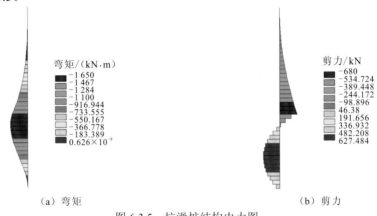

弯矩/(kN·m)
- −1 650
- −1 467
- −1 284
- −1 100
- −916.944
- −733.555
- −550.167
- −366.778
- −183.389
- 0.626×10⁻⁹

剪力/kN
- −680
- −534.724
- −389.448
- −244.172
- −98.896
- 46.38
- 191.656
- 336.932
- 482.208
- 627.484

（a）弯矩　　　　　　　　（b）剪力

图 6.3.5　抗滑桩结构内力图

3. 结构配筋

经结构配筋复核，抗滑桩桩径采用 1.0 m，桩中心间距取 4.0 m，采用 ϕ28 mmHRB400 的并筋 13 组，设计弯矩为 1748 kN·m，在距离桩顶 3.5 m 处变成单筋。最大剪力为 680 kN，配置 ϕ12 mmHPB 螺旋钢筋，螺距为 15 cm。

6.4　M 形支护加固设计

6.4.1　框架式支护结构参数

1. 陶岔—鲁山段抗滑桩加固主要设计成果

抗滑桩一般布置在渠底板以上 4～9 m，满足桩前土体稳定要求，且桩后土不发生越桩滑动。桩中心间距根据规范的建议值一般在 5～10 m，宜大于桩径的 2.5 倍，并且满足桩间土体抗蠕动变形要求，考虑到膨胀土变形的特殊性，陶岔—鲁山段抗滑桩的间距一般采用 3.5～4.5 m；桩长为锚固段长度和受荷段长度之和，受荷段为滑动面以上的桩身长度，即滑坡推力的作用长度，锚固段为滑动面以下的桩身长度，锚固段的长度根据地质条件和桩身的抗倾覆要求确定，一般为受荷段长度的 50%～100%。桩径根据桩中心间距和承受的滑坡推力按受弯构件计算确定；对于设置在过水断面的桩，适当考虑桩顶变形的影响。

根据上述设计参数的选取原则，结合开挖揭示的地质资料，经边坡稳定分析后选型，抗滑桩支护参数见表 6.4.1。

表 6.4.1　典型坡高支护选型表

坡比	换填厚度/m	坡高/m	支护形式	桩径/m	桩长/m	桩中心间距/cm
1：2	1	6	单桩	90～100	9～10	350
		8	单桩	100～120	9～10	400
		10.5	单桩	120～130	10～12	400
		12	单桩或 M 形支护结构	120～130	12～15	400～450
		14	M 形支护结构	120～130	15	400～450
	1.2	6	单桩	80～100	9～10	350
		8	单桩	100～120	10	400
		10.5	单桩	120～130	10～12	400
		12	单桩或 M 形支护结构	120～130	15	400～450
		14	单桩	120～130	15	400～450
	1.5	6	单桩	80～100	9～10	350
		8	单桩	100～110	10	400
		10.5	单桩	110～120	10～12	400
		12	单桩或 M 形支护结构	120～130	15	400～450
		14	M 形支护结构	130～150	15	400～450
1：2.25	1.2	8.5	单桩	110～130	9～10	400
		12	单桩	120～150	10～12	450
1：2.5	1	6	单桩	80～100	9～10	350
		8	单桩	100～110	10	400
		10.5	单桩	110～130	10～12	400
		12	单桩	120～150	12～15	400～450
1：2.75	1	10.5	单桩	100～120	10	400
		12	单桩	120～130	12	400
1：3	1.2	10.5	单桩	100～110	10	400
		12	单桩	110～120	10～12	400
1：3.25	1.5	10.5	单桩	80～110	10	350
		12	单桩	110～120	10～12	400
1：3.5	2	7	单桩	90～100	9～12	350
	1.2	10.5	单桩	90～100		350～400
		12	单桩	110～120	10～12	400
		14	M 形支护结构	120～130	15	400

2. 结构计算

抗滑桩作为一种工程常用的悬臂式受荷结构，在承受较大滑坡推力时往往需要较大的桩体直径。为此，在工程实践应用中，对传统的悬臂式抗滑桩进行了一些改进，如在桩头部位施加锚索，改变抗滑桩的受荷形式，提高结构的承载力，进而减小工程治理的投资。考虑渠道在结构布置上的对称性，设置一根坡面支撑梁刚性连接在桩头部位，变悬臂结构为简支结构，既可以大幅度提高结构承载力，又可以利用坡面支撑梁将渠坡划分为框格起到坡面防护的作用，并抑制膨胀土渠底后期回弹变形。

M 形支护结构计算同样基于刚体极限平衡法与弹性地基梁法，采用通用有限元分析软件 ANSYS 建模计算，桩体、坡面支撑梁和渠底横梁采用杆单元进行模拟，结构与土的相互作用采用单向受压的弹簧单元进行模拟，按本节描述的计算方法，利用参数化设计语言编制迭代计算程序实现。

6.4.2　M 形支护结构布置

M 形支护结构由抗滑桩、坡面支撑梁、渠底纵梁、渠底横梁构成，并对渠底纵横梁基础进行必要的地基处理。

1. 抗滑桩布置

（1）抗滑桩位置需要考虑抗滑桩上方 1 级马道及 1 级马道与桩顶之间的渠道边坡稳定要求。从抗滑桩的结构受力条件考虑，结合坡面支撑梁布置，抗滑桩宜尽量降低桩顶高程；但从 1 级马道及其以上边坡对过水断面的影响考虑，抗滑桩宜尽量靠近 1 级马道，且尽量减小桩顶与 1 级马道之间的高差；结合换填层工程需要，抗滑桩布置在 1 级马道临渠侧。

（2）抗滑桩的纵向间距根据桩间土的稳定分析确定，设计按 3.0～5.0 m 取值。

（3）抗滑桩截面尺寸根据边坡稳定分析和抗滑体系结构分析成果确定。

2. 坡面支撑梁布置

坡面支撑梁顶部与抗滑桩桩头刚性连接，底部与渠底纵横梁刚性连接；为减少坡面支撑梁施工对膨胀土换填保护层施工的影响，在换填层施工完成后开槽现浇混凝土形成坡面支撑梁；梁顶面结合渠道防渗体布置，考虑当渠道不设防渗土工膜时坡面支撑梁顶面与渠道衬砌顶面平齐，当渠道设置防渗土工膜时坡面支撑梁顶面与换填层顶面平齐；坡面支撑梁截面尺寸根据偏心受压杆件稳定及结构强度需要确定，设计在 50～70 cm 范围取值，当坡面支撑梁混凝土浇筑施工独立进行时取较大值。

3. 渠底纵横梁布置

渠底纵梁旨在为坡面支撑梁提供支撑的同时，利用与之连接的刚性节点下传推力，在渠坡坡脚形成反压作用，可有效提高渠道边坡的稳定性，渠底纵梁利用衬砌结构的脚槽适当布置构造钢筋形成，增加支护体系的纵向结构整体性，渠底纵梁顶面根据渠道防渗体系布置分两种情况：渠道不设防渗土工膜时，渠底纵梁顶高程与渠道衬砌混凝土平齐；设防渗土工膜时，渠底纵梁顶高程设在衬砌混凝土与防渗土工膜下方。

渠底横梁设在渠道底部两侧纵梁之间，布置上纵向间距与坡面支撑梁对应，渠底横梁顶面高程与渠底纵梁类似，根据渠道防渗体系布置分两种情况，渠底横梁截面高度在50～70 cm 取值，当坡面支撑梁混凝土浇筑施工独立进行时取较大值。

4. 渠底地基加固

上述抗滑桩、坡面支撑梁、渠底纵横梁采用刚性节点在渠道断面上形成平面刚架结构，每 4 品刚架为一个单元，两相邻刚架之间的渠段脚槽梁与刚架采用永久缝分开。单品刚架结构布置示意见图 6.4.1。

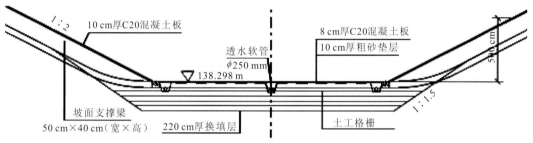

图 6.4.1　坡面支撑梁地基支护及布置图

采取上述支护措施后，作用在渠道膨胀土地层顶面的压应力为 150 kPa，满足设计要求。

刚架底部横梁支撑在渠道底板地基土上，能有效阻止渠坡从渠道底板以下的土层中滑出，但底板地基需要支撑刚架底部横梁对地基的挤压力。适当加强坡脚及渠道底板地基土强度对抑制渠道底板以下的裂隙面滑动能起到较好的效果，另外，渠道底部换填土作为框架梁的支撑地基，需要满足承载能力要求，因此，对横梁的地基需要采取加固措施。

根据边坡稳定分析，当剩余下滑力为 1 800 kN 时，渠道底板上的横梁对地基的压力为 150 kN/m^2。当压力大于地基承载能力 180 kPa 时，支护刚架地基需要采取加固措施（图 6.4.2）：

（1）渠道底板换填土一律采用改性土，换填层厚度增加到 2.5 m（中等膨胀土）和3.0 m（强膨胀土）；

（2）适当加大换填土的水泥掺量，与换填土地基结合部位 50 cm 厚度换填区域的水泥换填土掺量采用 5%，以上区域掺量提高到 10%；

（3）对于设置坡面支撑梁的渠段，渠道两侧脚槽以上 2 m 及坡面支撑梁底部两侧边外 60 cm 范围的换填土增设三层土工格栅。

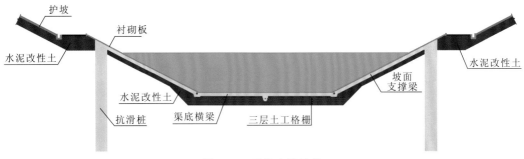

图 6.4.2　边坡支护结构

6.4.3　M 形支护结构设计

1. M 形支护结构适用条件

M 形支护结构适用于开挖高度在 12 m 以上的中等—强膨胀土渠坡加固，并且单宽剩余下滑力大于 240 kN/m 的情况。

2. 主要设计荷载与荷载组合

M 形支护结构承受的主要荷载为滑坡推力，与悬臂式抗滑桩不同，桩前土的抗力被整合至结构分析程序内，抗滑结构的设计值根据将膨胀土边坡加固到规范规定的安全系数所需要的荷载确定，相当于考虑了抗滑结构承担的荷载分项系数，因此不在结构设计中考虑荷载组合的分项系数。

3. M 形支护结构断面和间距

将渠坡分割成特定间距，复核桩间土体是否从桩间挤出，考虑桩与土之间的摩擦力和坡面支撑梁下土体被剪断，其抗剪断强度准则采用莫尔-库仑强度准则，其底滑面参数采用裂隙面的参数，如图 6.4.3 所示。

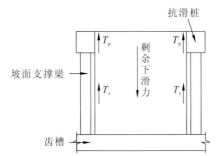

图 6.4.3　强膨胀岩支护的桩间土体的稳定复核

T_s 为桩后被动土压力；T_p 为坡面支撑梁提供的抗力

M 形支护结构之间的阻滑力按莫尔-库仑强度准则计算，桩间土体之间的参数选用设计值。正应力计算需采用相似有限单元法将主滑面离散，计算每个离散单元在其对应形心所在深度下的正应力及阻滑力，见图 6.4.4。

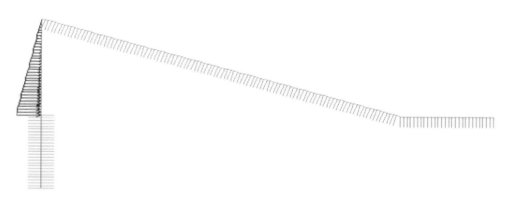

图 6.4.4　M 形支护结构的有限元模型

4. M 形支护结构内力计算

M 形支护结构中内力计算分为两部分：抗滑桩部分按弹性地基梁理论，采用 K 法进行计算，结构设计按受弯构件进行计算；坡面支撑梁部分按弹性地基梁理论，采用 K 法进行计算。土与结构之间的相互作用采用只承受压力的单向受力弹簧单元模拟，典型计算分析模型见图 6.4.4。

5. 抗滑桩配筋计算

抗滑桩的配筋计算同悬臂式抗滑桩。

根据抗滑桩加坡面支撑梁支护体系中坡面支撑梁和渠底横梁的结构受力特点，其配筋按照《水工混凝土结构设计规范》（SL 191—2008）规定的矩形截面偏心受压构件来计算。

采用规范中的公式计算：

$$KN \leqslant f_c b_0 x + f'_y A'_s - f_y A_s - \sigma_s A_s \tag{6.4.1}$$

$$KNe_1 \leqslant f_c b_0 x \left(h_0 - \frac{x}{2}\right) + f'_y A'_s (h_0 - a'_s) \tag{6.4.2}$$

$$e_1 = \eta e_0 + \frac{h_1}{2} - a_s \tag{6.4.3}$$

式中：K 为承载力安全系数，按照规范要求并结合本工程特点，基本荷载组合取值为 1.3；N 为轴向压力设计值，N；f_c 为混凝土轴心抗压强度设计值，N/mm^2；b_0 为矩形截面的宽度，mm；h_0 为截面的有效高度，mm；h_1 为矩形截面高度，mm；f_y 为远离轴向压力一侧的纵向钢筋抗压强度设计值，N/mm^2；f'_y 为靠近轴向压力一侧的纵向钢筋抗压强度设计值，N/mm^2；e_1 为轴向压力作用点与受拉边或受压边纵向钢筋合力点之间的距离，mm；e_0 为轴向压力对截面重心的偏心距，mm；A_s、A_s' 为配置在远离或靠近轴向压力一侧的纵向钢筋截面积，mm^2；σ_s 为受拉边或受压较小边纵向钢筋的应力，N/mm^2；a_s 为受拉边或受压较小边纵向钢筋合力点与截面近边缘的距离，mm；a_s' 为受压区较大边纵向钢筋合力点与截面边缘的距离，mm；x 为受压区计算高度，mm，当 $x>h_1$ 时，在式（6.4.1）、式（6.4.2）中取 $x=h_1$；η 为偏心受压构件考虑二阶效应影响的轴向压力偏心距增大系数，计算公式为

$$\eta = 1 + \frac{1}{1400 e_0 / h_0} \left(\frac{l_0}{h_1} \right)^2 \zeta_1 \zeta_2 \tag{6.4.4}$$

$$\zeta_1 = \frac{0.5 f_c A_0}{KN} \tag{6.4.5}$$

$$\zeta_2 = 1.15 - 0.01 \frac{l_0}{h_1} \tag{6.4.6}$$

其中：e_0 为轴向压力对截面重心的偏心距，mm，在式（6.4.4）中，当 $e_0<h_0/30$ 时，取 $e_0=h_0/30$；l_0 为构件的计算长度，mm，考虑到坡面支撑梁两端固定，按照规范中的表 5.2.2-2 取值为 $0.5l_1$（l_1 为构件支点间长度），但是考虑到坡面支撑梁结构的重要性，在实际计算时取 $0.5l_1$ 和利用 ANSYS 有限元分析软件计算出的坡面支撑梁屈曲段长度中的较大值；A_0 为构件的截面积，mm^2；ζ_1 为考虑截面应变对截面曲率影响的系数，当 $\zeta_1>1$ 时，取 $\zeta_1=1.0$；ζ_2 为考虑构件长细比对截面曲率影响的系数，当 $l_0/h_1<15$ 时，取 $\zeta_2=1.0$。

6.4.4　陶岔—鲁山段膨胀土边坡 M 形抗滑桩加固设计

1. M 形支护结构加固典型计算

以南阳某渠段为典型断面，以暴雨工况为控制工况计算边坡稳定性，按 6.2.4 小节的边坡稳定分析方法，计算确定提供 900 kN/m 的阻滑力，才能满足规范中对边坡稳定安全系数的要求。

根据上述条件，选用 M 形支护结构，渠段坡比为 1∶2，桩体直径为 130 cm。根据抗滑桩加坡面支撑梁内力计算成果，该支护体系在布桩断面处所能承担的最大下滑力为 940 kN/m。抗滑桩布设在渠底板以上 8.5 m 处，假定滑动土体从渠底板高程剪出，抗滑桩的受荷段长度为 8.5 m，抗滑桩长度为 15 m。采用 ANSYS 有限元分析软件，计算得到的抗滑桩的内力图如图 6.4.5 所示。

根据式（6.4.1）~式（6.4.3）计算得到，桩径为 1.3 m 的抗滑桩在布桩断面处承受 940 kN/m 下滑力时主筋需配置 19 组 ϕ28 mm HRB400 并筋。配筋后抗滑桩所能承受的设计弯矩为 3 082 kN·m。

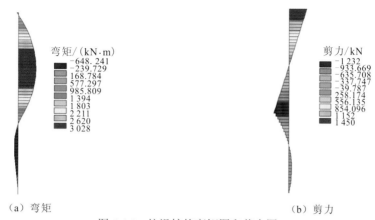

（a）弯矩　　　　　　　　　　（b）剪力

图 6.4.5　抗滑桩的弯矩图和剪力图

采用 ANSYS 有限元分析软件，计算得到的坡面支撑梁和渠底横梁的内力图如图 6.4.6 所示。

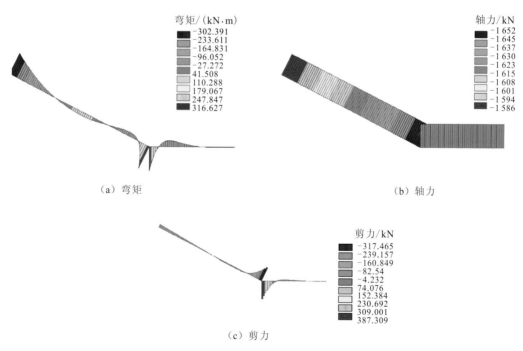

（a）弯矩　　　　　　　　　　（b）轴力

（c）剪力

图 6.4.6　坡面支撑梁和渠底横梁的内力图

当坡比为 1∶2 时，通过 ANSYS 有限元分析软件计算的坡面支撑梁屈曲段长度为 11 m，如图 6.4.7 所示。因此，在计算时取 $l_0 = 11$ m。

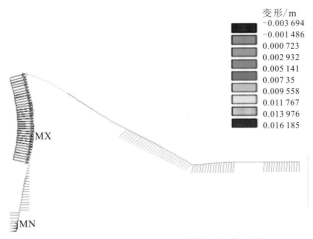

变形/m
-0.003 694
-0.001 486
0.000 723
0.002 932
0.005 141
0.007 35
0.009 558
0.011 767
0.013 976
0.016 185

图 6.4.7　坡面支撑梁和渠底横梁的变形图

当坡面支撑梁截面尺寸（高×宽）为 0.5 m×0.6 m，承受的弯矩为 303 kN·m，轴力为 1 600 kN，混凝土保护层厚度为 50 mm 时，根据规范规定的式（6.4.1）～式（6.4.3），受拉区计算配筋面积为 3 118.25 mm²。截面受拉区实际配筋为 5 根直径为 28 mm 的 3 级钢筋，实际配筋面积为 3 075 mm²。

2. 陶岔—鲁山段 M 形支护结构加固主要设计成果

M 形支护结构一般用于开挖高度在 12 m 以上的膨胀土深挖方渠坡加固，并且单宽剩余下滑力大于 240 kN/m 的情况。M 形支护结构分为两种类型：M1 型为圆形抗滑桩加坡面支撑梁方案，抗滑桩桩径为 120～150 cm，桩体采用旋挖钻机成孔，主要用于加固开挖深度在 12～18 m 的膨胀土渠坡；M2 型为方桩加坡面支撑梁方案，方桩尺寸为 120 cm×200 cm，采用抓斗成孔，主要用来加固开挖深度在 18 m 以上的膨胀土渠坡。典型支护结构尺寸见表 6.4.2，坡面支撑梁采用专门开槽设备配合挖掘机施工，见图 6.4.8、图 6.4.9。

表 6.4.2　M 形支护结构尺寸

支撑类型	抗滑桩截面尺寸 /cm	坡面支撑梁截面尺寸 （宽×高）/cm	渠底横梁截面尺寸 （宽×高）/cm
M1 型	$d_1=120$，$L_1=1350@400$	60×50	60×50
	$d_1=130$，$L_1=1350@400$	60×50	60×50
	$d_1=150$，$L_1=1350@400$	60×60	60×60
M2 型	120×200，$L_1=1360@400$	80×70	80×70

注：L_1 为桩长；d_1 为抗滑桩直径。

（a）开槽　　　　　　　　　　　　　　（b）剖面梁

（c）成型后

图 6.4.8　淅川段 M2 型坡面支撑梁机械化施工

（a）开槽　　　　　　　　　　　　　　（b）铺设钢筋

（c）剖面梁浇筑完成　　　　　　　　　（d）断面衬砌后

图 6.4.9　南阳段 M1 型坡面支撑梁施工

6.5 坡面保护设计

6.5.1 坡面保护材料

1. 坡面保护要求

引起膨胀土渠坡浅层变形失稳的一个重要因素就是受到大气循环影响，所以治理浅层失稳的关键在于尽量减少膨胀土与外界的接触，防止膨胀土土体含水率频繁发生较大变化。从工程设计施工角度，这种隔离结构必须具备三个条件。

（1）方便施工，最好能够利用现场开挖土体。

（2）在大气循环影响下，结构体能够保持自身强度，不产生明显的强度劣化或边坡变形失稳，即自身具备良好的水稳性。

（3）结构体能为坡后膨胀土产生隔离作用，以限制被保护膨胀土的含水率变化，即自身具备微弱的渗透性。

2. 非膨胀黏性土保护材料

可以用于膨胀土坡面保护的黏性土应具备三个条件：自由膨胀率应小于40%，最好小于20%；在自然环境下，强度基本稳定，不随大气环境干湿循环而发生明显变化；具有良好的隔水性能，现场压实后土体渗透性小于 10^{-5} cm/s 量级。根据这一要求，黄土或黄土状粉质壤土不宜作为膨胀土坡面保护材料。

3. 水泥改性土保护材料

"十一五"国家科技支撑计划项目研究成果表明，弱膨胀土水泥改性是进行膨胀土坡面保护的一种优良方案。水泥改性土的主要特点如下。

（1）膨胀土掺入水泥充分搅拌后，自由膨胀率、无荷膨胀率、有荷膨胀率及膨胀力均显著下降，随水泥掺量的提高，膨胀性减弱，但掺量达到一定值后，增加水泥掺量对进一步抑制膨胀变形不再明显，由此可用来确定水泥的最佳掺量及适合水泥改性的膨胀土指标。

（2）膨胀土经水泥改性后，饱和无侧限抗压强度、直剪强度、三轴强度和压缩模量较素土有明显的提高，但有时也会表现出脆性材料的应变软化特征；同时，还继续保持黏性土微弱的渗透性。

（3）水泥改性土性能具有长期稳定性，"十一五"期间，曾对改性土在野外环境下跟踪测试了三年，发现改性后28天土体膨胀性持续下降，之后趋于稳定，1年、2年、3年后，改性土膨胀性保持稳定，证实它是一种优良的膨胀土坡面保护材料。

中线工程水泥改性土所用天然土料的自由膨胀率一般为 21%～65%；自由膨胀率小于 21% 的天然土料可按设计要求直接采用、无须改性；自由膨胀率大于 65% 的天然土料生产的改性土用于本工程时需经论证。

确定改性土水泥掺量时，天然土料的自由膨胀率通过料场采样试验确定。

土料在碎土前应根据含水量情况进行堆存或摊铺。当土体含水量偏高时，需进行翻晒处理。应密切监视进入碎土场土料的含水量变化情况，当含水量变化时，应调整碎土生产工艺及控制参数。采用筛分法检测碎土成品料土粒粒径级配，若土料粒径不满足要求，应采取筛分剔除、调整碎土生产工艺及控制参数等措施，直至满足粒径要求。碎土成品料宜直接进入拌和设备生产改性土，堆存时间不应超过 24 h，土堆高度不应超过 3 m。受雨淋的碎土料不得直接用于拌制改性土。

在水泥改性土拌和前，应选用代表性土料做室内 EDTA 滴定试验，测绘水泥含量标准曲线。开展水泥改性土拌和生产性试验，确定拌和机械的运行控制参数及改性土含水量与水泥掺量、原料土含水量的关系。当改性土含水量偏低时，可在改性拌和过程中适当加水，加水量应根据拌和生产性试验成果和碾压要求综合确定。水泥改性土拌和出料口成品料检测通过 EDTA 滴定试验实现，水泥掺量检测平均值不得小于设计掺量，标准差不大于 0.7。

水泥改性土填筑应符合以下技术要求。

（1）水泥改性土填筑前，应开展击实试验，以确定水泥改性土的最优含水率及最大干密度。

（2）拌和合格后的水泥改性土应及时上堤填筑。从拌和站出来到碾压终了的延续时间，不宜超过 4 h。

（3）改性土压实标准实行双指标控制，碾压遍数不少于 6 遍，压实度不小于 0.98。填筑前应结合设计边坡坡度、改性土填筑厚度、换填作业面的施工条件，进行换填碾压试验，选择碾压设备、碾压施工工艺及控制指标。

（4）改性土现场碾压试验时，初拟水泥改性土含水率宜控制在最优含水率+1%～最优含水率+3%，铺土厚度为 30 cm（±2 cm），用振动凸块碾碾压。摊铺后第一、二遍碾压可采用平碾。

（5）对于挖方渠道，铺料前边坡面需开挖成小台阶状。

（6）在分层填筑上升过程中，应结合气候条件及土体含水量情况对填筑面采取妥善的保护措施。

（7）为确保外坡脚压实度，改性土铺料时需超填。根据不同的换填厚度，同一层以设计外坡脚为基准，顶部超填宽度不小于 30 cm（图 6.5.1）。

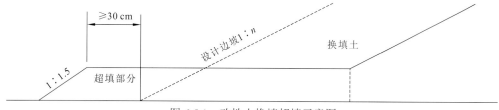

图 6.5.1　改性土换填超填示意图

n 为坡率系数

6.5.2　膨胀土坡面保护设计

1. 弱膨胀土填筑渠堤保护

采用弱膨胀土填筑渠堤时，弱膨胀土的填筑含水率应控制在最优含水率附近，偏离不超过-2%~+3%。当填高小于等于 2 m 时，全部用改性土填筑。当填高大于 2 m 时，其表层用 1 m 厚改性土保护，中间用弱膨胀土填筑。填筑断面如图 6.5.2 和图 6.5.3 所示。

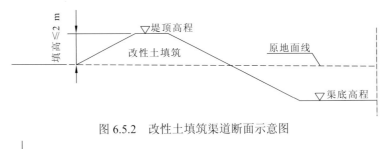

图 6.5.2　改性土填筑渠道断面示意图

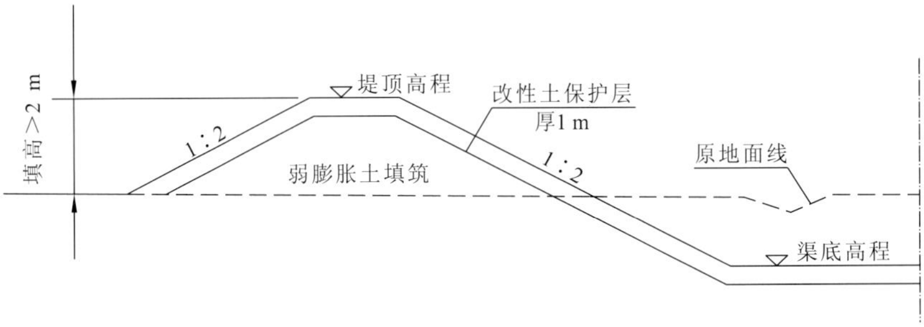

图 6.5.3　弱膨胀土填筑渠道断面示意图

2. 弱膨胀土开挖渠坡保护

1 级马道以上采用浆砌石支撑格构进行坡面防护，格构空腔植草，防止浅层局部塌滑和形成雨淋沟。1 级马道以下渠坡采用非膨胀黏性土或水泥改性土换填，换填厚度采用 0.6~1.0 m，以防止膨胀土软化，减少膨胀变形对渠道衬砌结构的影响（典型断面见图 6.5.4）。

3. 中等膨胀土开挖渠坡保护

1 级马道以上采用 1.0 m 厚的非膨胀土或水泥改性土进行保护，以减少大气环境变化的影响，换填层坡面采用浆砌石支撑格构进行防护，格构空腔植草，以防止雨淋沟产生。1 级马道以下渠坡采用非膨胀土或水泥改性土换填，换填厚度为 1.2~1.5 m。坡顶至截流沟之间的绿化区，也进行 1.0 m 厚的换填处理。

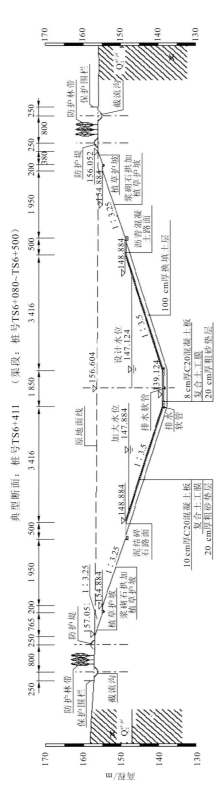

图 6.5.4 弱膨胀土渠道设计断面（高程单位：m；尺寸单位：cm）

267

典型断面桩号 TS42+619 位于中等膨胀土渠段，渠道设计流量为 350 m³/s，设计水深为 7.5 m，加大流量为 420 m³/s，加大水深为 8.19 m。过水断面边坡坡比为 1∶3.25，渠底宽 16.5 m，1 级马道宽 5 m，1 级马道以上边坡坡比为 1∶3.0，马道宽 2.0 m。1 级马道以下全断面混凝土衬砌。

膨胀土边坡全断面采取改性土换填处理，其中过水断面换填厚度为 1.5 m，1 级马道以上边坡换填厚度为 1.0 m。1 级马道以上边坡采取浆砌石拱加植草护坡。处理方案见图 6.5.5。

4. 强膨胀土渠坡保护

1 级马道以上采用 1.5 m 厚的非膨胀土或水泥改性土进行保护，非膨胀土或水泥改性土坡面采用浆砌石支撑格构进行坡面防护，格构空腔植草，以防止雨淋沟产生。1 级马道以下渠坡采用非膨胀土或水泥改性土换填，换填厚度为 2.0 m。坡顶至截流沟之间的绿化区进行 1.5 m 厚的换填处理，典型断面见图 6.5.6。

6.6 施工期动态设计

6.6.1 开挖面裂隙编录

初步设计阶段，膨胀土渠道根据工程地质分段进行分类设计。渠道开挖过程中，土体膨胀性、结构面发育分布情况可能出现变化，需要根据实际条件优化、完善设计方案。为此，需要对开挖面及时开展地质编录，甚至通过渠底坑槽探提前了解即将开挖的边坡的地质条件，除了关注土体膨胀性变化外，结构面是地质编录的重点。膨胀土中分布有不同规模的裂隙，裂隙发育程度是影响膨胀土渠坡稳定的重要因素。土体膨胀性不同，裂隙发育程度不同，裂隙优势产状也不同，边坡处理方案也不同。地质编录推荐采用点、面结合的工作方法，即在整个开挖面上对长大结构面进行全线编录，每隔一定距离或根据地质条件变化，进行一次点上的详细编录，以掌握膨胀土完整的地质信息。点编录采用两种形式，一是 2 m×2 m 露头裂隙密度测量，二是地质窗口编录。

1. 点编录

它能准确地收集膨胀土渠坡现场信息，分析预报边坡稳定性，为设计提供必要的物理力学参数，裂隙规模、产状、发育程度，边坡工程处理措施建议。工作范围针对整个膨胀土渠道，以及开挖过程中发生变形或局部滑坡的其他土质渠段。

在渠道分级开挖到设计预留保护层断面后，在渠坡开挖地质编录窗口，窗口宽度为 3～5 m，深 10 cm 左右。窗口间距取 100～150 m，可根据结构面发育情况增大或缩减。窗口内坡面用机械削平或人工清理，使之平整无浮土，坡面无渗流现象，以利于裂隙编录。

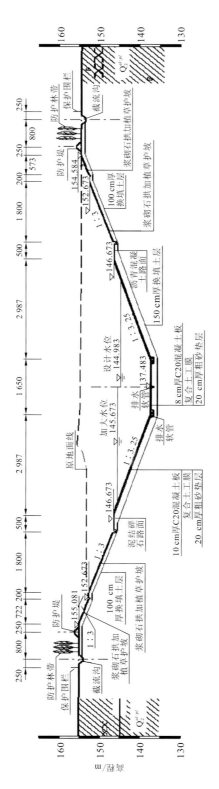

图6.5.5　典型断面桩号TS42+619坡面保护设计（高程单位：m；尺寸单位：cm）

269

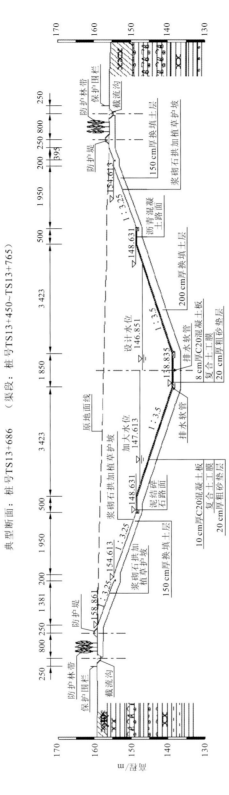

图 6.5.6　强膨胀土渠道设计断面（高程单位：m；尺寸单位：cm）

地质窗口裂隙编录采用 1∶50 比例，对裂隙统一编号，描述裂隙长度、倾向、倾角、充填物。对于微小裂隙密集发育带，标出范围，统计裂隙发育密度，判别土体的膨胀等级。

2. 面编录

渠道开挖后，对整个开挖面编录岩性、地层界线、膨胀等级、水文地质现象，对长度大于 2 m 的长大结构面、裂隙密集带范围进行系统编录。

对于长度大于 2 m 的结构面，应编录其产状，明确是地层岩性界面还是裂隙，记录结构面的长度、壁面特征、充填物类型、张开度、充填宽度、渗水现象、结构面上下层岩性、结核情况等。

对于长度小于 2 m 的裂隙，选取代表性层位、典型部位测量面密度或线密度（不考虑裂隙长度小于 10 cm 者），面密度测量范围一般为 2 m×2 m，线密度测量宜垂直于层面或优势裂隙的走向。

地质编录发现的、需要加强处理的渠段，以互提资料单的形式向设计方提出建议。

3. 渠坡地质编录成果案例

【案例 1】　总干渠淅川段一标桩号 TS6+000～TS6+400 段渠坡裂隙及工程地质条件说明。

淅川段桩号 TS6+000～TS6+400 段为全挖方渠段，渠道走向为 56.86°，其中桩号 TS6+187～TS6+292 段为圆弧段。原始地面高程为 154～157 m。设计渠底高程为 139.148～139.48 m，1 级马道高程为 148.7 m，设计坡比为 1∶3.5～1∶3.25，渠道开挖深度为 14.5～17.5 m。目前已开挖至 1 级马道附近，预留保护层厚 0.3～1.0 m。

为了解渠坡结构面发育情况，评价渠坡稳定性，复核岩土物理力学参数，布置了地质窗口和探槽。地质窗口布置于两侧 1 级马道以上渠坡，探槽布置于 1 级马道以下渠道中心线部位。共布置 6 个地质窗口，窗口宽 5 m，间距为 100 m；3 个探槽深 4～5 m，宽约 5 m，间距约为 100 m。

1）基本地质条件

渠坡上部为上更新统（Q_3）粉质黏土，黄褐色，含少量铁锰质结核。土体具弱膨胀性，裂隙较发育，充填灰绿色黏土，界底高程为 149 m 左右；下部为中更新统（Q_2）粉质黏土，褐黄色杂灰绿色，具弱偏中等膨胀性，裂隙较发育，以陡倾为主，充填灰绿色黏土，底界高程为 124 m 左右。

渠坡土体含水率较高，高程 147～149 m 出现渗水现象。

2）裂隙发育情况

Q_3 土体裂隙较发育，裂隙面略起伏，多光滑，具蜡状光泽，可见擦痕，少量面粗糙；多充填灰绿色黏土，土质细腻，黏粒含量高，稍湿，可塑状，充填厚度一般为 1～3 mm。

Q_2 土体微裂隙发育，显裂隙以陡倾角裂隙为主，充填灰绿色黏土。裂隙统计见表 6.6.1，长大裂隙特征见表 6.6.2，裂隙倾向玫瑰图及倾角分布直方图见图 6.6.1 及图 6.6.2。

表 6.6.1　桩号 TS6+000～TS6+400 段渠坡土体裂隙统计表

工程部位		地层	裂隙规模/条	
			0.5～2.0 m 裂隙	>2.0 m 裂隙
左坡	1 级马道以上	Q₃	26	7
右坡	1 级马道以上		37	6
总计			63	13

（1）左侧渠坡。

1 级马道以上渠坡：坡面倾向为 135°～147°，设计坡比为 1∶3.25。窗口范围内长度大于 0.5 m 的裂隙有 33 条，其中大裂隙有 7 条，平均面密度为 0.068 条/m²。以倾向为 148°～182° 的斜交顺向坡裂隙最为发育，以中、缓倾角为主，其中裂隙 LD 长 4.8 m；倾向为 10°～20° 的裂隙次之，以缓倾角为主（图 6.6.1）。

表 6.6.2　桩号 TS6+000～TS6+400 段渠坡土体长大裂隙特征表

桩号	部位	裂隙编号	分布高程/m	地层	倾向/(°)	倾角/(°)	长度/m	宽度/mm	地质特征
TS6+048	左坡	L5	151.33～151.46	Q₃	340	40	2.0	1～2	略呈弧形，光滑，分布灰绿色黏土
		L9	149.06～149.88		240	20	5.0	1	较平直光滑，断续分布灰绿色黏土，附钙质
TS6+199～TS6+350	左坡	LA	151.3～151.7	Q₃	352	3～5	2.0	0.5～1	面起伏不甚光滑，断续分布灰绿色黏土及少量铁锰质膜
		LB	150.8～151.0		98	12	3.0	0.5～1	面弯曲略起伏，断续分布灰绿色黏土及少量铁锰质膜
		LC	150.8～151.1		322	13	2.8	1	面弯曲起伏，分布灰绿色黏土
		LD	151.0		150	26	4.8	1	面略起伏，欠光滑，断续分布灰绿色黏土，附少量姜石，粒径为 1～3 mm
TS6+118	右坡	L6	153.81～154.04	Q₃	330	5	2.5	1～2	面弯曲起伏，稍粗糙，分布灰绿色黏土，稍湿
TS6+197	右坡	L1	153.0～153.2	Q₃	345	26	2.2	1～2	面状状起伏，断续分布灰绿色黏土，附少量姜石，粒径为 1～3 mm，稍湿
		L2	153.1		332	28	2.2	1～3	面波状起伏，分布灰绿色黏土，附零星姜石，稍湿，可塑
		L7	152.2～152.5		313	40	2.3	1～2	面起伏不平，分布灰绿色黏土，稍湿，可塑，裂隙面附少量姜石
TS6+350	右坡	L4	150.95	Q₃	142	15	2.1	2～3	较平直光滑，分布灰绿色黏土
		L8	150.64～151.18		5	33	2.5	1～3	较弯曲，分布灰绿色黏土及少量姜石

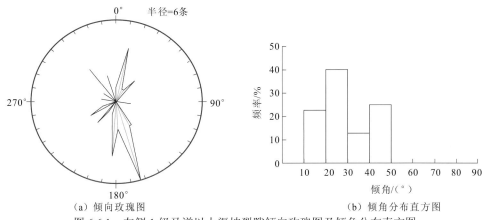

（a）倾向玫瑰图　　　　　　　（b）倾角分布直方图

图 6.6.1　左侧 1 级马道以上渠坡裂隙倾向玫瑰图及倾角分布直方图

坡体优势裂隙面倾向坡外，缓倾角裂隙的裂隙面多光滑，抗剪强度低，对渠坡稳定不利，在地下水和雨水作用下，可能沿裂隙面产生滑动。

1 级马道以下渠坡：设计坡比为 1∶3.5，由 Q_2 粉质黏土组成，具弱偏中等膨胀性，隐微裂隙发育，显裂隙以陡倾角裂隙为主，充填灰绿色黏土。Q_3/Q_2 界面有地下水渗出现象，可能软化坡面土体。

（2）右侧渠坡。

1 级马道以上渠坡：坡面倾向为 315°～327°，设计坡比为 1∶3.25。地质窗口范围编录长度大于 0.5 m 的裂隙 43 条，其中大裂隙 6 条，平均面密度为 0.131 条/m²。倾向为 305°～348° 的顺向坡裂隙最发育（图 6.6.2），为优势裂隙面，以中、缓倾角为主，大裂隙多属此组（表 6.6.2）。

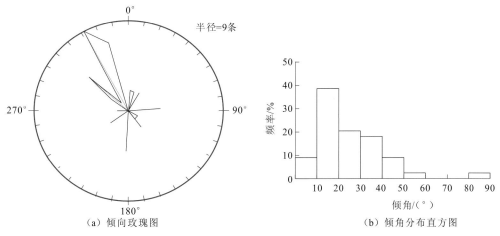

（a）倾向玫瑰图　　　　　　　（b）倾角分布直方图

图 6.6.2　右侧 1 级马道以上渠坡裂隙倾向玫瑰图及倾角分布直方图

优势裂隙面倾向与渠坡倾向大体一致，缓倾角大裂隙多倾向坡外，裂隙面多光滑，抗剪强度低，对渠坡稳定不利，在地下水和雨水的作用下，可能沿裂隙面滑动。

1 级马道以下渠坡：设计坡比为 1：3.5，由 Q_2 粉质黏土组成，具弱偏中等膨胀性，土体隐微裂隙发育，显裂隙以陡倾角裂隙为主。Q_3/Q_2 界面附近有地下水渗出现象，建议设计重视。

3）结论与建议

根据地质编录和前期勘察成果，提出本渠段土体物理力学指标建议值：裂隙面抗剪强度 $c=10$ kPa，$\varphi=10°$；Q_3 大气影响带残余抗剪强度 $c=15$ kPa，$\varphi=15°$；过渡带饱和固结抗剪强度 $c=25$ kPa，$\varphi=15°$；非影响带天然抗剪强度 $c=28$ kPa，$\varphi=17°$。

Q_2 粉质黏土过渡带饱和固结抗剪强度 $c=24$ kPa，$\varphi=15°$；非影响带天然抗剪强度 $c=30$ kPa，$\varphi=17°$。Q_2 粉质壤土天然抗剪强度 $c=28$ kPa，$\varphi=19°$。

Q_2/Q_3 界面 $c=16$ kPa，$\varphi=15°$。

该渠段土体小裂隙及大裂隙发育，微裂隙及隐微裂隙极发育，且地下水在地层界面附近富集，土体含水率较高，对渠坡稳定不利，可能失稳模式以沿顺向坡裂隙面滑动为主，其次为沿 Q_3/Q_2 界面滑动变形。建议对 1 级马道以上渠坡采取水泥改性土换填加抗滑桩加固措施，对 1 级马道以下渠坡采取坡面支撑梁加抗滑桩加固措施。

【案例 2】 南阳二标桩号 TS98+900～TS99+350 段 1 级马道以下渠坡裂隙发育情况说明。

南阳二标桩号 TS98+900～TS99+350 段渠底设计高程为 132.908～132.924 m，开挖深度为 13.7～19.2 m，设计坡比为 1：2.5，目前已开挖至 144～146 m 高程。渠道两侧为中更新统（Q_2）粉质黏土，厚 13.7～24.5 m，呈硬塑状，具弱—中等膨胀性，裂隙发育。2 月 9 日～3 月 18 日在 1 级马道以下布置了探坑，探坑深 5～6 m，宽 2～3 m，对裂隙进行了编录，见图 6.6.3、图 6.6.4。

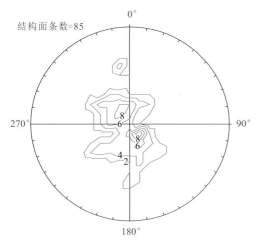

（a）极点等密度图

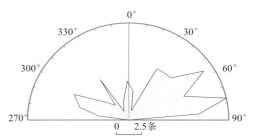

走向/(°)	条数	占比/%	走向/(°)	条数	占比/%
278	3	3.5	8	3	3.5
285	5	5.9	15	1	1.2
296	6	7.1	28	6	7.1
308	3	3.5	39	6	7.1
319	2	2.4	44	6	7.1
326	5	5.9	56	9	10.6
332	1	1.2	66	6	7.1
345	2	2.4	77	10	11.8
358	4	4.7	85	7	8.2

注：各占比之和不为100%由四舍五入导致。

（b）走向玫瑰图

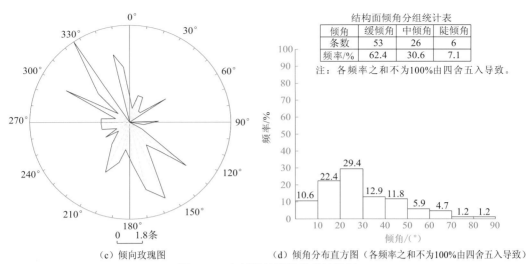

结构面倾角分组统计表

倾角	缓倾角	中倾角	陡倾角
条数	53	26	6
频率/%	62.4	30.6	7.1

注：各频率之和不为100%由四舍五入导致。

（c）倾向玫瑰图　　　　　（d）倾角分布直方图（各频率之和不为100%由四舍五入导致）

图 6.6.3　左侧渠坡裂隙发育统计图

1）左渠坡

坡面倾向为 153°，设计坡比为 1∶2.5，探坑内量测长度>1.0 m 的裂隙有 47 条，线密度均值为 1.7 条/m，面发育率为 0.85 条/m²。

主要有三组裂隙（图 6.6.3）：①组倾向为 310°～330°，倾角为 11°～56°；②组倾向为 150°～170°，倾角为 5°～68°；③组倾向为 340°～355°，倾角为 9°～55°。以①组、②组较发育，倾向 310°～330°者为逆向坡裂隙，多为缓倾角，少量为中倾角；倾向 150°～170°者为顺坡向裂隙，以缓倾角为主，少量为中倾角；倾向 340°～355°者为斜交逆向坡裂隙，多为缓倾角，中倾角次之。边坡稳定受缓倾角裂隙控制。大裂隙多分布在高程 141.1～143.6 m 附近，探坑底部高程为 139 m，不排除下部有大裂隙发育的可能。

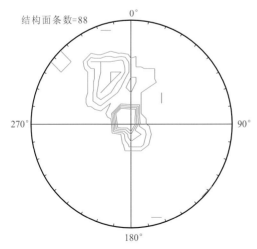

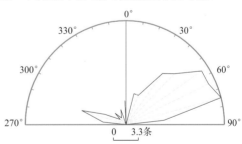

走向/(°)	条数	占比/%	走向/(°)	条数	占比/%
276	3	3.4	0	0	0.0
287	6	6.8	15	4	4.5
295	3	3.4	24	4	4.5
310	1	1.1	37	8	9.1
315	2	2.3	45	9	10.2
325	1	1.1	56	12	13.6
340	2	2.3	65	12	13.6
345	0	0.0	75	13	14.8
357	3	3.4	84	5	5.7

注：各占比之和不为100%由四舍五入导致。

（a）极点等密度图　　　　　（b）走向玫瑰图

275

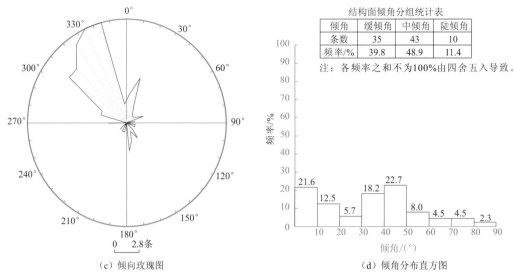

结构面倾角分组统计表

倾角	缓倾角	中倾角	陡倾角
条数	35	43	10
频率/%	39.8	48.9	11.4

注：各频率之和不为100%由四舍五入导致。

（c）倾向玫瑰图 　　　　　　　　（d）倾角分布直方图

图 6.6.4　右侧渠坡裂隙发育统计图

裂隙面多分布灰绿色黏土，厚 1～2 mm，呈可塑状，少量裂隙无充填，附铁锰质薄膜。三组裂隙长度多>1.0 m，裂隙面较平直光滑，具蜡状光泽。长度≥2.0 m 的裂隙共 14 条（为探坑内裂隙可见长度），见表 6.6.3。

表 6.6.3　左渠坡长大裂隙统计表

探坑位置	裂隙编号	产状	长度/m	裂隙面特征	分布高程/m
TS99+339	L4	135°∠22°	2.2	较平直光滑，充填灰绿色黏土，蜡状光泽	142.159
	L7	355°∠9°	2.0	较平直光滑，充填灰绿色黏土，蜡状光泽	142.055
	L9	326°∠11°	2.1	较平直光滑，充填灰绿色黏土，蜡状光泽	142.268
	L10	276°∠30°	2.7	较平直光滑，充填灰绿色黏土，蜡状光泽	142.451
	L12	345°∠15°	2.1	较平直光滑，充填灰绿色黏土，蜡状光泽	142.641
	L17	350°∠44°	2.1	较平直光滑，充填灰绿色黏土，蜡状光泽	142.768
	L22	316°∠25°	2.3	较平直光滑，充填灰绿色黏土，蜡状光泽	143.557
	L25	328°∠30°	2.1	较平直光滑，充填灰绿色黏土，蜡状光泽	143.67
TS98+974	L4	165°∠5°	2.0	较平直粗糙，无充填	141.10
	L6	155°∠15°	2.0	较平直粗糙，无充填	141.29
	L8	145°∠9°	2.0	较平直粗糙，无充填	141.41
	L9	160°∠30°	2.1	较平直光滑，充填灰绿色黏土，蜡状光泽	141.57
	L12	330°∠21°	2.2	较平直光滑，局部充填灰绿色黏土	141.99
	L14	204°∠29°	2.0	稍起伏光滑，局部充填灰绿色黏土	142.22

2）右渠坡

坡面倾向为 333°，设计坡比为 1∶2.5。实测长度>1.0 m 的裂隙有 58 条，线密度平均值为 2.0 条/m，面发育率为 1.0 条/m²，从统计结果（图 6.6.4）看，裂隙发育有以下规律。

主要发育两组裂隙：①组倾向为 335°～345°，倾角为 4°～55°，为顺坡向裂隙，多为缓倾角，中倾角次之；②组倾向为 310°～330°，倾角为 15°～77°，为顺坡向斜交裂隙，以中、缓倾角为主。边坡稳定受裂隙控制。大裂隙多分布在高程 140.4～145.6 m 附近，探坑底部高程在 139 m，不排除下部有大裂隙发育的可能。

裂隙面的特征与左渠坡裂隙基本一致。量测长度≥2.0 m 的裂隙共 25 条（为窗口和探坑内裂隙可见长度），见表 6.6.4。

表 6.6.4　右渠坡长大裂隙统计表

窗口位置	裂隙编号	产状	长度/m	裂隙面形态	分布高程/m
TS99+339	L3	135°∠15°	2.5	较平直光滑，充填灰绿色黏土，蜡状光泽	141.90
	L4	315°∠15°	2.0	较平直光滑，充填灰绿色黏土，蜡状光泽	142.02
	L5	330°∠35°	2.2	较平直光滑，充填灰绿色黏土，蜡状光泽	142.369
	L6	311°∠32°	2.3	较平直光滑，充填灰绿色黏土，蜡状光泽	142.707
	L9	175°∠50°	2.3	平直光滑，充填灰绿色黏土，蜡状光泽	142.789
	L10	8°∠46°	2.2	较平直光滑，充填灰绿色黏土，蜡状光泽	142.868
	L11	352°∠46°	2.1	较平直光滑，充填灰绿色黏土，蜡状光泽	143.103
	L12	331°∠22°	2.5	较平直光滑，充填灰绿色黏土，蜡状光泽	143.433
	L13	335°∠47°	3.2	较平直光滑，充填灰绿色黏土，蜡状光泽	143.724
	L15	355°∠45°	2.2	较平直光滑，充填灰绿色黏土，蜡状光泽	143.811
	L17	323°∠34°	2.5	较平直光滑，充填灰绿色黏土，蜡状光泽	144.19
	L20	328°∠35°	2.0	较平直光滑，充填灰绿色黏土，蜡状光泽	144.080
	L24	341°∠49°	2.0	较平直光滑，充填灰绿色黏土，蜡状光泽	144.7
	L25	310°∠77°	2.1	较平直光滑，充填灰绿色黏土，蜡状光泽	144.586
	L27	336°∠39°	2.0	较平直光滑，充填灰绿色黏土，蜡状光泽	144.786
	L28	339°∠42°	2.6	较平直光滑，充填灰绿色黏土，蜡状光泽	144.967
	L30	350°∠48°	2.2	较平直光滑，充填灰绿色黏土，蜡状光泽	145.029
	L31	335°∠46°	2.0	较平直光滑，充填灰绿色黏土，蜡状光泽	145.136
	L35	335°∠50°	2.1	较平直光滑，充填灰绿色黏土，蜡状光泽	145.367
	L38	325°∠57°	2.1	较平直光滑，充填灰绿色黏土，蜡状光泽	145.6
	L41	330°∠58°	2.5	较平直光滑，充填灰绿色黏土，蜡状光泽	146.022
TS98+974	L3	345°∠35°	2.0	较平直光滑，无充填	140.42
	L8	333°∠6°	2.1	较平直光滑，无充填	141.0
	L10	322°∠9°	2.1	较平直光滑，无充填	141.53
	L11	340°∠9°	2.1	较平直光滑，无充填	141.69

3）水文地质特征

桩号 TS99+339 处探坑有渗水现象，水量不丰，渗水点高程为 140.5 m。

4）渠坡土体力学参数建议值

裂隙面抗剪强度 $c=9$ kPa，$\varphi=9°$；0～3 m 土体强度 $c=18$ kPa，$\varphi=16°$；3～7 m 土体强度 $c=25$ kPa，$\varphi=17°$；7 m 以下土体强度 $c=30$ kPa，$\varphi=18°$。

综上，渠段土体具弱—中等膨胀性，140.4～145.6 m 高程附近大裂隙发育，下部长大裂隙有较发育的可能。渠坡稳定性差，可能失稳模式以沿顺坡向裂隙滑动为主，建议对渠坡进行抗滑加固处理，对集中渗水点采取引排措施。

6.6.2 渠坡加固方案动态设计

膨胀土地层中存在大量不同规模的软弱结构面，抗剪强度低，对渠道边坡稳定影响大。裂隙产状虽有一定规律，但具有很强的随机性。裂隙的密度、延展性与膨胀土的膨胀性、地层埋深、上下层土体差异性存在一定的关系。长度大于 15 m 的缓倾角裂隙和长度小于 5 m 的中倾角裂隙（倾角一般为 30°～50°）在 Q_2 中等膨胀土地层中较为发育；部分弱膨胀土地层中也有长大缓倾角裂隙。在施工过程中，陶岔—鲁山段渠道边坡发生变形破坏近百处，既有 1～4 m 范围内的浅层滑坡，又有深达十几米的深层滑坡；既有挖深达几十米的渠坡发生滑坡，又有挖深仅 5～6 m 的渠坡产生滑坡，滑坡基本都沿膨胀土的裂隙面或地层岩性界面滑动，并与地下水和地表水有密切关系。因此，需结合渠道开挖过程中揭露的裂隙或裂隙密集带分布情况对膨胀土边坡稳定性进行系统复核，根据复核结果对加固措施进行调整。

1. 施工期及运行期膨胀土滑坡成因分析

1）滑面类型

膨胀土内部是否存在可能构成滑坡底滑面的结构面是边坡稳定的关键，是滑坡产生的内因。

（1）地层界面。

陶岔引丹渠首 1968 年开始施工，1974 年建成并投入运行，渠坡坡比为 1∶4。经过历时 1 个月的降雨，2005 年 10 月 16 日夜，渠首下游约 1km 处渠道右岸发生滑坡，滑坡规模近 $4×10^5$ m³，见图 6.6.5。

滑坡底滑面沿 Q_1/N 界面形成，2012 年中线工程开挖期间，揭示出平整的地层界面，见图 6.6.6。

 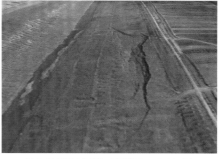

　　（a）滑坡 2005 年全貌（摄影：蔡耀军）　　　　（b）滑坡卫星影像（源自 Google Earth）

图 6.6.5　陶岔滑坡初期全貌

图 6.6.6　Q_1/N 地层界面

（2）原生长大裂隙。

　　膨胀土中的长大裂隙对边坡稳定具有控制作用，然而前期勘察难以查明裂隙的分布和规模，即使是在渠道开挖后，由于裂隙闭合或断续延伸，也不容易发现裂隙。裂隙面强度低于膨胀土残余强度，在连通性好的坡段，可以很快形成边坡变形滑动的底滑面，见图 6.6.7。

图 6.6.7　长大裂隙构成的底滑面（长度大于 6 m）

（3）裂隙密集带。

沉积环境变化或岩性变化均可能形成短小裂隙构成的裂隙密集带，裂隙充填的灰绿色黏土一般具中等—强膨胀性，整体力学强度较低，如图 6.6.8 所示。裂隙密集带所在土体黏粒含量较高，膨胀性较强，透水性较弱，致使裂隙密集带顶面地下水相对富集、性状恶化，容易构成底滑面。

图 6.6.8 裂隙密集带构成的底滑面（厚度为 10～15 cm）

（4）岩性界面。

在膨胀土同一地层内也会因物源变化或沉积环境变化而形成岩性界面，当岩性界面下部土体的膨胀性强于上部土体时，岩性界面容易因地下水富集而发育成软弱面，构成滑坡的底滑面，见图 6.6.9。

图 6.6.9 岩性界面构成的底滑面

2）地下水作用

膨胀土对水敏感，地下水活动成为膨胀土边坡失稳的首要诱发因素。自然边坡的失稳破坏和工程边坡的变形破坏大多发生在雨季，尤其是暴雨季节和长时间持续降雨时节，说明水是影响边坡稳定性的重要因素。

在中等—强膨胀土渠段，坡脚积水浸泡导致土体强度丧失，会促进或加快滑坡形成，或者引发牵引式变形（图 6.6.10）。

图 6.6.10　坡脚积水浸泡引起的牵引式滑坡

除了大气降水入渗产生静水压力和扬压力外，土体饱和产生的膨胀力（体积力）也会产生向临空面的挤压变形。

2. 计算参数和分析方法可靠性复核

膨胀土滑坡大多为折线形式，因此边坡稳定分析采用 Morgenstern-Price 法，根据现场地质编录资料，对裂隙面进行组合计算，找出最不利的裂隙组合，进行稳定性评价。计算时滑面产状与开挖揭露的裂隙优势产状对应，在分析域内预设一系列不同位置的滑面形成分析网格模型，通过计算寻找最不利位置。

1）典型滑坡参数反演和计算方法验证

某渠坡地层岩性为中更新统（Q_2）粉质黏土，渠坡上部土体具弱膨胀性，高程 139.41～143.25 m 处存在厚 1.6～2.3 m 的裂隙密集带，裂隙充填有灰绿色黏土薄膜，少许无充填，具蜡质光泽，见图 6.6.11。

（a）滑坡探槽　　　　　　　　　　　　　　（b）渠底超前探坑
图 6.6.11　滑坡探槽和探坑揭示的大裂隙

该段渠道施工开挖至接近设计最终断面时，坡面发生滑坡。根据实测的滑坡断面，结合初步设计阶段提出的土体力学参数建议值对裂隙面参数进行了反演分析（图 6.6.12～图 6.6.14）。

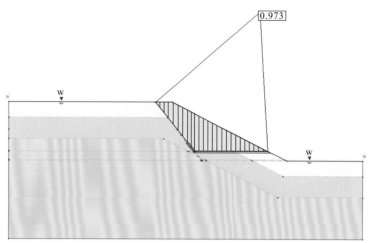

图 6.6.12　滑坡反演分析：裂隙面抗剪强度取 $c=10.3$ kPa，$\varphi=9.8°$

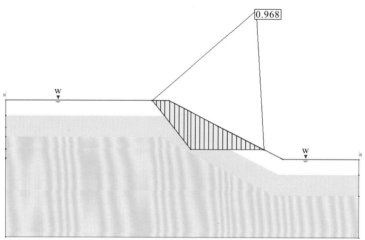

图 6.6.13　滑坡反演分析：裂隙面抗剪强度取 $c=10$ kPa，$\varphi=10°$

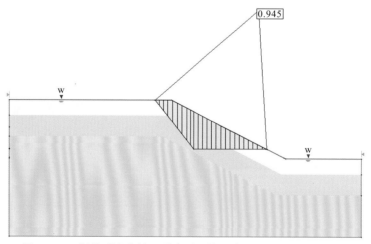

图 6.6.14　滑坡反演分析：裂隙面抗剪强度取 $c=10$ kPa，$\varphi=9°$

采用规范建议的 Morgenstern-Price 法，0～3 m 土体强度 $c=19$ kPa，$\varphi=17°$，3～7 m 土体强度 $c=26$ kPa，$\varphi=15°$，7 m 以下土体强度 $c=30$ kPa，$\varphi=18°$。开挖揭示的滑坡后缘倾角为 51°，计算的边坡稳定安全系数小于 1.0 时，反演的裂隙面抗剪强度为 $c=10～10.3$ kPa，$\varphi=9°～10°$，设计采用值为 $c=10.3$ kPa，$\varphi=9.8°$，取值合理。

2）滑带参数计算方法合理性验证

某渠段土体为 Q_2 粉质黏土，硬塑状，钙质结核含量为 5%～10%，其中，桩号 TS8+900～TS9+100 段高程 144.5～147.0 m 范围内，钙质结核含量为 15%～20%。土体具中等膨胀性。

1 级马道以下土体微裂隙极发育，小裂隙、大裂隙较发育，长大裂隙不发育，统计情况见表 6.6.5，裂隙产状统计见图 6.6.15。

表 6.6.5　裂隙发育情况及特征

编号	裂隙线密度 /（条/m）	可见最长裂隙长度/m	最长裂隙分布高程/m	裂隙特征
TK1	0.54	5.0	146.5～147.8	145.6～148.15 m 高程范围内，裂隙面多起伏、光滑，充填灰绿色黏土，具蜡状光泽；145.6 m 高程以下裂隙面多平直、光滑，零星充填铁锰质膜
TK2	0.68	2.0	145.3	裂隙面多平直、光滑，零星充填铁锰质膜，具蜡状光泽
TK3	0.64	3.5	144.0	裂隙面多平直、光滑，零星充填铁锰质膜，偶见充填灰绿色黏土，具蜡状光泽
TK4	0.23	2.5	147.5	裂隙面多平直、光滑，零星充填铁锰质膜，偶见充填灰绿色黏土，具蜡状光泽
TK5	0.91	3.5	144.8～146.0	裂隙面多平直、光滑，零星充填铁锰质膜，具蜡状光泽

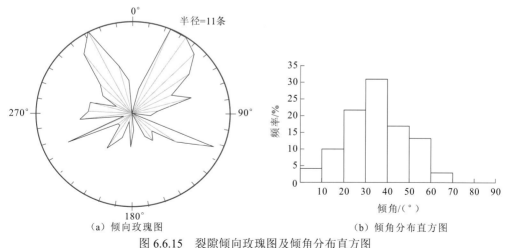

（a）倾向玫瑰图　　　　　　　　（b）倾角分布直方图

图 6.6.15　裂隙倾向玫瑰图及倾角分布直方图

该段 1 级马道以下土体裂隙优势倾向为北东向及北西向，其次为东东南向及西西南向，裂隙倾角以缓—中倾角为主，渠道走向为 45°。

裂隙参数见表 6.6.6～表 6.6.8。

表 6.6.6 中等膨胀土挖深小于 12 m 的土块和裂隙面权重系数 A、B 计算值

膨胀特性	编录桩号	地层埋深/m	长大裂隙密度/（条/m²）	大裂隙密度/（条/m²）	土块权重系数 A	裂隙面权重系数 B
中等膨胀性	TS8+768～TS9+414	<12	0.061	0.149	0.292	0.708

表 6.6.7 中等膨胀土挖深小于 12 m 的加权抗剪强度参数计算值

膨胀特性	地层埋深/m	土块强度			裂隙面强度			设计采用值	
		c_{qc}/kPa	φ_{qc}/（°）	A	c_{ql}/kPa	φ_{ql}/（°）	B	c_{qs}/kPa	φ_{qs}/（°）
中等膨胀性	<12	32	19	0.292	10	10	0.708	16.424	12.628

表 6.6.8 中等膨胀土挖深大于 12 m 的土块和裂隙面权重系数 A、B 计算值

膨胀特性	探坑桩号	地层埋深/m	长大裂隙密度/（条/m²）	大裂隙密度/（条/m²）	土块权重系数 A	裂隙面权重系数 B
	TS8+500	>12	0.024	0.516	0.476	0.524
	TS8+790	>12	0	0.68	0.485	0.515
中等膨胀性	TS8+898	>12	0.0187	0.621	0.455	0.545
	TS9+100	>12	0.0238	0.206	0.620	0.380
	TS9+315	>12	0.0857	0.824	0.300	0.700

根据《岩土工程勘察规范》（GB 50021—2001）第 14.2.2～14.2.4 条规定对岩土参数进行分析和修正，抗剪强度指标修正取负值，结果见表 6.6.9。

表 6.6.9 潜在滑动面抗剪强度计算参数修正

项目	凝聚力	内摩擦角
计算平均值	22.142	14.203
标准差	2.962	1.025
变异系数	0.134	0.072
样本数	5	5
修正系数	0.873	0.931
修正后参数	19.33	13.22

注：凝聚力计算平均值、标准差、修正后参数的单位为 kPa，内摩擦角计算平值、标准差、修正后参数的单位为（°）。

采用此参数对滑坡段开挖边坡进行稳定分析计算，边坡稳定安全系数分别为 0.966 和 1.022，如图 6.6.16 所示。稳定分析结果显示，边坡稳定处于临界状态，搜索的滑动面也与实际滑动面位置大致吻合，证明滑带加权参数计算方法是合理的。

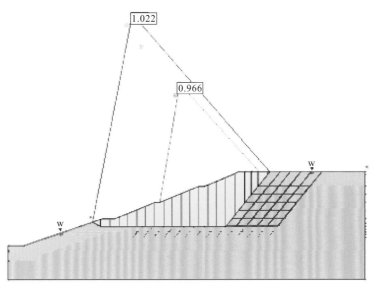

图 6.6.16　加权参数下的边坡稳定分析

3. 支护结构的可靠性复核

1）抗滑桩支护结构可靠性验证

南阳三标某渠段布置抗滑桩，并在桩体内设置测斜管（图 6.6.17）。

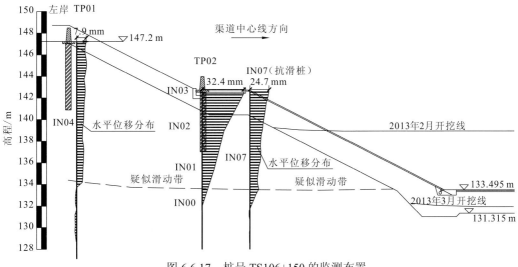

图 6.6.17　桩号 TS106+150 的监测布置

TP01 等为地表位移监测点编号；IN00 等为测斜管编号

渠坡分布 Q_2 粉质黏土及 N 黏土岩。Q_2 粉质黏土：棕黄色，硬塑状态，具中等膨胀性，小—大裂隙发育，裂隙面较平直光滑，面附灰绿色黏土薄膜，具蜡状光泽。

N 黏土岩：以灰绿色为主，成岩较差，遇水软化，局部为砂质黏土岩，具强膨胀性，大裂隙极发育，纵横交错，裂隙面平直光滑，具蜡状光泽。

土岩分界线高程为 133.787～134.947 m。地下水位在 141.7 m 左右，高于渠底板 7.5～11 m，开挖面未见地下水持续出渗。

渠坡设计坡比为 1:2，挖深为 15 m，渠底板设计高程为 133.485 m，水泥改性土换填厚度为 2 m，采用抗滑桩加坡面支撑梁的 M 形支护结构，抗滑桩桩径为 1.2 m，桩中心间距为 4.0 m，出现变形现象时，该处的坡面支撑梁尚未施工。

布置在坡顶的测斜管监测读数显示，在 133.7～134.0 m 高程位移有突变（图 6.6.18），该处为 Q_2/N 界面，为渠坡潜在滑动面。

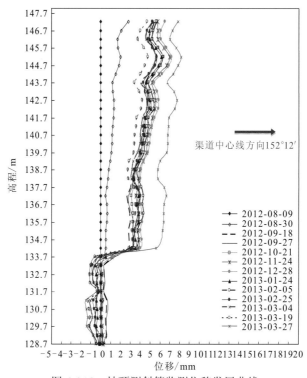

图 6.6.18　坡顶测斜管监测位移发展曲线

左岸渠坡抗滑桩内设置的测斜管监测数据显示，桩体存在变形，见图 6.6.19。

抗滑桩桩长为 15.5 m，受荷段长度为 9 m，桩径为 1.2 m，混凝土标号为 C30，地基系数 K_0 取用密实黏土的下限值和硬化黏土的上限值，为 30～120 MPa/m，滑坡推力选取三次多项式、二次多项式、三角形和矩形形式进行研究。

选择左岸抗滑桩 2012-12-04 期监测数据作为拟合指标，变形数据是开挖卸荷和滑动的综合作用效果，将均方根误差作为计算指标，见图 6.6.20、图 6.6.21 及表 6.6.10、表 6.6.11。

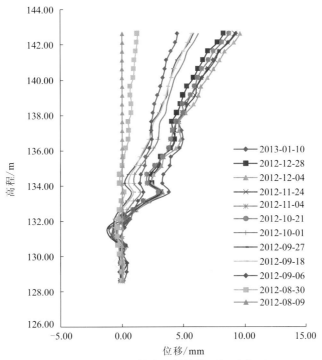

图 6.6.19　抗滑桩内测斜管监测位移发展

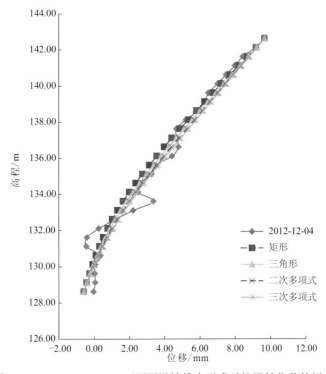

图 6.6.20　$K_0 = 30\,MPa/m$ 下不同滑坡推力形式对抗滑桩位移的拟合

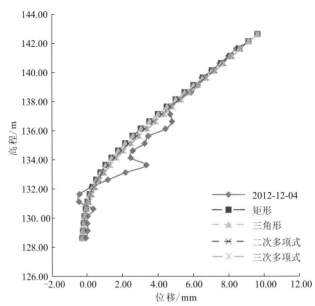

图 6.6.21　$K_0 = 120$ MPa/m 下不同滑坡推力形式对抗滑桩位移的拟合

表 6.6.10　$K_0 = 30$ MPa/m 下拟合监测曲线所需的滑坡推力和均方根误差

项目	滑坡推力形式			
	三次多项式	二次多项式	三角形	矩形
滑坡推力/kN	36.65	32.281 4	26.755	19.661 2
均方根误差/kN	2.826	2.754	2.754	2.965

表 6.6.11　$K_0 = 120$ MPa/m 下拟合监测曲线所需的滑坡推力和均方根误差

项目	滑坡推力形式			
	三次多项式	二次多项式	三角形	矩形
滑坡推力/kN	77.125	64.85	50.6	19.661 2
均方根误差/kN	3.321	3.620	4.073	4.073

　　从拟合效果看，当地基系数 $K_0 = 30$ MPa/m 时，滑坡推力形式为二次多项式和三角形的均方根误差最小；当地基系数 $K_0 = 120$ MPa/m 时，滑坡推力形式为三次多项式的均方根误差最小，拟合的效果较好。由于渠底为黏土岩，其地基系数相对于黏土要高，综合以上分析，滑坡推力形式以二次多项式较好。

　　由于测斜管仪器的特点，底部数据累计误差较小，因此对滑带处位移进行反算和拟合，结果见图 6.6.22 和表 6.6.12。

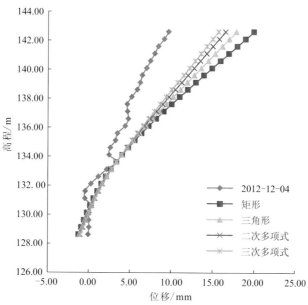

图 6.6.22　不同滑坡推力形式对抗滑桩滑带位移的拟合

表 6.6.12　拟合监测曲线所需的滑坡推力和均方根误差

项目	滑坡推力形式			
	三次多项式	二次多项式	三角形	矩形
滑坡推力/kN	59.41	55.14	49.25	40.535
均方根误差/kN	18.254	20.165	23.046	27.745

在现行的抗滑桩设计规范中，滑坡推力推荐采用矩形和三角形形式的荷载，从图 6.6.22 拟合曲线和表 6.6.12 均方根误差来看，滑坡推力为三次多项式形式拟合的效果最佳，在膨胀土渠道设计中，采用三角形形式的滑坡推力是安全的。

2013 年 3 月 27 日，滑带处的监测位移增加至 7.5 mm，以二次多项式形式反算桩身弯矩，抗滑桩承担每延米 124 kN 的推力（图 6.6.23、图 6.6.24），桩中心间距按 4 m 计。

抗滑桩内配置 17 根直径为 28 mm 的三级钢筋，并筋配置，在距离桩底 5 m 处截断。在坡面支撑梁实施前，按单筋 17 根钢筋承载，设计弯矩为 1 535 kN·m，实际抗滑桩的弯矩为 1 343 kN·m，满足设计要求。

桩顶允许位移按受荷段长度的 1/300 计算，允许的桩顶最大变形为 3 cm，若按结构计算位移为 3.79 cm，不满足设计要求，实际监测位移为 2.45 cm，说明采用弹性地基梁的 K 法进行抗滑桩设计是安全的。

抗滑桩桩前土是否稳定和土拱效应是否产生，主要参考是否产生桩后土的流动，考察施工期的滑坡形态（图 6.6.25），桩前土滑坡发生的原因一般是桩前土裂隙密集或发育长大裂隙，施工开挖暴露时间过长，坡脚积水或泡水软化。滑坡或变形体出现后，可以从图 6.6.25 看出，桩后膨胀土在短时间内是稳定的，证明在桩前土稳定的情况下，可以保证临时土拱的形成。

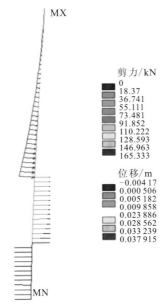

图 6.6.23 二次多项式形式的地基土受力和桩顶位移

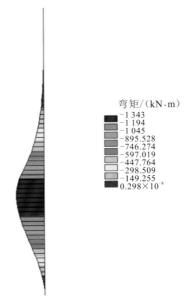

图 6.6.24 抗滑桩结构的弯矩图

2）M 形支护体系设计可靠性验证

M 形支护体系由抗滑桩、坡面支撑梁和渠底横梁组成，其可承受较大的滑坡推力，坡面支撑梁对渠坡坡面进行分割和压重，可减小浅层滑坡发生的可能性。目前 M 形支护体系的可靠性主要通过对渠坡运行期的巡视进行验证，在 2 年的施工期内及之后的运行期内，M 形支护体系支护的膨胀土渠段未出现变形。

（a）桩前土滑坡后形态　　　　　　　　　　（b）桩后边坡形态

图 6.6.25　桩前土（裂隙密集带控制，中等偏强膨胀性）滑坡

6.6.3　坡面防护与排水措施

1. 坡面防护

初步设计方案中，对中等、强膨胀土渠坡和 1 级马道以下的弱膨胀土渠坡均采用改性土或非膨胀土进行保护，减少外部环境对膨胀土渠坡表层土的破坏作用，并减少膨胀土膨胀变形对渠道衬砌结构的破坏作用；采用砌石拱支撑框架防止 1 级马道以上渠坡坡面形成雨淋沟，抑制膨胀土渠坡的浅层滑动。为确保保护层的作用，施工阶段对沿线用于保护膨胀土渠坡的非膨胀土的自由膨胀率做了限制，要求将其控制在 20% 以下。由于南阳地区非膨胀土的自由膨胀率多在 30%～40%，因此，陶岔—鲁山段膨胀土渠坡均采用水泥改性土进行保护，同时，结合开挖后的膨胀土渠坡编录成果，对渠坡改性土换填厚度进行了复核、调整优化。由于砌石拱所需的石料性能及施工要求均比较高，为了加快施工进度，在施工阶段，将砌石拱调整为混凝土拱。

2. 排水措施

膨胀土裂隙发育，卸荷带裂隙易形成渗流通道。部分膨胀土地层中含有透水夹层，构成天然的渗流通道。因此，需结合开挖揭露情况，根据不同的地形、地质条件及地下水分布情况，分别采取不同的排水措施，及时排出地下水，以保证渠坡稳定。排水措施主要包括排水盲沟、排水花管、透水软管、排水板、逆止阀、自动泵抽排、移动泵抽排等。

第 7 章

膨胀土渠道施工

7.1 膨胀土渠道开挖技术

7.1.1 渠道开挖施工方法

膨胀土是富含膨胀性黏土矿物（蒙脱石、伊利石或混层结构），且随着环境的干湿循环变化而具有显著的干燥收缩、吸水膨胀和强度衰减特征的黏性土。在进行渠道土方开挖和保护层开挖过程中，需要采取与常规土方开挖不同的方法。

膨胀土渠道开挖过程中，开挖边坡应避免遭受长时间暴晒、风干、雨淋或浸水，必须采取有效防护措施减少大气环境的影响，分层、分段开挖并预留保护层，一次工作面不宜过大，合理分区、分片开挖，减少边坡失稳现象。在开挖过程中，坡顶及开挖马道上逐层进行截流排水处理，并根据施工需要采取临时覆盖、预留保护层等措施，通过科学组织做到后续工序有效衔接，避免阳光暴晒和雨水入渗、冻结，减少因水分过快散失而引起的土体干缩和遇水膨胀。

施工一般流程：临时截水沟开挖→逐层土方开挖→逐层临时排水沟开挖及排水→（深层抗滑处理）→坡面临时防护→（深层抗滑处理）→保护层开挖→换填处理。其中，深层抗滑处理根据渠道边坡地质条件择机而定。

渠道开挖方法：采用液压反铲挖掘机开挖，通过自卸汽车运输，用推土机在弃土场推平。土方开挖按照从上到下分层、分段依次进行，对同一断面、同一开挖层来说，由左右两岸同时向中间开挖，有利于工作面齐头并进和排水引流。同一区段内同时平行下挖。不能平行下挖时，两者高差不宜大于一个梯段。开挖过程中应避免在影响边坡稳定的范围内形成积水。开挖坡面预留保护层厚度一般取 30~50 cm，保护层的具体厚度根据后续工作工期的安排和土质情况而定。

7.1.2 开挖面保护

1. 预留保护层

膨胀土渠道土方开挖应按设计开挖轮廓线预留保护层，保护层厚度应根据不同渠段的地质条件确定，弱膨胀土预留保护层厚度不宜小于 30 cm，中等、强膨胀土预留保护层厚度不宜小于50 cm。在换填处理前，保护层采用人工配合液压反铲挖掘机进行挖除。

2. 坡脚预留土墩

对于中等—强膨胀土，为确保临时边坡的稳定安全，提高坡脚抗滑能力，防止基坑积水对坡脚的软化影响，在渠道设计开挖断面轮廓的坡脚处宜预留土墩，土墩宽度（垂直于渠道轴线方向）为 2 m，高度为 2 m。土墩边坡与开挖轮廓设计边坡相同，在渠坡防护处理前挖除。

3. 开挖坡面覆盖

由于膨胀土的特殊性质，在开挖过程中应尽量避免大气环境的影响。当开挖坡面无法及时换填处理时，必须进行坡面覆盖。在南阳膨胀土试验段，曾采用彩条布防护，发现彩条布防晒效果可以，但防雨效果差，雨后坡面仍有大量积水，而土工膜在阳光照射下易老化，所以在后续工程实施过程中规定采用低规格复合土工膜防护。覆盖时，采取上部膜压下部复合土工膜的方法，相邻块的搭接长度不小于 1.0 m，用土袋压盖，做到全面覆盖不留死角，严防雨淋或风吹日晒产生龟裂、雨水浸泡等现象。坡面临时覆盖保护见图 7.1.1。

图 7.1.1 坡面临时覆盖保护

7.1.3 保护层开挖

保护层开挖采用人工配合液压反铲挖掘机进行。在测量人员的引导下，用液压反铲挖掘机在坡面上每隔 10 m 开挖出样槽。由有经验的挖掘机操作人员按样槽进行保护层开挖，挖掘机行走方向垂直于渠道轴线，由上至下进行开挖。开挖渣料拢集于坡下后，装车运至弃土场。开挖面宜在设计建基面之上预留 5～10 cm 厚的薄土层。预留的薄土层开挖前，在挖掘机斗齿前焊接一块厚 1 cm 以上的钢板作为"刮板"，长度同挖掘机斗宽，宽度为 15 cm，前缘与斗齿齐平，挖掘机行走方向平行于渠道轴线方向，沿坡面自上而下逐段将预留的 5～10 cm 厚薄土层刮除，最后人工使用平头铁锹将坡面遗留的松土清至挖掘机附近，随"刮板"拢堆。在坡面上钉木桩，每 5 m 作为一个断面，按坡度放样，人工在桩位上固定尼龙线，进行坡面精削，直至坡面平整度和坡度符合设计规范要求。

7.1.4　坡面局部渗水导排

渠道工程在土方开挖前，先修筑坡顶永久截水沟，并做到排水通畅。分层开挖过程中，逐层开挖排水沟，防止雨水在坡面漫流。基坑底部设置大型排水沟，排除基坑积水，确保干地施工。

坡面揭露渗水时，应布设排水盲沟将渗水引入基坑集水井。为减少渗流对膨胀土的影响，排水盲沟底面宜铺设土工膜，四周应包裹土工布。对于出水量较大的渗水点，应垂直于渠道轴线方向布置排水盲沟。

7.1.5　建基面修整

建基面修整分两步，第一步使用挖掘机粗削坡，第二步进行人工精修坡。削坡前对挖掘机进行改造，把挖掘机斗齿更换为特制的斗刀，使削出的面尽可能平整。挖掘机削坡自上而下进行，将开挖时预留的保护层削至 5 cm 左右，使削坡不伤及原土，削挖的土方由自卸汽车运出。然后进行人工精修坡，测量人员密切配合，一般采用加密网格挂线法进行，随时检查超欠挖，并进行修补，将平整度控制在 ±5 mm，使用 2 m 靠尺进行检查；削下的土方人工堆放在渠底，待渠底精找平时一并运出。精修坡比粗削坡滞后30 m 左右。渠底整平也分次进行，第一次在清运削坡土时，保留 5～10 cm 厚保护层，待需要衬砌渠底时，人工削刮渠底，用小型设备将土方运走。

7.2　坡面换填施工技术

7.2.1　换填施工控制指标

（1）换填层填筑前，应选取代表性换填料进行室内（轻型）标准击实，确定换填土的最优含水率及最大干密度。击实试验应严格按照相关土样和试样制备及试验操作规程执行。

（2）换填土填筑一律采用凸块振动碾碾压。施工单位应结合设计边坡坡度、换填土填筑体结构尺寸，并结合换填作业面的施工条件，对换填土料进行碾压试验，选择碾压设备。

（3）施工前应开展生产性碾压施工试验。通过试验确定铺土厚度、最佳含水率、碾压遍数等施工参数。并分别取样测定碾压遍数为 4、6、8、10 时的填筑土干密度。改性土现场碾压试验时，含水率宜控制在最优含水率+1%～最优含水率+3%，铺土厚度为30 cm（±2 cm）。

（4）进入填筑仓面的换填土料应满足碎土及改性土拌制质量要求。拌和合格后的水泥改性土应及时上堤填筑，从拌和站出来到碾压完成的时间不宜超过 4h。

（5）改性土碾压质量应同时满足如下要求。

一，除设计文件明确规定外，凸块振动碾最少碾压遍数不少于 6 遍。

二，填筑体干密度 γ_d 应满足下列要求：

$$\gamma_d \geqslant \beta \times \gamma_m \qquad (7.2.1)$$

$$\gamma_m = \max\{\gamma_s, 1.02\gamma_6\} \qquad (7.2.2)$$

式中：β 为设计根据工程需要确定的改性土压实度；γ_s 为标准击实试验最大干密度；γ_6 为最优含水率下 20 t 凸块振动碾碾压 6 遍对应的干密度。

（6）填筑及碾压参数一旦确定不得随意更改。当监测结果不满足前述改性土碾压指标要求时，应分析原因，必要时应通过碾压试验调整铺料厚度及碾压参数。

（7）对于挖方渠道坡面换填层，每一层填筑前，被保护边坡面需开挖成小台阶，台阶高为每一层铺土碾压后的厚度。

（8）水泥改性土在分层填筑上升过程中，应结合气候条件及土体含水量情况对填筑面采取妥善的保护措施。

当表层土含水量偏低时，应及时对填筑面及填筑边坡进行洒水养护，以防止水泥改性土砂化，洒水量应根据填筑面及填筑边坡土体含水量实际情况控制，洒水后应待填筑层表面自由水被土体吸收后方能进入下一道作业程序，避免车辆立即进入仓面作业；

当填筑土料含水量偏高时，应采取必要的摊铺风干及翻晒措施来降低填筑土料含水量，碾压过程中如有弹簧土、松散土、起皮现象，应及时挖除。

（9）为确保外坡脚压实度，并适当考虑到碾压机械的工作面要求，改性土铺料时需超填。超填土料宜按照 1：1.5 坡比放坡，并严格按照碾压试验的参数控制铺料厚度。根据不同的换填厚度，同一层以设计外坡脚为基准，顶部超填宽度不小于 30 cm。超填部分可作为换填层的保护层，在渠道衬砌施工前削坡，将其修整到设计边坡轮廓。

（10）碾压机械沿渠道轴线方向采用前进、后退全振错距法碾压，前进、后退一个来回按两遍计，碾迹重叠不小于 20 cm。碾压速度控制在 2～4 km/h，开始碾压时宜用慢速。碾压层间需根据天气和层面干燥情况，洒水湿润。对于边角接头处大型机械碾压不到、易漏压的地带，需由人工采用蛙夯或冲击夯等小型设备夯实。

（11）改性土填筑施工超填的余料不得用于渠坡换填部位及渠堤外包填筑体部位。如用于设计指定的次要部位时，应将其运输至指定位置堆存，余料填筑前应进行碾压试验确定削坡余料的碾压参数。

（12）每层填土完成碾压后，宜在 4 h 内完成质量检测，在 6～8 h 内完成上土覆盖。如不能及时跟进，要对填筑面和建基面做好防雨与保湿等临时保护措施，并防止大型施工设备在其上行驶。

（13）每层水泥改性土施工完成后，承包人应进行自检，自检完成后，会同监理人进行质量检查和验收，验收合格后方可进行下一道工序的施工。

（14）雨季施工应特别注意天气变化，避免土料受到雨淋。降雨时应停止施工，对已摊铺的工作面应尽快碾压密实、封面并进行防雨覆盖，以防止表面积水。

（15）改性土换填层沿渠道轴线方向填筑，衔接部位的填筑除满足上述各条款要求外，结合面处理应满足以下要求：

填筑时应清除较早填筑体沿渠道方向的超填土料，衔接部位填筑完成后再进行渠道断面方向的超填土料削坡；

采用相同改性土料时，相邻施工渠段之间的结合面坡度不应陡于 1∶6，采用不同改性土料时，结合面坡度不应陡于 1∶10；

结合面部位早期填筑的换填层需开挖成小台阶，台阶高为每一层铺土的碾压厚度；

结合面处压实度应满足设计压实度要求。

7.2.2 换填层填筑

"十一五"国家科技支撑计划课题"膨胀土（岩）地段渠道破坏机理及处理技术研究"研究期间，曾对水泥改性土、一般黏性土、土工格栅、土工袋换填等方案进行比选，从保证工程质量、施工进度、经济等方面分析比较，最终选择以水泥改性土和一般黏性土换填为主的两个方案。

南水北调中线工程通过在渠道开挖的弱膨胀土中掺入水泥来改性，一方面减少了开挖弃渣，另一方面实现了改性原土就地取材。

1. 施工流程

水泥改性土换填施工主要流程包括：土料（弱膨胀土）开采运输→碎土→水泥改性土拌制→成品料水泥含量检测→运输→摊铺→碾压→压实度取样检测。

2. 料源要求

水泥改性土所用天然土料的自由膨胀率应不大于65%。当天然土料中含有姜石或砾石时应测定其含量。碎土质量由碎土成品料土粒粒径级配控制，碎土粒径级配采用筛分法检测，合格土粒粒径级配为：最大粒径不大于 10 cm，5～10 cm 粒径含量不大于 5%，5 mm～5 cm 粒径含量不大于 50%（不计姜石含量）。如土体颗粒不满足上述要求，则应采取调整筛孔尺寸、筛分剔除、调整碎土生产工艺及控制参数等措施，直至满足粒径要求。

水泥改性土的改性材料宜采用强度等级为 42.5 的普通硅酸盐水泥。

水泥改性土的水泥掺量按改性土和水泥重量比的百分数计，水泥改性土的水泥掺量根据天然土料膨胀特性，经室内试验最终确定。天然土料的自由膨胀率通过料场采样试验确定。

3. 指标参数

在改性之前，首先通过室内试验得到被改性原土的物理指标参数，包括最优含水率、最大干密度、黏粒含量、塑性指数等。根据室内试验得到的参数，进行碾压施工工艺试验，确定水泥掺量、含水率、铺土厚度、压实机械、碾压遍数等参数，见表 7.2.1、表 7.2.2。

表 7.2.1　土料改性前的物理指标参数

土料类型	参数			
	最优含水率/%	最大干密度/（g/cm³）	黏粒含量/%	塑性指数/%
弱膨胀土	21.4	1.65	40.7～41.5	26.9～27.3
中等膨胀土	24.5	1.58	45.8～47.2	38.3～40.9

表 7.2.2　改性土指标参数参考值

填土类型	参数				
	水泥掺量/%	含水率/%	铺土厚度/cm	压实机械	碾压遍数
改性土（弱）	3	20.0～22.0	30	20t 凸块振动碾	8～10
改性土（中等）	5	20.8～22.8	30	20t 凸块振动碾	6

4. 施工方法

弱（中等）膨胀土掺 3%（5%）水泥在现场采用稳定土拌和机完成，由 10～15 t 自卸汽车运输至填筑部位铺筑。水泥改性土铺筑时应连续进行，摊铺均匀，分层铺料，用 16～20 t 凸块振动碾压实。每层铺料厚度宜为 30 cm。

1）碎土

在土料拌和之前，需要进行碎土。碎土采用具有排石功能的液压碎土机进行。土料自弃土区挖运后，卸至碎土机前，采用轮式装载机上料碎土、拢堆，采用塑料薄膜临时覆盖。液压碎土见图 7.2.1。

2）拌制水泥改性土

将碎好的膨胀土土料运至拌和场，采用装载机将土料送至稳定土拌和机料斗，拌和-计量系统根据土料重量按比例添加水泥和水，充分拌和出料后，取样进行水泥含量和均匀性检测，合格后由装载机运送至铺填现场。稳定土拌和机见图 7.2.2。

（a）碎土机械　　　　　　　　（b）破碎后的土料

图 7.2.1　液压碎土

图 7.2.2　稳定土拌和机

3）改性土运输

在填筑工作面经过联合验收后，开始进行改性土填筑。采用轮式装载机装料，由自卸汽车运输至填筑工作面，采用"进占法"卸料。

4）改性土料摊铺

采用推土机铺料和平土。为保证碾压机械的工作面平整、确保外边脚压实度，铺土边线在水平距离上要进行超填，并严格按照碾压试验的参数控制铺料厚度。根据中线工程渠坡设计参数，顶部超填宽度不小于 30 cm。超填部分在渠道衬砌施工前削坡修整到设计边坡轮廓。

5）碾压

采用凸块振动碾进行碾压。按照碾压试验得到的参数碾压结束后，取样检测压实度，合格后进行下一层的填筑。

5.检测

水泥改性土拌和出料口成品料检测频率及数量视工程规模而定，施工初期每拌和批次不大于 600 m³，水泥改性土抽测不少于 6 个样品（每个样品的重量不少于 300 g），施工中后期可适当减少检测频次。

水泥改性土成品料的质量通过样品水泥含量的平均值与标准差评定。成品料水泥含量采用 EDTA 滴定试验测定，其水泥掺量平均值不得小于设计掺量，标准差不大于 0.7。

水泥改性土填筑前，进行室内标准击实，确定水泥改性土的最优含水率及最大干密度。

一层换填土碾压后，应立即刻槽取样测试其最大干密度，并计算得到实际填筑土的压实度。

7.2.3 水泥改性土施工质量控制

（1）水泥改性土压实度采用环刀法在试坑中下部取样进行检测，按每 100～150 m 为一个单元工程进行质量检验与评定。一般项目施工质量检查见表 7.2.3，主控项目见表 7.2.4。

表 7.2.3　一般项目施工质量检查标准和方法及数量

项次	检查项目	检查标准	检查（测）方法	检查（测）数量
1	清基	基面表层树木、草皮、树根、垃圾、弃土、淤泥、腐殖质土、废渣、泥炭土等不合格土全部清除	观察、查阅施工记录（录像或摄影资料收集备查）	全数检查
2	清基范围	清理边界符合设计要求，清除表土厚一般为 30 cm	量测或经纬仪测量	每个单元工程不少于 3 个断面
3	不良地质土的处理	不合格土全部清除：对粉土、细砂、乱石、坡积物、井等按设计要求处理	观察、查阅施工记录	全数检查
4	基面处理	范围内的坑、槽、井等按设计要求处理	观察、查阅施工记录	全数检查
5	铺土厚度	允许偏差：±2 cm	水准仪、尺量测量	每层不少于 3 点
6	铺填边线	允许偏差：人工作业 10～20 cm，机械作业≤30 cm	尺量、仪器测量	每层不少于 3 点
7	渠顶宽度	允许偏差：±5 cm	水准仪、全站仪测量	每个单元工程不少于 3 个断面
8	渠道边坡	不陡于设计边坡	水准仪测量	每个单元工程不少于 3 个断面
9	渠顶高程	允许偏差：0～5 cm	尺量、全站仪测量	每个单元工程各 3 个断面，每个断面不少于 3 点
10	渠底宽度	允许偏差：0～5 cm	全站仪测量	每个单元工程不少于 3 个断面
11	渠道开口宽度	允许偏差：0～8 cm	全站仪测量	每个单元工程不少于 3 个断面
12	中心线位置	允许偏差：±2 cm	尺量	每个单元工程不少于 3 个断面

表 7.2.4　水泥改性土换填主控项目施工质量检查标准和方法及数量

项次	检查项目	检查标准	检查（测）方法	检查（测）数量
1	渗水处理	渠底及边坡渗水（含泉眼）妥善引排或封堵，建基面清洁无积水	观察、测量与查阅施工记录	全数检查
2	原材料	水泥：普通硅酸盐水泥，强度等级为 42.5。 土料：自由膨胀率小于 65%，土粒最大粒径不大于 10 cm，5～10 cm 粒径含量不大于 5%，5 mm～5 cm 粒径含量不大于 50%（不计姜石含量）		
3	水泥改性土均匀度	平均水泥含量不小于试验确定值；水泥含量标准差不大于 0.7		
4	压实度	合格率≥95%，不合格样压实度不应低于设计压实度的 96%，不合格样不得集中在局部范围内	采用环刀法取样，测试最大干密度	每 100～200 m³ 检查 1 次，且每层不少于 3 点
5	渠底高程	允许偏差：−5～0 cm	水准仪测量	每个单元工程测 3 个断面，每个断面不少于 3 点

（2）换填土体单元工程质量评定标准如下。

合格标准：铺填边线偏差合格率不小于 70%，水泥均匀度合格率不小于 80%，检测土体压实度合格率达到表 7.2.3 的要求，其余检查项目达到标准。

优良标准：铺填边线偏差合格率不小于 90%，水泥均匀度合格率不小于 90%，检测土体压实度合格率超过表 7.2.3 中数值的 3%，其余检查项目达到标准。

参 考 文 献

[1] 钮新强, 蔡耀军, 谢向荣, 等. 膨胀土渠道处理技术[M]. 武汉: 长江出版社, 2016.

[2] 蔡耀军, 练操, 王小波, 等. 膨胀土边坡破坏机理原型试验研究[J]. 工程地质学报, 2012, 20(Sl): 138-142.

[3] 蔡耀军, 阳云华, 赵旻, 等. 膨胀土边坡工程地质研究[M]. 武汉: 长江出版社, 2013.

[4] 蔡耀军, 阳云华, 胡瑞华, 等. 膨胀土开挖边坡稳定性预测研究[M]. 武汉: 长江出版社, 2015.

[5] 蔡耀军, 赵旻, 马贵生, 等. 南水北调中线工程第四系工程地质[J]. 第四纪研究, 2003, 23(2): 113-124.

[6] 蔡耀军. 膨胀土渠坡破坏机理及处理措施研究[J]. 人民长江, 2011, 42(22): 5-9.

[7] 蔡耀军, 阳云华, 张良平, 等. 南水北调中线工程膨胀土工程地质[M]. 武汉: 长江出版社, 2016.

[8] 陈尚法, 温世亿, 冷星火, 等. 南水北调中线一期工程膨胀土渠坡处理措施[J]. 人民长江, 2010, 41(6): 65-68.

[9] 黄炜, 刘清明, 冷星火. 南水北调中线陶岔至鲁山段渠道防渗排水设计[J]. 人民长江, 2014, 45(6): 4-6.

[10] 刘海峰, 易鸣, 谢建波, 等. 南水北调中线强膨胀土微观结构特征及工程特性[J]. 人民长江, 2014, 46(6): 67-70.

[11] 刘特洪. 工程建设中的膨胀土问题[M]. 北京: 中国建筑工业出版社, 1997.

[12] 水利部长江勘测技术研究所, 长江水利委员会综合勘测局情报科. 国内外水利工程膨胀土处理论文集[C]. 武汉: 水利部长江勘测技术研究所, 1994.

[13] 王磊, 冷星火, 黄炜, 等. 膨胀土裂隙对渠坡稳定的影响分析[J]. 人民长江, 2015, 46(17): 67-69.

[14] 赵鑫, 阳云华, 朱瑛洁, 等. 裂隙面对强膨胀土抗剪强度影响分析[J]. 岩土力学, 2014, 35(1): 130-133.

[15] 张金富, 石家魁. 关于膨胀性围岩判别指标问题的探讨[C]// 中国铁道学会地质灾害及高寒地区工程地质与路基问题学术讨论会. 哈尔滨: 铁道部第三勘测设计院, 1991.

[16] 彭静, 张胜军, 何娇, 等. 基于计算机求解土的先期固结压力[J]. 资源环境与工程, 2015, 29(2): 202-205.

[17] 阳云华. 南阳盆地弱、中、强膨胀土特征对比分析[J]. 人民长江, 2014, 45(6): 60-62.

[18] 钮新强, 蔡耀军, 谢向荣, 等. 南水北调中线膨胀土边坡变形破坏类型及处理[J]. 人民长江, 2015, 46(3): 1-4.

[19] 强鲁斌, 朱瑛洁, 曹道宁, 等. 深挖方膨胀土渠道变形破坏形式及成因探讨[J]. 人民长江, 2014, 45(6): 82-84.

[20] 王小波, 蔡耀军, 李亮, 等. 南水北调中线膨胀土开挖边坡破坏特点与机制[J]. 人民长江, 2015, 46(1): 26-29.

[21] 阳云华, 麻斌, 马力刚, 等. 陶岔—鲁山南段膨胀土渠道施工地质工作方法[J]. 人民长江, 2014,

45(6): 71-73.

[22] 谢向荣, 吴德绪. 南水北调中线一期总干渠陶岔至鲁山段设计概述[J]. 人民长江, 2010, 41(16): 1-4.

[23] 谢向荣, 郑光俊. 南水北调中线渠道工程关键技术研究[J]. 水利水电快报, 2020(2): 32-39.

[24] 张锐, 郑健龙, 颜天佑, 等. 南水北调中线工程膨胀土渠坡浅层滑坡综合防治研究[J]. 水利水电技术, 2014, 45(10): 70-74.

[25] 张国强, 邵年, 翁建良, 等. 膨胀土边坡中抗滑桩合力分布规律反演分析[J]. 人民长江, 2014, 45(6): 43-45.

[26] 颜天佑, 蔡耀军, 熊润林, 等. 膨胀土挖方渠道预支护多排微型桩抗滑设计[J]. 人民长江, 2014, 45(7): 41-43.

[27] 赵峰, 倪锦初, 张治军. 南水北调中线工程水泥改性土施工质量控制研究[J]. 人民长江, 2014, 45(6): 99-101.

[28] FREDLUND D G, KRAHN J.Comparison of slope stability methods of analysis[J]. Canadian geotechnical journal, 1977, 14: 429-439.

[29] ITO T, MATSUI T. Methods to estimate lateral force acting on stabilizing piles [J]. Soils and foundations, 1975, 15(4): 43-59.